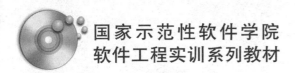

国家示范性软件学院
软件工程实训系列教材

基于.NET MVC的
Web应用系统开发案例

王成良◎编著

重庆大学出版社

内容提要

本书根据.NET MVC 实际项目开发所需要的技术,由浅入深地介绍了基础开发环境的搭建、Web 前端开发的相关知识、面向服务的架构(SOA)、Windows 通信开发平台(WCF)及 MVC 应用程序的创建等内容。针对公共体育课管理系统具体项目案例,为读者介绍了 MVC 项目开发的全过程,包括项目的开发背景、开发模式、人员部署、多人协作开发平台的搭建以及文档的撰写等,将结构复杂的软件项目化整为零,通过对部分主要功能需求的编码实现,增强教程的实用性,让读者真正地学习到如何进行软件的开发,以及如何撰写软件开发的各类文档。

本书可作为大学本科和研究生计算机及软件工程相关专业的教材,也可作为对 Web 开发感兴趣人员的自学参考书。

图书在版编目(CIP)数据

基于.NET MVC 的 Web 应用系统开发案例 / 王成良编著
. – – 重庆:重庆大学出版社,2018.10
ISBN 978-7-5689-1243-3

Ⅰ.①基… Ⅱ.①王… Ⅲ.①网页制作工具—程序设计 Ⅳ.①TP393.092

中国版本图书馆 CIP 数据核字(2018)第 158972 号

基于.NET MVC 的 Web 应用系统开发案例
王成良 编著
策划编辑:何 梅 范 琪
责任编辑:李定群 版式设计:范 琪
责任校对:邹 忌 责任印制:张 策

*

重庆大学出版社出版发行
出版人:易树平
社址:重庆市沙坪坝区大学城西路 21 号
邮编:401331
电话:(023)88617190 88617185(中小学)
传真:(023)88617186 88617166
网址:http://www.cqup.com.cn
邮箱:fxk@cqup.com.cn(营销中心)
全国新华书店经销
重庆升光电力印务有限公司印刷

*

开本:889mm×1194mm 1/16 印张:25.5 字数:722 千
2018 年 10 月第 1 版 2018 年 10 月第 1 次印刷
ISBN 978-7-5689-1243-3 定价:68.00 元

前言

本书以实际项目案例为基础，讲解如何使用 .NET 平台上的 MVC 技术开发基于 B/S 结构模式的应用系统。全书分为两大部分：第 1 部分为基础知识，该部分包括 1—4 章，为读者介绍了进行 MVC 项目开发所需要的基础知识。其中，第 1 章讲解基础开发环境的搭建过程，并对 ASP. NET 的 MVC 开发模式进行了介绍；第 2 章介绍 Web 前端开发的相关知识，包括 HTML5，CSS3，JQuery，以及 Boostrap 框架和 EasyUI 框架；第 3 章介绍面向服务的架构（SOA）和 Windows 通信开发平台（WCF）；第 4 章介绍如何创建一个 MVC 的应用程序。第 2 部分为案例分析，即通过对一个实际 MVC 项目（公共体育课管理系统）的案例分析，为读者介绍 MVC 项目开发的全过程，该部分包括 5—12 章。其中，第 5 章介绍软件项目的开发背景以及项目的开发模式、人员部署、多人协作开发平台的搭建等；第 6 章介绍软件开发方案的撰写，包含了对系统原型的设计与展示；第 7 章介绍软件项目的需求分析，阐述了如何将用户需求进行转化，并撰写软件项目的需求分析文档；第 8 章介绍软件项目的系统设计，分别从系统整体设计、主要功能设计、数据库设计等方面进行阐述，展示了系统设计文档的写作规范；第 9 章介绍软件项目的详细开发过程，即代码编写过程，通过对网站首页及主体设计、网站权限设计、系统配置管理等 8 个主要模块的分析与讲解，让读者深入了解到项目开发最核心的模块；第 10 章介绍软件项目的系统测试，包含测试用例的设计和测试文档的撰写两个部分；第 11 章介绍软件项目的部署过程，通过对应用程序的配置过程分析、预编译和编译、发布、部署等全部流程的讲解，带领读者了解如何将源代码转化为实际应用的 Web 站点；第 12 章介绍软件项目的最终交付，其中包括系统的初始化教程、各角色的操作说明以及系统的运行报告等文档内容的编写。

本书在习近平新时代中国特色社会主义思想指导下，落实了"新工科"建设新要求，在整体内容的组织安排上，首先根据实际开发场景中项目开发所需要的技术进行横向的介绍和引导，再针对一个具体的项目案例，进行纵向的分析和讲解，将结构复杂的软件项目化整为零，并通过对部分主要功能需求的编码实现，增强教程的实用性，让读者真正地学习到如何进行软件的开发，以及如何撰写软件开发的各类文档。

在本书的编写过程中，得到了重庆大学大数据与软件学院领导的热情关心和支持，王余斌、王晓瑛、孙延芳、李伟霖、罗建兵、周贵勇、蔡洵、黎懋靓等参加了本书部分编写工作，在此一并表示感谢。

本书放弃了传统教材以知识结构为中心的编写模式，而是以软件开发的系统化过程作为重心进行内容的组织编排，将实际软件项目的开发过程贯穿全书。

由于笔者水平有限，书中难免存在疏漏和不妥之处，恳请同行专家和读者给予批评、指正。本书的完整案例源代码均可以扫描相应部分的二维码下载。

编　者
2018 年 6 月

目录

第 **1** 部分
基础知识

第 **1** 章
ASP. NET MVC 开发概述

1.1 开发环境的搭建

1.1.1 IIS 的安装和配置

运行 ASP. NET MVC 应用程序,需要安装并配置 IIS。IIS 是 Internet Information Services 的缩写,即互联网信息服务,是由微软公司提供的基于运行 Microsoft Windows 的互联网基本服务。开发人员可通过 IIS 来快速、便捷地调试程序或发布网站。下面介绍在 Windows Server 2008 操作系统中 IIS 的安装与配置。

（1）安装 IIS

①在安装了 Windows Serve 2008 操作系统的服务器上,单击"开始"按钮,选择"控制面板"。在控

制面板中,选择"打开或关闭 Windows 功能"选项,打开"服务器管理器"窗口,如图 1.1 所示。

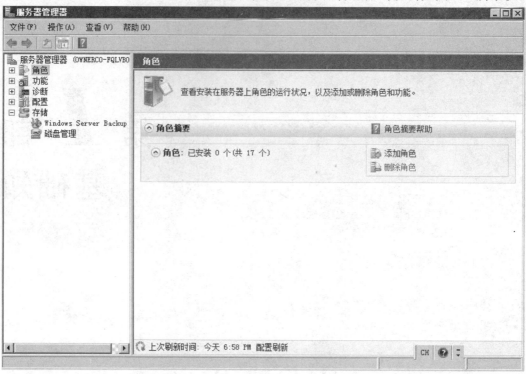

图 1.1　服务器管理器窗口

②选择服务器管理器窗口中左侧的"角色"选项,单击右侧"添加角色"按钮,打开"添加角色向导"窗口,如图 1.2 所示。

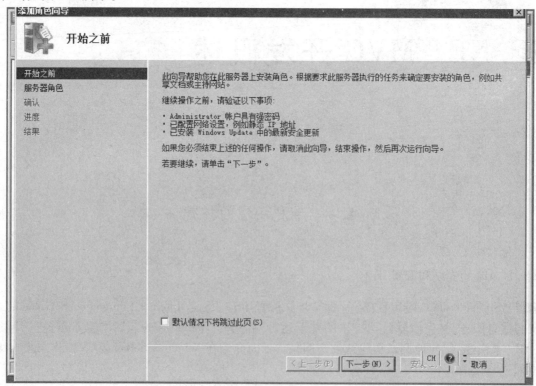

图 1.2　添加角色向导窗口

③单击"下一步"按钮,进入"选择服务器角色"选项。勾选"Web 服务器(IIS)",如图1.3 所示。

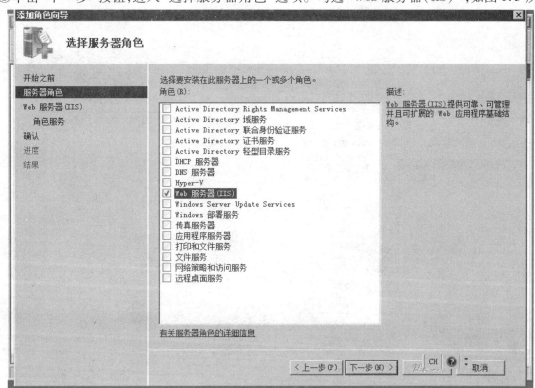

图1.3　选择服务器角色

④单击"下一步"按钮,进入"选择角色服务"选项。勾选"常见 HTTP 功能"节点及其所有子节点,"应用程序开发"节点及其所有子节点,"健康和诊断"节点及其所有子节点,"安全性"中的"基本身份认证"与"Windows 身份验证"节点,以及"管理工具"节点及其所有子节点,如图1.4 所示。完成勾选后,单击"下一步"按钮。

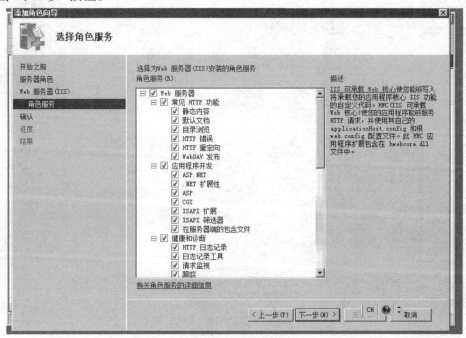

图1.4　选择角色服务

⑤再次单击"下一步"按钮,最后单击"安装"按钮,等待安装。安装成功结果如图1.5所示。

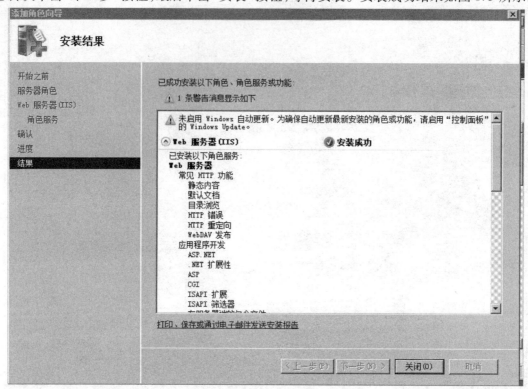

图1.5 IIS安装结果

(2)配置 IIS

①依次选择"开始"→"管理工具"→"Internet 信息服务(IIS)管理器",打开 IIS,如图1.6所示。

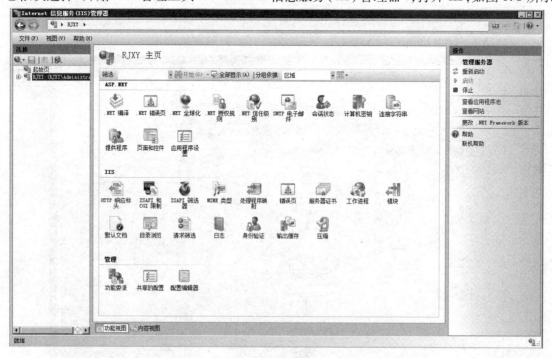

图1.6 Internet 信息服务(IIS)管理器

②在 IIS 根目录上,右键单击选择"添加网站",将打开"添加网站"窗口,如图 1.7 所示。

图 1.7　IIS 添加网站窗口

③输入网站名称,内容目录可设置连接到 Web 站点的内容来源,默认为"此计算机上的目录",默认 Web 站点存放文件的路径为"C:\inetpub\wwwroot",用户建立的 Web 文件将会被放置在此目录下。绑定设置在"IP 地址"下拉列表框中,默认选项为"(全部未分配)",用户可使用此默认选项,也可选择下拉列表中本机的 IP 地址,"TCP 端口"默认值为"80",用户也可根据具体需求进行修改,如图 1.8 所示。

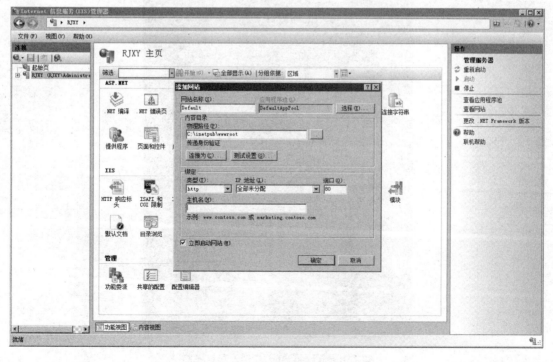

图 1.8　IIS 配置网站信息

④打开浏览器，输入"http://localhost"或者配置的 IP 地址及端口号，访问站点资源。如图 1.9 所示为 IIS 网站配置成功。

图 1.9　IIS 配置网站成功

1.1.2　Visual Studio 2012 的安装

Visual Studio 2012 支持两种安装方式：在线安装和离线 ISO 镜像文件安装。这里只介绍第二种安装方式，首先通过 Visual Studio 官网"https://www.visualstudio.com/"下载安装包。接下来，安装 ISO 镜像文件。其安装步骤如下：

①解压 ISO 镜像文件，单击"开始安装"按钮，如图 1.10 所示。

图 1.10　Visual Studio 2012 安装界面

②安装成功后打开,配置常用开发环境,如图 1.11 所示。

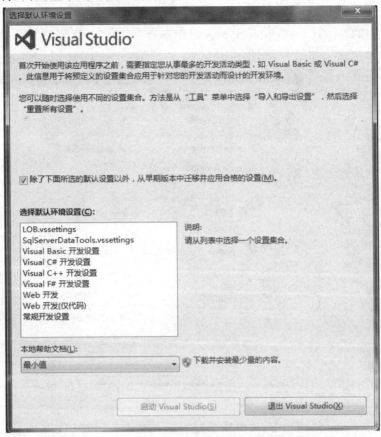

图 1.11　Visual Studio 2012 常用开发环境配置界面

③选择"Visual C#开发配置选项",启动 Visual Studio,进入主界面,如图 1.12 所示。

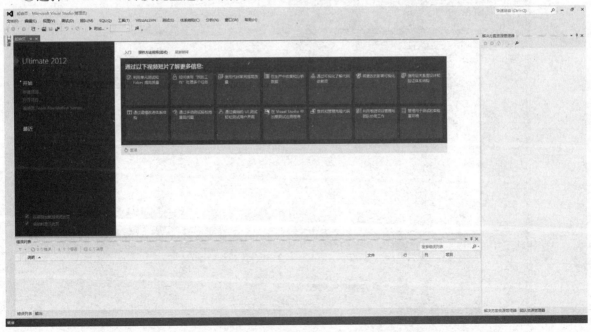

图 1.12　Visual Studio 2012 主界面

1.1.3 SQL Server 2008 的安装

①运行安装包中的"setup. exe",在弹出的窗口中选择"安装"。在安装页面的右侧选择"全新安装或向现有安装添加功能",如图 1.13 所示。

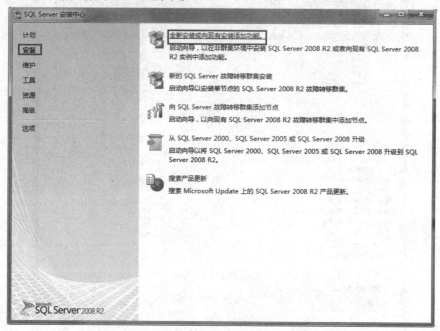

图 1.13 SQL Server 2008 R2 安装中心界面

②在"安装程序支持规则"窗口中,检测安装是否能顺利进行,如图 1.14 所示。检测通过,则单击"确定"按钮;否则,可单击"重新运行"选项再次检查。

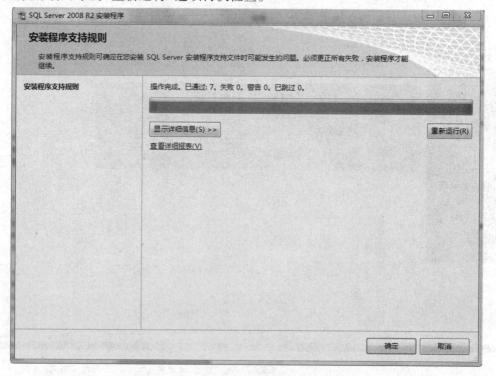

图 1.14 SQL Server 2008 R2 安装程序支持规则

③在"产品密钥"窗口中,选择"输入产品密钥"选项,输入 SQL Server 2008 R2 安装光盘的产品密钥,单击"下一步"按钮,如图 1.15 所示。

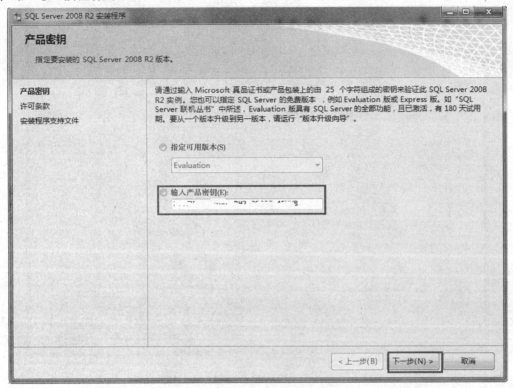

图 1.15　SQL Server 2008 R2 产品密钥

④在"许可条款"窗口中,勾选"我接受许可条款",并单击"下一步"按钮,如图 1.16 所示。

图 1.16　SQL Server 2008 R2 许可条款

⑤在"安装程序支持文件"窗口中，单击"安装"按钮，以安装程序支持文件。若要安装或更新 SQL Server 2008，这些文件是必需的，如图 1.17 所示。

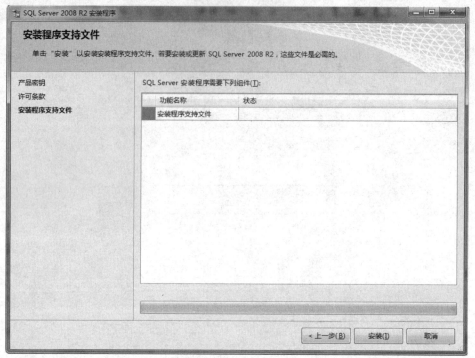

图 1.17　SQL Server 2008 R2 安装程序支持文件

⑥单击"下一步"按钮，在"安装程序支持规则对话框"窗口中，安装程序支持规则可确定在安装 SQL Server 安装程序文件时可能发生的问题。必须更正所有失败，安装程序才能继续。确认通过，单击"下一步"按钮，如图 1.18 所示。

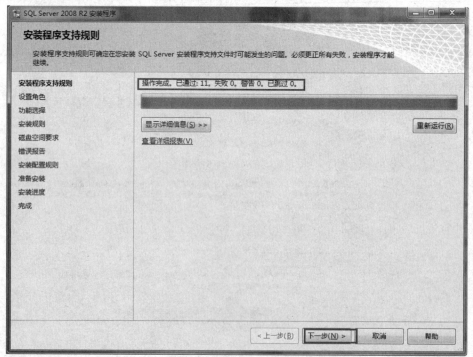

图 1.18　SQL Server 2008 R2 安装程序支持规则

⑦勾选"SQL Server 功能安装",单击"下一步"按钮,如图 1.19 所示。

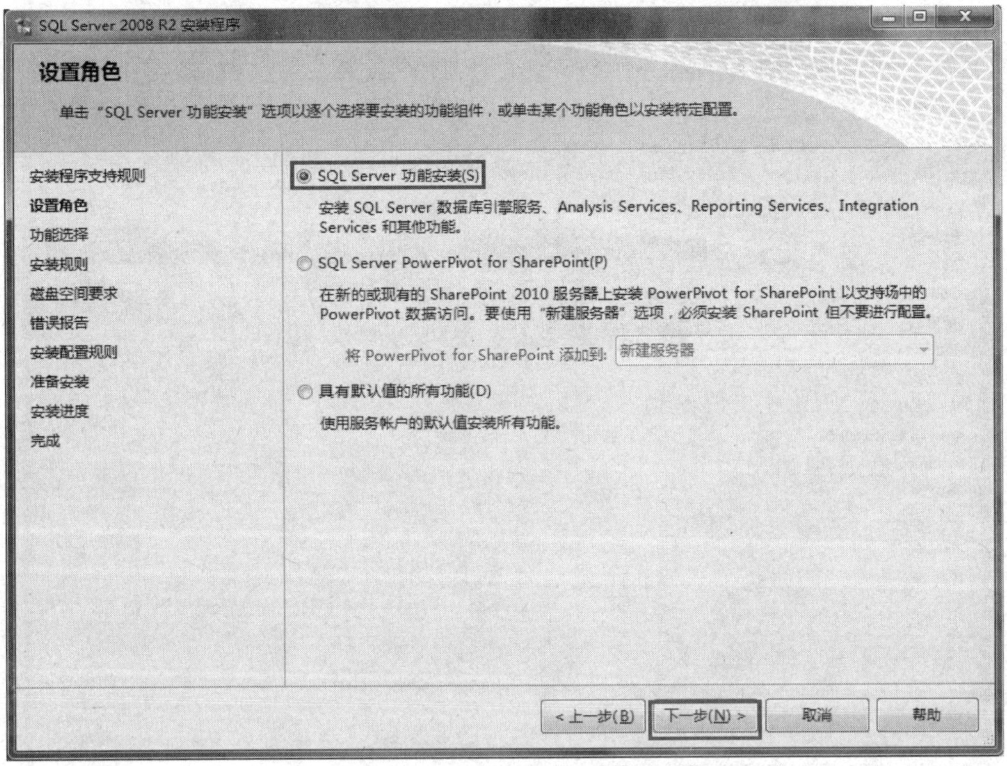

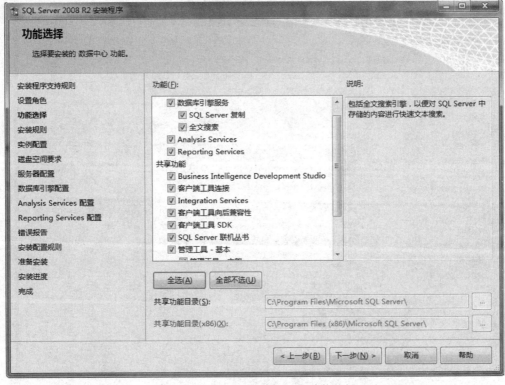

图 1.19　SQL Server 2008 R2 设置角色

⑧在"功能选择"窗口中,选择要安装的功能并选择"共享功能目录",然后单击"下一步"按钮,如图 1.20 所示。

图 1.20　SQL Server 2008 R2 功能选择

⑨在如图 1.21 所示的"安装规则"窗口中,安装程序运行规则以确定是否中断安装过程,有关详细信息,可单击"帮助"按钮。

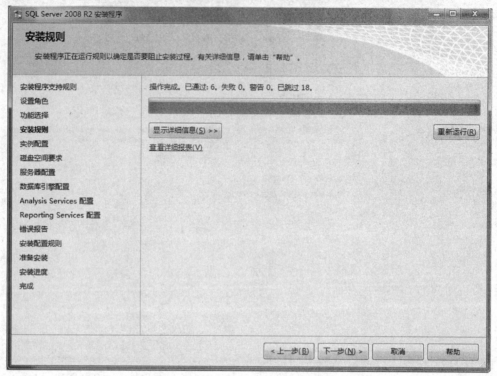

图 1.21　SQL Server 2008 R2 安装规则

⑩单击"下一步"按钮,在"实例配置"窗口中,制订 SQL Server 实例的名称和实例 ID。实例 ID 将成为安装路径的一部分,这里选择默认实例,如图 1.22 所示。

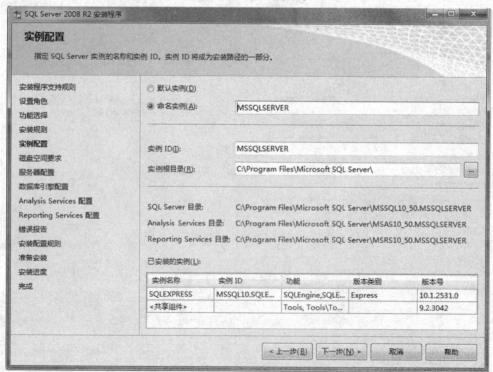

图 1.22　SQL Server 2008 R2 实例配置

12

⑪单击"下一步"按钮,在"磁盘空间要求"窗口中,可查看所选择的 SQL Server 功能所需的磁盘空间摘要,如图 1.23 所示。

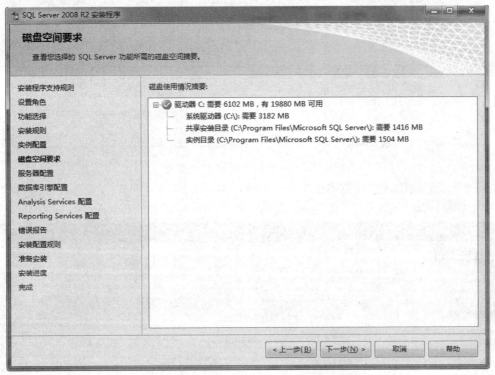

图 1.23　SQL Server 2008 R2 磁盘空间要求

⑫单击"下一步"按钮,在"服务器配置"窗口中,指定服务账户和排序规则配置。在页面中,选择"对所有 SQL Server 服务使用相同的账户",如图 1.24 所示。

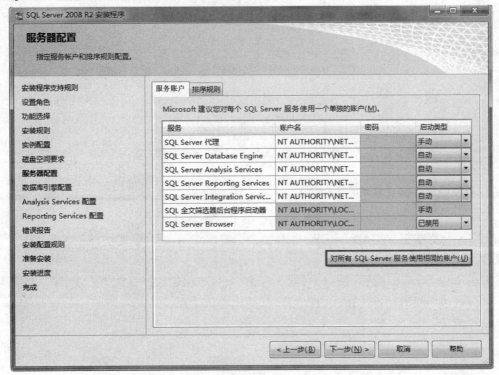

图 1.24　SQL Server 2008 R2 服务器配置

⑬在弹出的对话框中,为所有 SQL Server 服务账户指定一个用户名和密码,如图 1.25 所示。

图 1.25　SQL Server 2008 R2 设定账户

⑭单击"下一步"按钮,在"数据库引擎配置"窗口中,选择"混合模式",输入用户名和密码,添加"当前用户",如图 1.26 所示。

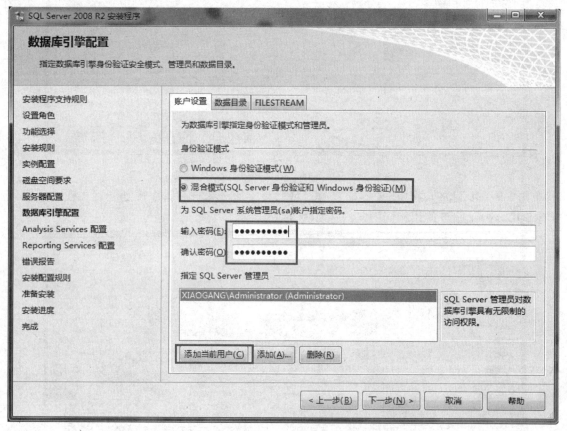

图 1.26　SQL Server 2008 R2 数据库引擎配置

⑮单击"下一步"按钮,在"Analysis Services 配置"窗口中,选择"添加当前用户",单击"下一步"按钮,如图 1.27 所示。

⑯在"Reporting Services 配置"窗口中,默认选中"安装本机模式默认配置",如图 1.28 所示。

⑰单击"下一步"按钮,出现"错误报告"窗口,如图 1.29 所示。

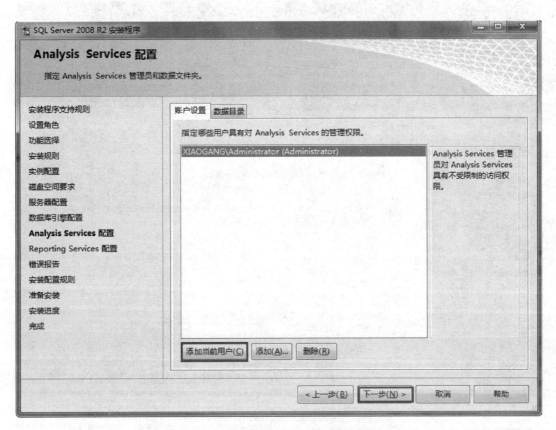

图 1.27　SQL Server 2008 R2 Analysis Service 配置

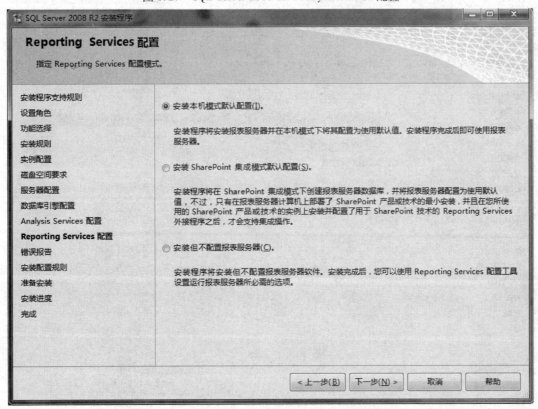

图 1.28　SQL Server 2008 R2 Reporting Service 配置

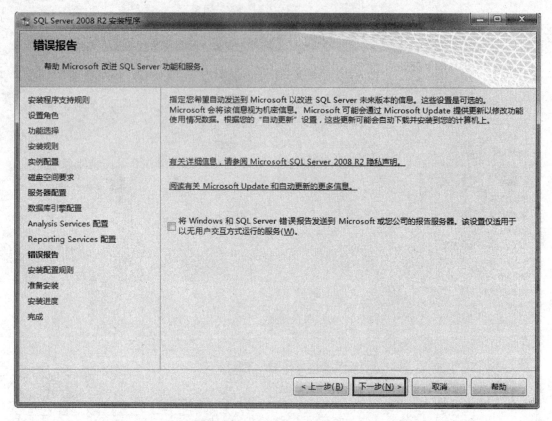

图 1.29　SQL Server 2008 R2 错误报告

⑱单击"下一步"按钮,出现"安装配置规则"窗口,如图 1.30 所示。

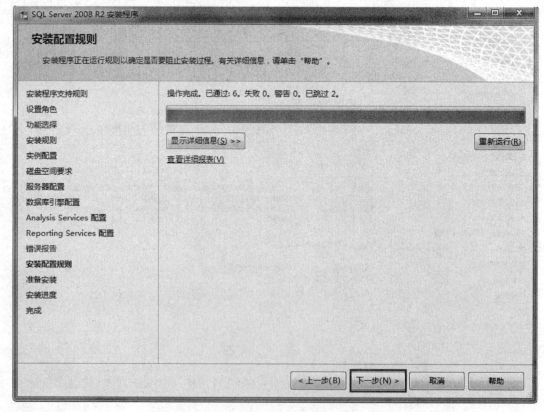

图 1.30　SQL Server 2008 R2 安装配置规则

⑲单击"下一步"按钮,出现"准备安装"窗口,单击"安装"按钮,如图 1.31 所示。

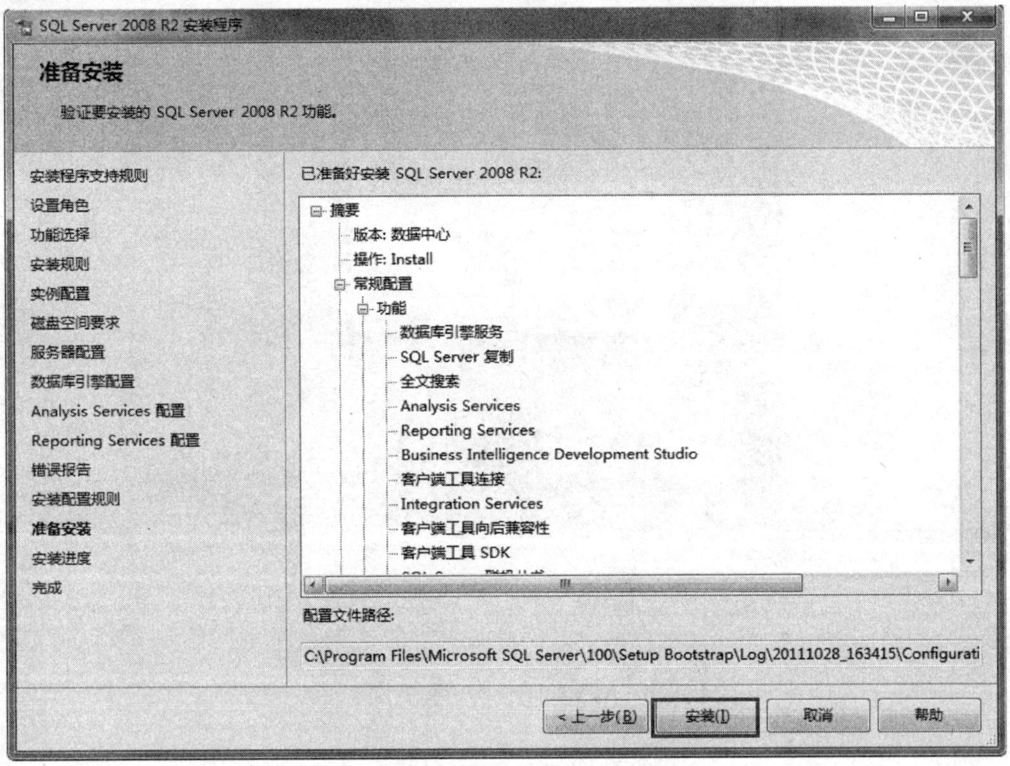

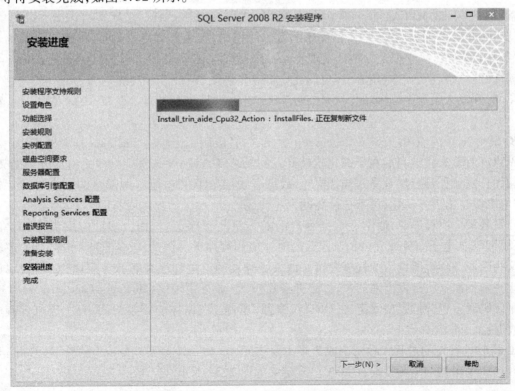

图 1.31　SQL Server 2008 R2 准备安装界面

⑳等待安装完成,如图 1.32 所示。

图 1.32　SQL Server 2008 R2 安装进度界面

㉑安装完成，打开 SQL Server 2008 R2 主界面，如图 1.33 所示。

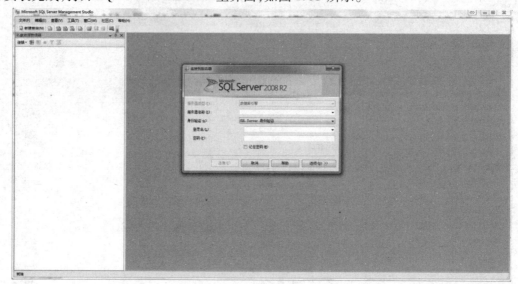

图 1.33　SQL Server 2008 R2 主界面

1.2　MVC 开发模式概述

1.2.1　理解 MVC 模式

在学习 ASP．NET MVC 之前，首先需要了解"什么是 MVC"。MVC 是模型（Model）-视图（View）-控制器（Controller）的缩写，它不是一种程序语言。严格来说，也不算是一种技术，而是开发时所使用的一种"架构（框架）"。它像是一种开发观念，或是一种存在已久的设计模式（Design Pattern）。

在软件开发过程中，需求、技术、客户的变化将对软件质量与可维护性产生重大影响，这些变化是无法避免的，开发人员唯一能做的，就是有效降低变化所带来的影响，而 MVC 就是其中一种解决方案。

MVC 最早在 1979 年由 Trygve Reenskaug 提出，并且应用于当时的 Smalltalk 程序语言中。之所以会提出 MVC 的概念，主要目的在于简化软件开发的复杂度，以一种概念简单却又权责分明的架构，贯穿整个软件开发流程，通过"业务逻辑层"与"数据表现层"的切割，让这两部分的信息进行一定程度的分离，用以撰写出更模块化、可维护性高的程序代码。

在开发各种应用程序时，通常会根据客户的需求撰写程序逻辑，而大多数应用程序都是应用在"业务环境"里，如电子商务或支持企业营运的窗体应用程序等。因此，大家常听到的"业务逻辑"，讲的就是这些因业务环境所撰写的程序逻辑。如果所开发的应用程序并非业务用途（如学校单位），也可通称这些依据需求所开发出来的逻辑为"业务逻辑"。业务逻辑层（Business Logic Layer，BLL）所包含的程序代码通常包含信息格式定义（ORM）、信息访问程序、窗体的字段格式验证、信息保存的格式验证及数据流验证等。

MVC 将软件开发的过程大致切割成 3 个主要单元，即 Model（模型）、View（视图）和 Controller（控制器），而这 3 个单词的缩写便简称 MVC。其定义如图 1.34 所示。

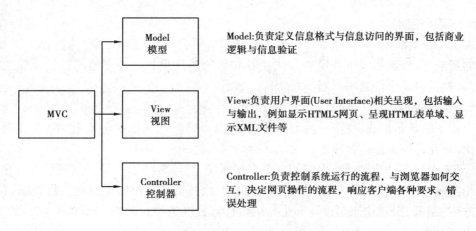

图 1.34　MVC 的 3 个主要单元

1.2.2　理解域模型

在软件开发领域,模型用来表示真实世界的实体。在软件开发的不同阶段,需要为目标系统创建不同类型的模型。在软件设计阶段,需要创建域模型。在软件设计的各个阶段都要使用到域模型。

域模型模式的作者 Martin Fowler 给出了以下定义(Fowler,2003 年):融合了行为和数据的域的对象模型。因此,可认为域模型是面向对象的。域模型通常被划分为以下两类:

①贫血域模型,即只是简单的数据载体,没有任何业务。

②充血域模型,除数据外还有与持久化(和事务逻辑)无关的业务实现。

1.2.3　MVC 的 ASP. NET 实现

ASP. NET 提供了一个很好地实现 MVC 这种经典设计模式的类似环境。开发者通过在视图页面(. cshtml)中开发用户接口来实现视图;控制器的功能在逻辑功能代码(. cs)中实现;模型通常对应应用系统的业务部分。模型一般包含业务逻辑、业务规则和数据访问层。其实现过程如图 1.35 所示。

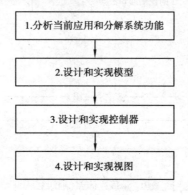

图 1.35　MVC 实现过程

(1)分析当前应用和分解系统功能

分析当前应用问题,分离出系统的内核功能(Model)、系统的输入输出(View)、系统的流程和行为等控制功能(Controller)这 3 大部分。

(2)设计和实现模型

设计模型部件,封装应用功能及属性。提供访问显示数据的操作,提供控制器内部行为的操作以及其他必要的操作接口。模型的构成与具体的应用问题紧密相关。

（3）设计和实现控制器

对每个视图，实现将用户的请求映射到模型。同时，根据模型处理结果，选择合适的视图显示。在模型状态的影响下，控制器使用特定的方法接收和解释这些事件。控制器的初始化建立起与模型和视图的联系，并且启动事件处理机制。

（4）设计和实现视图

设计每个视图的显示形式，视图从模型中获取数据，并将数据显示在屏幕上。提供发送用户请求给控制器的接口；允许控制器选择视图。

在 ASP. NET 中实现这种设计而提供的一个多层系统，较经典的 ASP 结构实现的系统来说有明显的优点。将用户显示（视图）从动作（控制器）中分离出来，提高了代码的重用性。将数据（模型）从对其操作的动作（控制器）分离出来可设计一个与后台存储数据无关的系统。就 MVC 结构的本质而言，它是一种解决耦合系统问题的方法。

1.3　ASP. NET MVC 的体系结构

MVC 架构把数据处理、程序输入输出控制及数据显示分离开来，并且描述了不同部件对象间的通信方式，使得软件的可维护性、可扩展性、灵活性以及封装性大大提高。MVC（Model-View-Controller）把系统的组成分解为 M（模型）、V（视图）、C（控制器）3 种部件。视图表示数据在屏幕上的显示。控制器提供处理过程控制，它在模型与视图之间起连接作用。控制器本身不输出任何信息和做任何处理，它只负责把用户的请求转成针对 Model 的操作，并调用相应的视图来显示 Model 处理后的数据。其三者之间的关系如图 1.36 所示。

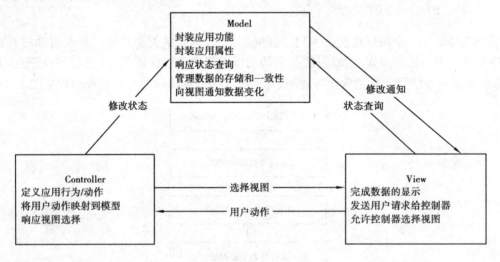

图 1.36　MVC 体系结构关系图

1.3.1　模型

MVC 体系结构中的模型从概念上可分为两类：系统的内部状态和改变系统状态的动作。模型是所有的业务逻辑代码片段所在，它提供了业务实体对象和业务处理对象。业务处理对象封装了具体的处理逻辑，调用业务逻辑模型，并且把响应提交到合适的视图组件以产生响应。业务实体对象可通过定义属性描述客户端表单数据；通过业务实体对象实现了对视图和模型之间交互的支持，把"做什么"（业务处理）和"如何做"（业务实体）分离，这样可实现业务逻辑的重用。

1.3.2　控制器和动作

为了能控制和协调每个用户跨越多个请求的处理,控制机制应以集中的方式进行管理。因此,为了达到集中管理的目的引入了控制器。应用程序的控制器集中从客户端接收请求(典型情况是一个运行浏览器的用户),决定执行什么业务逻辑功能,然后将产生下一步用户界面的责任委派给一个适当的视图组件。

用控制器提供一个控制和处理请求的集中入口点,它负责接收、截取并处理用户请求,并将请求委托给分发者类,根据当前状态和业务操作的结果决定向客户呈现对应的视图。控制器类是系统中处理所有请求的最初入口点。

1.3.3　视图

视图是模型的表示,它提供用户交互界面。使用多个包含显示页面的用户部件,复杂的 Web 页面可展示来自多个数据源的内容,网页人员、美工能独自参与这些 Web 页面的开发和维护。

在 ASP. NET 下,视图的实现很简单。ASP. NET MVC 中页面为“. cshtml 文件”,可像开发普通 HTML 页面一样直接进行开发。在 ASP. NET MVC 中,可创建模板视图以及部分视图。

视图部分处理流程大致如下:首先,页面模板定义了页面的布局,页面配置文件定义视图标签的具体内容(用户部件);然后,由页面布局策略类初始化并加载页面,每个用户部件根据自己的配置进行初始化,加载校验器并设置参数以及事件的委托等。用户提交后,只有通过了表示层的校验,用户部件才把数据自动提交给业务实体即模型。

1.3.4　过滤器

Filter(过滤器)是基于 AOP(面向接口编程)的设计。它的作用是对 MVC 架构处理客户端请求注入额外的逻辑,以非常简单、优美的方式实现横切关注点(Cross-cutting Concerns)。横切关注点是指横切该程序的多个甚至所有模块的功能。经典的横切关注点有日志记录、缓存处理、异常处理及权限验证等。过滤器的本质就是一个实现了特定接口或者父类的特殊类。自定义的过滤器必须同时满足以下两个条件:

①必须继承 FilterAttribute 这个抽象类,这个类的命名空间是 System. Web. Mvc。

②必须实现 4 个接口中的任何一个。

MVC 过滤器一共分为 4 类:Action Filter(控制器过滤器)、Result Filter(结果过滤器)、Authorization Filter(授权过滤器)及 Exception Filter(异常处理过滤器),见表 1.1。

表 1.1　MVC 的 4 类过滤器

过滤器类型	接口	描述
Authorization	IAuthorizationFilter	此类型(或过滤器)用于限制进入控制器或控制器的某个行为方法
Exception	IExceptionFilter	用于指定一个行为,这个被指定的行为处理某个行为方法或某个控制器抛出的异常
Action	IActionFilter	用于进入行为之前或之后的处理
Result	IResultFilter	用于返回结果的之前或之后的处理

但是,默认实现它们的过滤器只有 3 种,即 Authorize(授权)、Action Filter 和 Handle Error(错误处

理),见表1.2。

表1.2 3 种过滤器

过滤器	类名	实现接口	描述
Action Filter	AuthorizeAttribute	IAuthorizationFilter	此类型(或过滤器)用于限制进入控制器或控制器的某个行为方法
Handle Error	HandleErrorAttribute	IExceptionFilter	用于指定一个行为,这个被指定的行为处理某个行为方法或某个控制器抛出的异常
自定义	ActionFilterAttribute	IActionFilter 和 IResultFilter	用于进入行为之前或之后的处理或返回结果的之前或之后的处理

1.3.5 MVC 与其他模式比较

MVC 并不是唯一的软件架构模式,还存在许多其他模式。通过考察其他模式,可更好地了解 MVC。本小节主要描述 MVP 与 MVVM 模式,并将它们与 MVC 模式进行对比。

（1）MVP 模式

MVP 模式全称为 Model-View-Presenter,它从经典的 MVC 演变而来。它们的基本思想相似,Controller/Presenter 负责逻辑的处理,Model 提供数据,View 负责显示。

MVP 与 MVC 的一个重大区别在于:在 MVP 中 View 不会直接使用 Model,它们之间的通信是通过 Presenter 来进行的,所有的交互发生在 Presenter 内部,而在 MVC 中 View 会直接从 Model 读取数据,而不会通过 Controller。

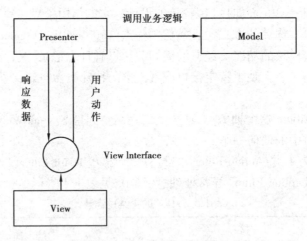

图 1.37 MVP 体系结构关系图

1）MVP 的优点

①模型与视图完全分离,可修改视图而不影响模型。

②可更高效地使用模型,因为所有的交互都发生在 Presenter 内部。

③可将一个 Presenter 用于多个视图,而不需要改变 Presenter 的逻辑。这个特性非常有用,因为视图的变化总是比模型的变化频繁。

④如果把逻辑放在 Presenter 中,则可脱离用户接口来测试这些逻辑。

2）MVP 的缺点

由于对视图的渲染已放在 Presenter 中,因此,视图与 Presenter 的交互过于频繁。一旦视图改变,

Presenter 则需要进行相应的变更。

（2）MVVM 模式

MVVM 模式全称为 Model -View-ViewModel，它是 MVP 模式与 WPF（Windows Presentation Foundation）结合进行应用时发展演变过来的一种新型架构模式，如图 1.38 所示。

MVVM 模式使用的是数据绑定基础架构。它们可轻松地构建 UI 的必要元素。View 绑定到 ViewModel，然后执行一些命令，再向它请求一个动作。ViewModel 与 Model 通信，通知它更新来响应 UI。

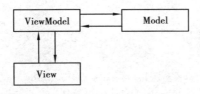

图 1.38 MVVM 体系结构关系图

MVVM 的优点如下：

①低耦合。视图可独立于 Model 进行变化和修改。一个 ViewModel 可绑定到不同的 View 上，View 的变化可以不影响 Model，反之亦然。

②可重用性。可将视图逻辑放在一个 ViewModel 里，让很多 View 重用这段视图逻辑代码。

③独立开发。开发人员可专注于业务逻辑和数据的开发，设计人员可专注于页面设计。

④可测试。难以测试的界面可通过测试 ViewModel 进行测试。

本 章 总 结

通过本章的学习，可初步了解 ASP. NET MVC 开发环境的搭建，其中，包括 IIS 的安装和配置，Visual Studio 2012 的安装，以及 SQL Server 2008 R2 的安装。通过认识 MVC 开发模式可知，MVC 是一种软件架构模式，它本身并不引入新的功能，只是用来指导、改善应用程序的架构，使应用的模型和视图相分离，从而得到更好的开发和维护效率。在 MVC 模式中，应用程序被划分为模型（Model）、视图（View）和控制器（Controller）3 个部分。其中，模型部分包含了应用程序的业务逻辑和业务数据；视图部分封装了应用程序的输出形式，也就是通常所说的页面或者是界面；而控制器部分负责协调模型和视图，根据用户请求来选择要调用哪个模型来处理业务，以及最终由哪个视图为用户做出应答。

MVC 模式中 3 个部分的职责非常明确，而且相互分离。因此，每个部分都可独立地改变而不影响其他部分，从而大大提高了应用的灵活性和重用性。通过自定义过滤器，可筛选特定的用户请求，达到过滤用户角色的效果。

第2章
Web 前端开发

2.1 HTML5 和 CSS3 介绍

2.1.1 HTML5 概述

HTML5 发源于 World Wide Web Consortium(简称 W3C),是 Web 标准的一种。它诞生于 2004 年 8 月 W3C 关于 Web 应用程序以及复合文档(Compound Documents)的研讨会上,并于 2010 年正式推出。自推出以来,它便以惊人的速度被迅速推广,就连微软也因此为下一代 IE9 做了标准上的改进。HTML5 是 Web 开发世界的一次重大改变,代表着未来趋势。其目标是能够创建更简单的 Web 程序,书写出更简洁的 HTML 代码。

HTML5 的诞生具有划时代、革命性的意义,它正在被大面积地推广及使用。通过对 Internet Explore,Google,Firefox,Safari,Opera 等主流 Web 浏览器发展策略的调查发现,它们均在对 HTML5 的支持上采取了相应的措施。

HTML5 具有以下 6 点优势:

(1)跨平台运行、易用性

HTML5 最主要的优势在于其适合众多平台,从 PC 浏览器到手机、平板电脑,甚至未来的智能电视,只要设备浏览器支持 HTML5,HTML5 应用或游戏在该平台中就可直接运行,这使得应用 HTML5 创建网站更加简单。新的 HTML 主体结构元素和非主体结构元素如"article""section""nav""aside""time""pubdate""header""footer""address"等,使得文档的结构更清晰明确,读者更易访问内容。例如,之前使用"div",即使定义了"class"或者"id"也难以让读者清楚知道其真正的含义。使用新的语义学的定义标签,可更好地了解 HTML 文档,并创造出更人性化的用户体验。

(2)支持多媒体播放

以前涉及多媒体播放,普遍的做法就是使用 Flash 或其他第三方自主开发的播放器应用,较为复杂且难以使用。而 HTML5 支持直接在浏览器中播放音频和视频文件,不需要使用 Adobe Flash 这样的插件。HTML5 通过标签 <video> 和 <audio> 来访问视频和音频资源。早期播放媒体需要使用 <embed> 和 <object> 标签,并且为了它们能正确播放必须赋予许多的参数,这使媒体标签非常复杂。

24

而 HTML5 中的视频和音频标签将它们视为图片：< video src = "　"/ >。关于其他参数（如宽度和高度）或者自动播放功能，则只需要像其他 HTML 标签一样定义：< video src = "url"　width = "640px" height = "380px"　autoplay/ >。

（3）**更清晰的代码**

使用 HTML5 可写出简单、优雅、容易阅读且富于描述的代码。符合语义学的代码允许将样式和内容分离。以下是一个典型的拥有简单导航的 header 代码：

```
< div id = "header" >
 < h1 > Header Text </h1 >
    < div id = "nav" >
       < ul >
          < li > < a href = "#" > Link </a > </li >
          < li > < a href = "#" > Link </a > </li >
          < li > < a href = "#" > Link </a > </li >
       </ul >
    </div >
</div >
```

使用 HTML5 后会使得代码更简单且富有含义：

```
< header >
   < h1 > Header Text </h1 >
   < nav >
     < ul >
       < li > < a href = "#" > Link </a > </li >
       < li > < a href = "#" > Link </a > </li >
       < li > < a href = "#" > Link </a > </li >
     </ul >
   </nav >
</header >
```

HTML5 中，可通过使用语义学的 HTML header 标签描述内容来解决"div"及其"class"定义的问题。之前需要大量使用"div"来定义每一个页面内容区域。但是，使用新的 < section >，< article >，< header >，< footer >，< aside > 和 < nav > 标签之后，代码会更加清晰，易于阅读。为了保持简洁，< link > 和 < script >元素不再需要 type 属性。使用 HTML5 之前的代码如下：

```
< link href = "assets/css/main. css" rel = "stylesheet" type = "text/css" / >
< script src = "assets/js/modernizr. custom. js" type = "text/javascript" >
</ script >
```

使用 HTML5 之后，可使用以下缩简后的版本：

```
< link href = "assets/css/main. css" rel = "stylesheet" / >
< script src = "assets/js/modernizr. custom. js" >
</ script >
```

将上述信息添加到一个文档中，HTML5 页面将类似于以下形式：

```
<! DOCTYPE HTML >
< html >
   < head >
```

```
< meta charset = "UTf-8" >
< title > Document Name </title >
< link href = "assets/css/main. css" rel = "stylesheet" / >
< script src = "assets/js/modernizr. custom. js" > </script >
</head >
< body >
< p > Your content </p >
</body >
</html >
```

（4）**本地存储**

Web Storage 是 HTML5 引入的一个非常重要的功能,可在客户端本地存储数据,类似 HTML4 的 Cookie,但它是为了提供更大容量存储而设计的,可实现的功能要比 Cookie 强大得多。Cookie 的大小是受限的,被限制在 4 KB,而针对 Web Storage,官方建议为每个网站最大为 5 MB。同时,每次请求新的页面时,Cookie 都会被发送过去。而 HTML5 的 storage 是本地存储,网站在页面加载完毕后可通过 JavaScript 来获取这些数据。

Web Storage 只能提供存储简单数据结构的数据,而对复杂的 Web 应用数据却无能为力。于是,HTML5 还提供了一个浏览器端的数据库支持,允许用户直接通过 JS 的 API 在浏览器端创建一个本地的数据库,并且支持标准的 SQL 的增删改查(CRUD)操作,让离线的 Web 应用能更方便地存储结构化数据。原本必须要保存在服务器数据库中的内容,可直接保存在客户端本地,这将大大减轻服务器端的负担,同时加快访问数据的速度。本地存储类似于比较老的技术——Cookie 和客户端数据库的融合,但由于支持多个 Windows 存储,因此拥有更好的安全性和更强的性能,即使在浏览器关闭后也可以进行保存。

能够保存数据到用户浏览器中意味着可简单地创建一些应用特性。例如,保存用户信息,缓存数据,以及加载用户上一次的应用状态等。

（5）**更好的互动-绘制图形**

用户往往希望与客户端有更好的互动,特别是喜欢对用户有反馈的动态网站,用户可以享受互动的过程。输入 < canvas > ,HTML5 的画图标签可做更多的互动和动画,达到以往使用 Flash 才能实现的效果,甚至还可应用于开发游戏。

除了 < canvas > ,HTML5 同样也拥有很多 API 允许开发人员创建更好的用户体验和更动态化的 Web 应用程序。例如, Drag and Drop（DnD）, Offline storage database, Browser history management, document editing,Timed media playback 等。

（6）**跨浏览器支持**

目前,主流的浏览器都支持 HTML5,如 Chrome,Firefox,Safari,IE9,Opera 等,并且在创建 HTML5 DOCTYPE 声明后,即使像 IE6 这样非常老的浏览器都可以使用。但是,旧版浏览器能够识别 DOCTYPE,并不意味它可以处理 HTML5 标签和功能。不过幸运的是,HTML5 已使网页开发变得十分的简单易行,旧版 IE 浏览器也可通过添加 JavaScript 代码来使用新的元素:

```
<! - -[if lt IE 9] >
< script src = "http://html5shiv. googlecode. com/svn/trunk/html5. js" >
</script >
<! [endif] - ->
```

2.1.2　HTML5 的应用

HTML5 凭借着增加的新功能和新特性,以及对开发当今流行的移动应用的适应性,一经面世,就受到了开发人员及用户的青睐。

（1）HTML5 开发游戏

HTML5 新增了 canvas 对象,可在浏览器中绘画图像,无须额外地安装插件即可实现原来 Flash 的功能。因此,可利用这个新增加的功能,辅以 JavaScript,CSS 等进行 HTML5 游戏的开发,尤其是移动端小游戏的开发。由于移动设备的便携性,设计精巧的 HTML5 小游戏可通过各种移动应用接口或者浏览器进行加载,因此,HTML5 游戏借助各种社交平台(如微信朋友圈、微博或其他社交网站)疯狂传播,一度风靡。例如,2014 年大火的"围住神经猫",借助朋友圈的分享,无须下载,即点即用,收获了一大批忠实粉丝,上线 3 天即创造了用户量 500 万、访问量超 1 亿的神话,甚至还带动了有关神经猫的各类周边产品。

（2）HTML5 进行网络营销

网络营销是建立在互联网基础上,借助互联网来更有效地满足顾客的需求和愿望,从而实现企业营销目标的一种手段。HTML5 页面设计美观、功能强大、互动性强、适合移动端操作,营销设计人员们趋之若鹜,一时间,基于 HTML5 创建的各类营销宣传页十分流行,甚至有了简称为 H5 营销的概念。H5 营销通常用于活动运营、品牌宣传、产品介绍及总结报告等,其形式多样,可以是游戏、邀请函、贺卡、测试题等。究其根本,HTML5 无非是 HTML 的更高版本,它在今天的互联网营销中能受到如此青睐,一是互联网的快速发展,特别是移动社交平台的传播优势使得人们越来越注重网络营销;二是设计效果美轮美奂,并且通过 HTML5 实现各种外观及互动设计更加便捷,因此各种 H5 营销更能吸引眼球,抓住人心。例如,微信曾为抢红包推出的专题页面《从此看尽中国人的名与利》,创意巧妙新颖,画面设计细腻,文案发人深省,堪称设计典范。淘宝曾在"双十二"推出的预售推广专题页,操作简单,然而页面呈现效果流畅、生动,将 HTML5 技术发挥得淋漓尽致。

（3）HTML5 开发 Web App

Web App 就是运行于网络和标准浏览器上,基于网页技术开发实现特定功能的应用。Web App 与一般 Web 网站的区别在于:一般 Web 网站使用网页技术做信息的展示,包括文字和媒体文件等,而 Web App 更侧重于执行某个任务。Web App 具有跨平台特性,用户不需要下载,不需要频繁升级更新,且可进行动态的更新。使用 HTML5 的描述文件功能,可实现应用的离线使用。虽然 Web 应用使用的基础就是网络通畅,然而无法保证应用永远不掉线。而离线应用可以保证 Web App 应对间歇性的网络中断时,不会中断任务,用户体验如同原生 App。此外,HTML5 新增的本地存储功能、音视频播放功能以及更多的 API,可更便捷地实现丰富的功能和良好的交互。

HTML 是一门不断发展的语言,HTML5 的标准制订不仅契合当今 Web 发展的现状,而且又为 HTML 的后续发展增添了新的设计理念。当下,HTML5 应用普及流行,虽然还有一些限制,如 HTML5 页面泛滥后人们的审美疲劳以及 Web App 本身的普及度并未达到预期等。但是,正如 HTML 是不断发展的,Web 的开发也会持续向前发展。

2.1.3　CSS3 概述

CSS3 是 CSS 技术的升级。CSS3 语言开发是朝着模块化发展的。此前 CSS 的规范作为一个模块而言过于庞大繁杂,因此,将其分解为一些较小的模块,并加入更多新的模块。其中,最重要的 CSS3 模块包括选择器、框模型、背景和边框、文本效果、2D/3D 转换、动画、多列布局及用户界面等。

相比于 CSS2.1,CSS3 做了许多修改和补充,新增了许多属性、选择器和特性等。例如,通过 CSS3,用户无须使用 PhotoShop 等设计软件便能便捷地创建圆角边框,向矩形添加阴影,以及使用图片来绘制边框等。CSS3 包含多个新的背景属性,如"background-size"和"background-origin",它们提供了对背景更强大的控制。字体方面,在 CSS3 之前,Web 设计师必须使用已在用户计算机上安装好的字体。通过 CSS3,用户可使用他们喜欢的任意字体。当用户找到或购买到希望使用的字体时,可将该字体文件存放到 Web 服务器上,它会在需要时被自动下载到用户的计算机上。用户自定义字体是在 CSS3@ font-face 规则中定义的。

与 CSS 相比,使用 CSS3 最明显的优势就是 CSS3 能让页面看起来非常炫酷,使网站设计锦上添花,但它的好处远远不止这些。在大多数情况下,使用 CSS3 不仅有利于开发与维护,还能提高网站的性能。与此同时,还能增加网站的可访问性、可用性,使网站能适配更多的设备,甚至还可优化网站 SEO,提高网站的搜索排名结果。下面将介绍 CSS3 特有的优势:

(1)减少开发与维护成本

针对一个圆角效果,在 CSS 中需要添加额外的 HTML 标签,使用一个或者更多图片来完成,而使用 CSS3 只需要一个标签、一个"border-radius"属性就能完成。这样,CSS3 技术能把用户从绘图、切图和优化图片的工作中解救出来。

如果后续需要调整这个圆角的弧度或者圆角的颜色,使用 CSS,要从头绘图、切图才能完成,而使用 CSS3 几秒就可完成这些工作。

CSS3 还能使开发人员远离繁杂的 JavaScript 脚本代码或者 Flash,用户不再需要花大量时间去写脚本,或者寻找合适的脚本插件,并修改以适配网站特效。

同时,有些 CSS3 技术还能帮用户对页面进行"减肥",让结构更加"苗条"。避免为了达到一个效果而嵌套很多 DIV 和类名,这样能有效地提高工作效率、减少开发时间、降低开发成本。例如,制作一个重叠的背景效果,在 CSS 中需要添加 DIV 标签和类名,在不同的 DIV 中放一张背景图,现在可使用 CSS3 的多背景和背景尺寸等新特性,在一个 DIV 标签中完成这些工作。

(2)提高页面性能

很多 CSS3 技术通过提供相同的视觉效果而成为图片的"替代品"。换句话说,在进行 Web 开发时,减少多余的标签嵌套,以及图片的使用数量,意味着用户要下载的内容将会更少,页面加载也会更快。另外,更少的图片、脚本和 Flash 文件让 Web 站点减少 HTTP 请求数,这是提升页面加载速度的最佳方法之一。而使用 CSS3 制作图形化网站无须任何图片,极大地减少 HTTP 的请求数量,并且提升页面的加载速度。当然,这取决于采用 CSS3 特性来代替什么技术,以及如何使用 CSS3 特性。例如,CSS3 的动画效果,能减少对 JavaScript 和 Flash 文件的 HTTP 请求,但可能要求浏览器执行很多的工作来完成这个动画效果的渲染,这有可能导致浏览器响应缓慢,致使用户流失。因此,在使用一些复杂的特效时,需要仔细考虑。不过这样的现象毕竟少数,总体而言,在大多数情况下很多 CSS3 技术都能大幅提高页面的性能。

2.1.4　CSS 样式表

CSS 样式表即层叠样式表(英文全称:Cascading Style Sheets),简称样式表。CSS 样式表是一种用来表现 HTML 或 XML 等文件样式的计算机语言。CSS 不仅可静态地修饰网页,还可配合各种脚本语言动态地对网页各元素进行格式化。CSS 能对网页中元素位置的排版进行像素级精确控制,支持几乎所有的字体字号样式,拥有对网页对象和模型样式编辑的能力。

样式表定义如何显示 HTML 元素,如同 HTML 3.2 的字体标签和颜色属性所起的作用。样式通常保存在外部的.css 文件中。仅仅通过编辑一个简单的 CSS 文档,外部样式表可同时改变站点中所有页面的布局和外观。

由于允许同时控制多重页面的样式和布局,因此,CSS 可称得上 Web 设计领域的一个突破。作为网站开发者,能为每个 HTML 元素定义样式,并将之应用于用户希望的任意多的页面中。如需进行全局的更新,只需简单地改变样式,网站中的所有元素均会自动地更新。

网页 HTML 中,大量使用 DIV,SPAN,TABLE 表格等标签布局,要实现漂亮的布局(CSS 宽度、CSS 高度、CSS 背景、CSS 字体大小等样式),就需要通过 CSS 样式来实现。同样的一组 DIV 标签,对应 CSS 样式代码不同,所得到的效果也不同。可将 HTML 比作是骨架,CSS 是衣服。相同 HTML 骨架结构,不同 CSS 样式,所得到的美化布局效果也就不同。下面介绍向网页中添加 CSS 样式表的 4 种方法:

①使用 STYLE 属性:将 STYLE 属性直接加在个别的元件标签里。

②使用 STYLE 标签:将样式规则写在 < STYLE > ... < /STYLE > 标签之中。

③使用 LINK 标签:将样式规则写在.css 的样式档案中,再以 < LINK > 标签引入。

④使用@ import 引入:与 LINK 用法很像,但必须放在 < STYLE > ... < /STYLE > 中。

接下来,将介绍几点 CSS 代码编码规范,示范如何写出整洁漂亮的 CSS 代码,如何清晰地组织样式表文件。

(1)CSS 样式定义位置

对于多数有一定工作经验的设计师来说,使用外部样式表来定义 CSS 样式或许是一件很简单的工作。但在此仍然需要再次强调,许多站点在最开始的时候,结构非常清晰,有组织良好的代码,然而随着时间的推移,因各种各样的原因,内部定义乃至内联样式逐渐蔓延到站点的各个角落。

长此以往,若需要在不改动网页内容的前提下重新设计网站的样式,则不得不去查找这些散落各个角落的垃圾代码,而如果项目碰巧规模非常庞大,这将会变成一件非常复杂的事情,因此应尽量创建干净的代码。

不过,外部样式表也不宜使用过多,如果每次更改都创建一个新的样式表,长此以往,过多的样式表会让用户将来的调试和更新工作变得更加复杂,也会带来潜在的性能问题,并且在 IE6 下,最多只能引入 32 个外部样式表。

(2)CSS 命名应规范

CSS 中,定义用户的 class 名称以及元素 ID 名称时,应选择最合适、语义最正确的元素。描述文档内容时,也应选择语义清晰的词语。这样做能让用户的开发工作变得更加简单。

例如,以下样式定义:

. l13k ｛ color：#369；｝

该名称应该是某个只有作者本人知道的缩写,即使作者在最初定义时知道名称的含义,随着时间的流逝,该名称的定义将很容易被遗忘。又如以下定义:

. left-blue ｛ color：#369；｝

该条定义能够轻易地得知其作用,即页面左边区域,文字颜色为蓝色,表述清楚明确。然而需要重新设计样式时,若将该区域的内容位置换至右边,文字颜色换为红色。很显然,该名称将不再合适,甚至变得不正确。对此有两个选择:一是替换掉每个使用该 class 的地方;二是继续使用这个让人产生误解的名称。

这样看来,名称不是描述清晰就是好的,建议最好不要采用如颜色或者是高度宽度尺寸等非常具体的细节来命名样式定义,同样地,也尽量避免使用具有具体形象的词汇来命名(如使用 box),这种做法某种程度上破坏了将内容和样式分离的初衷。那么,应如何定义名称呢? 来看以下的定义:

. product-description ｛ color：#369；｝

该定义命名,无论重构多少次,都是非常合适的。

(3)代码注释的应用

善用代码注释将会给开发者及其团队带来极大的便利。代码注释不仅能作为普通的注解,还能创造性地帮助用户更好地完成工作。

1）提示和标注

代码注释最基本和最常见的用处就是用来提示和标注代码，表明此条代码的用途。

```
/* Turn off borders for linked images */
    img { border: 0; }
```

2）时间戳和署名

时间戳和署名与写程序代码一样，是用注释在文件头部留下时间戳、版本号以及编辑者的署名，将更好地帮助追踪记录文件的历史记录。

```
/* Sushimonster Typography Styles
    Updated: Thu 10.18.07 @ 5:15 p. m.
    Author: Jina Bolton
    ———————————————————————————— - */
```

3）组织代码

将样式定义按照不同的组别来分组是一个良好的习惯。若希望将页首的样式定义放在一起，使用以下的注释可帮助提高代码的可读性：

```
/* HEADER
    ———————————————————————————— - */
```

4）注释标识

若采用了上述提及的利用注释来分隔不同分组的样式定义代码的方法，使用注释标识将有利于查找代码，它可帮助开发人员迅速、准确地定位到想要的位置。通常，可使用一个特殊的符号（如"="）来作为注释标识：

```
/* = HEADER
    ———————————————————————————— - */
```

这样不用上下拖动，就能迅速通过查找来定位到想要编辑的位置。

5）参考索引

参考索引虽然不常用，但也是非常有用的一个注释使用方式，例如，在文件头部留下使用到的颜色代码：

```
/* COLORS
    Body Background: #2F2C22
    Main Text: #B3A576
    Links: #9C6D25
    Dark Brown Border: #222019
    Green Headline: #958944
*/
```

（4）CSS Hack 与 IE 条件注释

使用条件注释，通常需要维护同一样式的不同 IE 版本的副本，因而增加了工作量。而使用 CSS Hack 则避免了这个问题，因此在很多情况下，需要对具体问题进行具体分析。

但是无论采用哪种方法，都需注意以下两点：

①若使用了条件注释，需要在主代码文件中留下注释，提醒自己以及其他开发人员，如果修改了此处样式，则需要同时更新其他所有 IE 版本的样式定义。

②若使用 CSS Hack，也需要留下注释，标明此处使用了哪些 Hack，对何种版本浏览器生效，因为在可以预见的将来，随着浏览器版本的升级，这些 Hack 很有可能会失效。

（5）**选择器以及属性声明的组织**

通常情况下,对样式表文件的组织应保证结构清晰。例如,以下的代码组织方式:

reset styles 重置浏览器默认值

typography styles 文字,版式定义

layout styles（header, content, footer, etc.）布局定义

module or widget styles 模块定义

etc.

基于上面的分组,再根据元素 DOM 位置来分组:

any parent styles（containing elements, working outside-in）容器元素

block-level element styles（paragraphs, lists, etc.）块级元素

inline element styles（links, abbreviations, etc.）行级元素

etc.

再往下,根据元素类型来分组:

paragraphs

blockquotes

addresses

lists

forms

tables

最后对每一个样式定义,会将属性声明根据不同的类型分组:

positioning（with coordinates）styles

float/clear styles

display/visibility styles

spacing（margin, padding, border）styles

dimensions（width, height）styles

typography-related（line-height, color, etc.）styles

miscellaneous（list-style, cursors, etc.）styles

（6）**CSS Framework 的创建**

若需要经常创建类似的样式表,则可创建属于自己的 CSS Framework 来积累大量的基础样式表,这样可以大大地简化工作。例如:

screen. css-A screen CSS file can either have all your styles you want to be used for on screen, and/or can import additional styles, such as the following:

reset. css-A reset CSS file can be used to "reset" all the default browser styling, which can help make it easier to achieve cross-browser compatibility.（重置样式表 undohtml. css）

typography. css-A typography CSS file can define your typefaces, sizes, leading, kerning, and possibly even color.

grid. css-A grid CSS file can have your layout structure（and act as the wireframe of your site, by defining the basic header, footer, and column set up）.

print. css-A print CSS file would include your styles you want to be used when the page is printed.

Blueprint framework 就是一个非常不错的 CSS Framework,有兴趣的读者可以进一步去学习。

（7）**平衡可读性和代码优化**

在代码书写过程中,是将代码优化到极致(如没有注释,没有换行,将体积压缩到最小),还是保留

文档非常好的可读性。对这个问题,每一个开发人员都可去寻找属于自己的平衡点。当然,最理想的做法是发布网站时,再去压缩 CSS 样式表文件。

(8)使用版本控制

通过使用如 SVN 或者 Git 等版本控制程序,来更好地对样式表进行维护、更新等操作。

2.2 JQuery 介绍

2.2.1 JQuery 概述

JQuery 是一个快速、简洁的 JavaScript 库,是继 Prototype 之后又一个优秀的 JavaScript 代码库(或 JavaScript 框架)。它由 John Resig 在 2006 年创建。JQuery 简化了 HTML 文档遍历、事件处理、动画以及 Ajax 交互,可用于快速 Web 开发。因此,它的出现极大地简化了 JavaScript 编程。JQuery 的核心特性可总结为:具有独特的链式语法和短小清晰的多功能接口;具有高效灵活的 CSS 选择器,并且可对 CSS 选择器进行扩展;拥有便捷的插件扩展机制和丰富的插件。

JQuery 设计的宗旨是"Write Less,Do More.",即倡导写更少的代码,做更多的事情。它封装了 JavaScript 中常用的功能代码,提供了一种更加简便的 JavaScript 设计模式。JQuery 的文档非常丰富,因为其轻量级的特性,文档并不复杂,随着新版本的发布,可很快被翻译成多种语言,这也为 JQuery 的流行创造了条件。JQuery 支持 CSS1 – 3 的选择器,兼容 IE 6.0 +,Fire Fox 2 +,Safari 3.0 +,Opera 9.0 +,Chrome 等浏览器。同时,JQuery 拥有几千种丰富多彩的插件,大量有趣的扩展和出色的社区支持弥补了 JQuery 功能较少的不足,并为 JQuery 提供了众多非常有用的功能扩展。加之其简单易学,很快成为当今最为流行的 JavaScript 库,成为开发网站等复杂度较低的 Web 应用程序的首选 JavaScript 库,并得到了大公司如微软、Google 的支持。

JQuery 最有特色的语法特点就是具有与 CSS 语法相似的选择器,并且它几乎支持所有 CSS1 到 CSS3 的选择器,并兼容所有主流浏览器,从语法上简化了 DOM 元素的访问。

2.2.2 JQuery 优势

JQuery 是一个开源的产品,是对常用的 Javascript 工具方法的封装,在一定程度上加快了前端开发的速度,能缩短项目开发周期,减少代码量。JQuery 使用户能更方便地处理 HTML documents、events,实现动画效果,并且方便地为网站提供 AJAX 交互。JQuery 还有一个较大的优势是:它拥有很全面的文档说明,同时还具有许多成熟的插件可供选择。JQuery 能使用户的 HTML 页面保持代码和内容分离。具体而言,JQuery 的优势可分为以下 11 点:

(1)轻量级

JQuery 十分轻巧,采用 Dean Edwards 编写的 Packer 压缩后,大小不到 30 KB。如果使用 Min 版并且在服务器端启用 Gzip 压缩后,大小只有 18 KB。

(2)强大的选择器。

JQuery 允许开发者使用从 CSS1 到 CSS3 几乎所有的选择器,以及 JQuery 独创的高级而且复杂的选择器,另外还可以加入插件使其支持 XPath 选择器,开发者甚至可以编写属于自己的选择器。由于 JQuery 支持选择器这一特性,因此有一定 CSS 经验的开发人员可很容易地切入 JQuery 的学习中。

(3)出色的 DOM 操作的封装

JQuery 封装了大量常用的 DOM 操作,使开发者在编写 DOM 操作相关程序时能够得心应手。开发人员可使用 JQuery 轻松地完成各种原本非常复杂的操作,即使是 JavaScript 新手也能编写非常出色的程序。

（4）**可靠的事件处理机制**

JQuery 的事件处理机制吸收了 JavaScript 专家 Dean Edwards 编写的事件处理函数的精华，这保证了 JQuery 在处理事件绑定的时候相当可靠。在预留退路、循序渐进以及非入侵式编程思想方面，JQuery 也有着非常不错的表现。

（5）**完善的 Ajax**

JQuery 将所有的 Ajax 操作封装到一个函数"$. ajax( )"里，使开发者在处理 Ajax 时能专心处理业务逻辑，而无须关心复杂的浏览器兼容性和 XMLHttpRequest 对象的创建与使用问题。

（6）**不污染顶级变量**

JQuery 只建立一个名为 JQuery 的对象，其所有的函数方法都在这个对象之下。其别名"$"也可随时交流控制权，绝对不会污染其他的对象。该特性使 JQuery 可与其他 JavaScript 库共存，在项目中放心地引用而不需要考虑后期的冲突。

（7）**出色的浏览器兼容性**

作为一个主流的 JavaScript 库，对不同浏览器的兼容性是必须具备的基本特性之一。JQuery 能在 IE 6.0 + ,FF 2 + ,Safari2.0 + 和 Opera 9.0 + 下正常运行。同时，JQuery 还修复了一些浏览器之间的差异，使开发者不需要在开展项目前单独建立浏览器兼容库。

（8）**链式操作方式**

JQuery 中最有特色的莫过于它的链式操作方式，即对发生在同一个 JQuery 对象上的一组动作，可直接连续操作而无须重复获取对象。

（9）**隐式迭代**

当用 JQuery 找到带有". myClass"类的全部元素且隐藏它们时，无须循环遍历每一个返回的元素。JQuery 里的方法都被设计成自动操作的对象集合，而不是一个个单独的对象，这也就使大量的循环结构变得不再必要，从而大幅度地减少代码量。

（10）**行为层与结构层的分离**

开发者可首先使用选择器选中元素，然后直接给元素添加事件。这种将行为层与结构层完全分离的思想，使 JQuery 开发人员和 HTML 或其他页面开发人员各司其职，摆脱过去开发冲突或个人单枪匹马的开发模式。同时，后期维护也变得非常方便，开发人员不需要在 HTML 代码中寻找某些函数或者对 HTML 代码进行重复的修改。

（11）**丰富的插件支持**

JQuery 的易扩展性吸引了来自全球的开发者来编写 JQuery 的扩展插件。目前，已有超过几百种官方插件支持，而且还有非常多的新插件被源源不断地开源出来。

2.2.3　JQuery UI 框架

（1）**国产 JQuery UI 框架 DWZ**

DWZ 富客户端框架（JQuery RIA framework），是国内开发的基于 JQuery 实现的 Ajax RIA 开源框架。其设计目标是简单实用、扩展方便、快速开发、RIA 思路、轻量级、降低 Ajax 开发成本。DWZ 支持用 HTML 扩展的方式来代替 JavaScript 代码，可保证即使程序员不懂 JavaScript，也能使用各种页面组件和 Ajax 技术。如果有特定需求，也可扩展 DWZ 来进行定制化开发。DWZ 基于 JQuery 可非常方便地定制特定需求的 UI 组件，并以 JQuery 插件的形式发布。

DWZ 富客户端框架完全开源，可免费获取全部源码。其框架的界面如图 2.1 所示。

图 2.1　国产 JQuery UI 框架

（2）JQuery UI **组件库** PrimeUI

PrimeUI 是 PrimeFaces 团队的一个 JQuery UI 组件库,目前已包含多个 UI 部件。PrimeUI 是一套 JavaScript Widget 控件,可用来创建 UI 界面。PrimeUI 是把原 PrimeFaces 的组件进行解耦后提取出来 的 JS 控件,可用来进行 PHP,ASP,Wicket,GWT 等开发。PrimeUI 使用 JSON 数据,并使用 JQuery UI 的 WidgetFactory API 提供 Widget 控件作为 JQuery 插件。PrimeUI 的界面如图 2.2 所示。

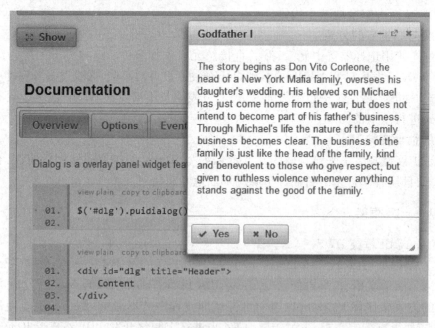

图 2.2　PrimeUI 界面

（3）**基于** JQuery **的富客户端框架** jwwui

jwwui 是基于 JQuery 编写的一组 HTML 组件。使用简单,功能强大,样式自由度大,每个组件都支 持自定义样式,并且支持组件自适应。页面运行效率高,看起来是富客户端,但运行速度却是轻量级网页效果,本地或局域网内运行速度更快。jwwui 框架的 CSS 部分全部开源,便于理解,而 JS 仅部分开源供学习,并非全部开源。

　　jwwui 框架的界面如图 2.3 所示。

图 2.3　jwwui 界面

（4）JQuery UI 组件 JQuery UI

　　JQuery UI 是一套 JQuery 的页面 UI 插件,包含多种常用的页面空间,如 Tabs、拉帘效果、对话框、拖放效果、日期选择、颜色选择、数据排序、窗体大小调整等内容。JQuery UI 包含了许多维持状态的小部件,因此,它与典型的 JQuery 插件使用模式略有不同。所有的 JQuery UI 小部件都使用相同的模式,因此,用户只要学会其中一个的使用方法,就能掌握对其他小部件的使用方法。JQuery UI 的部分效果图如图 2.4 所示。

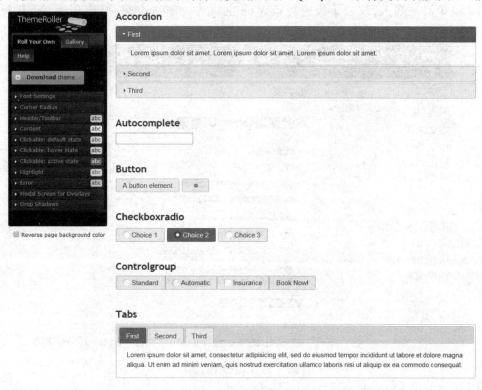

图 2.4　JQuery UI 效果图

（5）JQuery 的 UI 组件 EasyUI

JQuery EasyUI 是一个基于 JQuery 的框架，集成了各种用户界面插件。而 JQuery EasyUI 的目标就是帮助 Web 开发者更轻松地打造出功能丰富且美观的 UI 界面。JQuery EasyUI 为网页开发提供了许多常用的 UI 组件，包括菜单、对话框、布局、窗帘、表格、表单等组件。开发者不需要编写复杂的 JavaScript，也不需要对 CSS 样式有深入的了解，只需要了解一些简单的 HTML 标签。当然，其功能相对没有 extjs 那么强大，但相对于 extjs 更轻量，页面也仍然非常美观，同时页面支持各种 themes 以满足使用者对不同风格页面的喜好。如图 2.5 所示为一个具有布局效果的 EasyUI 界面窗口。

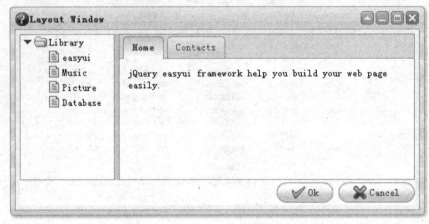

图 2.5　EasyUI 界面

（6）JQuery 的 UI 框架 Liger UI

Liger UI 是基于 JQuery 开发的一系列控件组，包括表单、布局、表格等常用的 UI 控件，使用 Liger UI 可快速创建风格统一的界面效果。其核心设计目标是快速开发、使用简单、功能强大、轻量级、易扩展。Liger UI 简单而又强大，致力于快速打造 Web 前端界面解决方案，可应用于.NET,JSP,PHP 等 Web 开发技术。如图 2.6 所示为 Liger UI 界面。

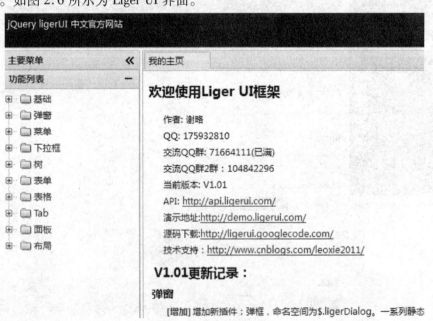

图 2.6　Liger UI 界面

Liger UI 主要有以下 6 个特点：

①控件实用性强，功能覆盖面大，可解决大部分企业信息应用的设计场景。

②快速开发,使用 LigerUI 可比传统开发减少极大的代码量。

③易扩展,包括默认参数、表单/表格编辑器、多语言支持等。

④支持 Java,. NET,PHP 等 Web 服务端。

⑤支持 IE 6 + ,Chrome,FireFox 等浏览器。

⑥框架代码开源,并且源代码的框架层次简单易懂。

2.3　Bootstrap 框架

2.3.1　Bootstrap 入门

（1）Bootstrap 简介

Bootstrap 是一个基于 HTML,CSS,JavaScript,用于快速开发 Web 应用程序和网站的前端框架。Bootstrap 是由 Twitter 的 Mark Otto 和 Jacob Thornton 所开发的,并于 2011 年 8 月在 GitHub 上发布的开源产品。

（2）Bootstrap 特点

Bootstrap 是非常友好的前端开发工具包。它具有以下特点:

1）适应各种技术水平

Bootstrap 适应不同技术水平的从业者,无论是设计师,还是程序开发人员,不管是经验丰富的开发者,还是刚入门的初学者。使用 Bootstrap 既能开发简单的小程序,也能构造非常复杂的应用系统。

2）跨设备、跨浏览器

新版本的 Bootstrap 已经能支持所有主流浏览器,甚至包括 IE7,并且从 Bootstrap 2 开始,提供了对平板和智能手机的支持。

3）提供 12 列栅格布局

栅格系统不是万能的,不过在应用的核心层有一个稳定和灵活的栅格系统,确实可让开发变得更简单。

4）支持响应式设计

从 Bootstrap 2 开始,Bootstrap 提供完整的响应式特性。所有的组件都能根据分辨率和设备灵活缩放,从而提供一致性的用户体验。

5）样式化的文档

与其他前端开发工具包不同,Bootstrap 优先设计了一个样式化的使用指南,不仅可用来介绍特性,还可用于展示最佳实践、应用以及代码示例。

6）不断完善的代码库

尽管经过 gzip 压缩后,Bootstrap 只有 10 KB 大小,但是它却仍是最完备的前端工具包之一,提供了几十个全功能的随时可用的组件。

7）可定制的 JQuery 插件

任何出色的组件设计都应提供易用、易扩展的人机界面。同样,Bootstrap 也为此而提供了定制的 JQuery 内置插件。

8）选用 LESS 构建动态样式

当传统枯燥的 CSS 写法止步不前时,LESS 技术横空出世。LESS 使用变量、嵌套、操作、混合编码,帮助用户花费很少的时间成本,编写更快、更为灵活的 CSS。

9）支持 HTML5

Bootstrap 支持 HTML5 标签和语法，并要求建立在 HTML5 文档类型基础上进行设计和开发。

10）支持 CSS3

Bootstrap 支持 CSS3 所有属性和标准，并逐步改进组件以达到最终效果。

11）提供开源代码

Bootstrap 全部托管于 GitHub（https://github.com/），完全开放源代码，并借助 GitHub 平台实现社区化开发和共建。

（3）Bootstrap **包的内容**

Bootstrap 包的内容主要包括下面 5 个部分：

1）基本结构

Bootstrap 提供了一个带有网格系统、链接样式、背景的基本结构。

2）CSS

Bootstrap 自带以下特性：全局的 CSS 设置，定义基本的 HTML 元素样式，可扩展的 class，以及一个先进的网格系统。

3）组件

Bootstrap 包含了十几个可重用的组件，用于创建图像、下拉菜单、导航、警告框、弹出框等。

4）JavaScript 插件

Bootstrap 包含了十几个自定义的 JQuery 插件，可直接包含所有的插件，也可逐个包含这些插件。

5）定制

可定制 Bootstrap 的组件、LESS 变量和 JQuery 插件来得到自己的个性化版本。

2.3.2　Bootstrap **的基本样式**

本小节将介绍 Bootstrap 底层结构的关键部分，包括让 Web 开发变得更好、更快、更强的最佳实践。

（1）HTML5 **文档类型**（Doctype）

Bootstrap 使用了一些 HTML5 元素和 CSS 属性，为了让它们能正常工作，需要使用 HTML5 文档类型（Doctype）。因此，在使用 Bootstrap 项目的开头包含以下代码段：

```
<! DOCTYPE html >
<html >
测试案例
</html >
```

如果在 Bootstrap 创建的网页开头不使用 HTML5 的文档类型（Doctype），可能会面临一些浏览器显示不一致的问题，甚至可能面临一些特定情境下的不一致，以至于代码不能通过 W3C 标准的验证。

（2）**移动设备优先**

移动设备优先是 Bootstrap3 中最显著的变化。在之前的 Bootstrap 版本中（直到 2. x），都需要开发人员手动引用另一个 CSS，才能让整个项目友好地支持移动设备，而现在 Bootstrap3 默认的 CSS 本身就对移动设备有非常好的支持。

Bootstrap3 的设计目标是移动设备优先，然后才是桌面设备。这实际上是一个非常及时的转变，因为现在使用移动设备的用户越来越多。

为了让 Bootstrap 开发的网站兼容更多的移动设备屏幕尺寸，确保适当的绘制和触屏缩放，需要在网页的 head 之中添加 viewport meta 标签，例如：

```
< meta name = "viewport" content = "width = device-width, initial-scale = 1.0" >
```

"width"属性控制设备的宽度。假设网站将被带有不同屏幕分辨率的设备浏览,那么,将它设置为 device-width,可确保它能正确呈现在不同设备上。

"initial-scale = 1.0"用来确保当网页加载时,以 1∶1 的比例呈现,不会有任何的缩放。

在移动设备浏览器上,通过为 viewport meta 标签添加"user-scalable = no",可禁用其缩放(zooming)功能。

通常情况下,"maximum-scale = 1.0"与"user-scalable = no"一起使用。这样禁用缩放功能后,用户只能滚动屏幕,就能让网站看上去更有原生应用的感觉。

注意,这种方式并不推荐所有网站使用,还是要根据用户实际的情况而定。

```
< meta name = "viewport"  content = "width = device-width ,
    initial-scale = 1.0 ,
    maximum-scale = 1.0 ,
    user-scalable = no" >
```

(3)响应式图像

```
< img src = "..."  class = "img-responsive"  alt = "响应式图像" >
```

通过添加 img-responsive class,可让 Bootstrap 3 中的图像对响应式布局的支持更好。

接下来展示该 class 中所包含的 CSS 属性。在下面的代码中,可看到 img-responsive class 为图像赋予了"max-width:100%;"和"height:auto;"属性,可让图像按比例缩放,不超过其父元素的尺寸。

```
.img-responsive {
    display: inline-block;
    height: auto;
    max-width: 100%;
}
```

这表明相关的图像呈现为"inline-block"。当把元素的"display"属性设置为"inline-block",元素相对于它周围的内容以内联形式呈现,但与内联不同的是,这种情况下可设置宽度和高度。

设置"height:auto",相关元素的高度取决于浏览器。

设置"max-width"为 100% 会重写任何通过 width 属性指定的宽度,这可让图片对响应式布局的支持更加友好。

(4)全局显示、排版和链接

基本的全局显示:Bootstrap 3 使用"body {margin:0;}"来移除 body 的边距。例如,下面有关 body 的设置:

```
body {
    font-family: "Helvetica Neue" , Helvetica, Arial, sans-serif;
    font-size: 14px;
    line-height: 1.428571429;
    color: #333333;
    background-color: #ffffff;
}
```

第一条规则设置 body 的默认字体样式为"Helvetica Neue",Helvetica,Arial,sans-serif;第二条规则设置文本的默认字体大小为"14"像素;第三条规则设置默认的行高度为"1.428571429";第四条规则设置默认的文本颜色为"#333333";最后一条规则设置默认的背景颜色为白色。

排版:使用"@ font-family-base""@ font-size-base"和"@ line-height-base"属性作为排版样式。链接样式:通过属性"@ link-color"设置全局链接的颜色。

对链接的默认样式设置,参照代码如下:

```
a:hover,
a:focus {
    color: #2a6496;
    text-decoration: underline;
}


a:focus {
    outline: thin dotted #333;
    outline: 5px auto -webkit-focus-ring-color;
    outline-offset: -2px;
}
```

因此,当鼠标悬停在链接上,或者点击过的链接,颜色会被设置为"#2a6496"。同时,会呈现一条下画线。

除此之外,点击过的链接,会呈现一个颜色码为"#333"的细虚线轮廓。另一条规则是设置轮廓为"5 像素"宽,且对基于 webkit 浏览器有一个"-webkit-focus-ring-color"的浏览器扩展。轮廓偏移设置为"-2"像素。

以上所有这些样式都可在"scaffolding. less"中找到。

（5）避免跨浏览器的不一致

Bootstrap 使用 Normalize 来建立跨浏览器的一致性。

"Normalize. css"是一个很小的 CSS 文件,在 HTML 元素的默认样式中,提供了更好的跨浏览器一致性。

（6）容器(Container)

```
< div class = "container" >
    ...
</div >
```

Bootstrap 3 的 container class 用于包裹页面上的内容。接下来,将带大家一起了解"bootstrap. css"文件中的这个". container class"。

```
. container {
    padding-right: 15px;
    padding-left: 15px;
    margin-right: auto;
    margin-left: auto;
}
```

通过上面的代码,把 container 的左右外边距(margin-right、margin-left) 交由浏览器决定。但是,因内边距(padding)是固定宽度,故默认情况下容器是不可嵌套的。

```
. container:before,
. container:after {
    display: table;
    content: " ";
}
```

这种情况下,会产生伪元素。设置"display"为"table",会创建一个匿名的 table-cell 和一个新的块格式化上下文。":before"伪元素防止上边距崩塌,":after"伪元素清除浮动。

如果 contenteditable 属性出现在 HTML 中,因一些 Opera bug 围绕上述元素创建一个空格,故可通过使用"content:" ""来修复。

```
.container:after {
    clear:both;
}
```

它创建了一个伪元素,并确保了所有的容器包含所有的浮动元素。

Bootstrap 3 CSS 有一个申请响应的媒体查询,在不同的媒体查询阈值范围内都为 container 设置了"max-width",用以匹配网格系统。

```
@media (min-width:768px) {
    .container {
        width:750px;
    }
}
```

（7）Bootstrap 浏览器/设备支持

Bootstrap 可在最新的桌面系统和移动端浏览器中很好地工作,但可能无法很好地支持旧的浏览器。表 2.1 为 Bootstrap 支持最新版本的浏览器和平台。

表 2.1　Bootstrap 支持最新版本的浏览器和平台

	Chrome	Firefox	IE	Opera	Safari
Android	YES	YES	不适用	NO	不适用
iOS	YES	不适用	不适用	NO	YES
Mac OS X	YES	YES	不适用	YES	YES
Windows	YES	YES	YES	YES	NO

2.3.3　Bootstrap 的组件

Bootstrap 拥有无数可复用的组件,包括字体图标、下拉菜单、导航、警告框及弹出框等。下面将对几种 Bootstrap 组件进行简单介绍。

（1）Bootstrap 字体图标

1）字体图标列表链接

http://www.runoob.com/bootstrap/bootstrap-glyphicons.html

2）用法

如需使用图标,只需要简单地使用下面的代码即可。请在图标和文本之间保留适当的空间。

< span class = "glyphicon glyphicon-search" > </span >

3）定制字体图标

用户可通过改变字体尺寸、颜色和应用文本阴影来进行定制图标。

（2）Bootstrap 下拉菜单

1）可切换

下拉菜单是可切换的,是以列表格式显示链接的上下文菜单。这可通过与下拉菜单(Dropdown)JavaScript 插件的互动来实现。如需使用下拉菜单,只需要在 class .dropdown 内加上下拉菜单即可。

2）对齐

通过向.dropdown-menu 添加 class .pull-right 来向右对齐下拉菜单。

3）标题

用户可使用 class dropdown-header 向下拉菜单的标签区域添加标题。

（3）Bootstrap **按钮组**

1）按钮组允许多个按钮被堆叠在同一行上。当开发人员想要把按钮对齐在一起时，这就显得非常有用。

2）嵌套

用户可在一个按钮组内嵌套另一个按钮组，即在一个. btn-group 内嵌套另一个. btn-group。当开发人员试图让下拉菜单与一系列按钮进行组合使用时，就会用到这个。

（4）Bootstrap **按钮下拉菜单**

使用 Bootstrap class 向按钮添加下拉菜单。如需向按钮添加下拉菜单，只需要简单地在一个. btn-group 中放置按钮和下拉菜单即可。用户也可使用 < span class = " caret " > </span > 来指示按钮作为下拉菜单。

1）分割的按钮下拉菜单

分割的按钮下拉菜单使用与下拉菜单按钮大致相同的样式，但是对下拉菜单添加了原始的功能。分割按钮的左边是原始的功能，右边是显示下拉菜单的切换。

2）按钮下拉菜单的大小

用户可使用带有各种大小按钮的下拉菜单，如. btn-large,. btn-sm 或. btn-xs。

3）按钮上拉菜单

菜单也可以往上拉伸的，只需要简单地向父. btn-group 容器添加. dropup 即可，即

< div class = " btn-group dropup " > </div >

（5）Bootstrap **输入框组**

输入框组的扩展源于表单控件。使用输入框组，用户可很容易地向基于文本的输入框添加作为前缀和后缀的文本或按钮。

通过向输入域添加前缀和后缀的内容，用户可向自己输入的内容添加公共的元素。例如，用户可添加美元符号，或者在 Twitter 用户名前添加"@ "，或者应用程序接口所需要的其他公共的元素。

向. form-control 添加前缀或后缀元素的步骤如下：

①把前缀或后缀元素放在一个带有 class. input-group 的 < div > 中。

②在相同的 < div > 内，在 class 为. input-group-addon 的 < span > 内放置额外的内容。

③把该 < span > 放置在 < input > 元素的前面或者后面。

为了保持跨浏览器的兼容性，请避免使用 < select > 元素，因为它们在 WebKit 浏览器中不能完全渲染出效果。同时，也不要直接向表单组应用输入框组的 class，因为输入框组是一个孤立的组件。

1）输入框组的大小

用户可通过向. input-group 添加相对表单大小的 class（如. input-group-lg, input-group-sm, input-group-xs）来改变输入框组的大小，输入框中的内容会自动调整大小。

2）复选框和单选插件

用户可把复选框和单选插件作为输入框组的前缀或者后缀元素。

3）按钮插件

用户也可把按钮作为输入框组的前缀或者后缀元素，这时用户就不需要添加. input-group-addon class，而需要使用 class. input-group-btn 来包裹按钮。这是必需的，因为默认的浏览器样式不会被重写。

更多 Bootstrap 所拥有的组件如图 2.7 所示。

| Bootstrap 字体图标 |
| Bootstrap 下拉菜单 |
| Bootstrap 按钮组 |
| Bootstrap 按钮下拉菜单 |
| Bootstrap 输入框组 |
| Bootstrap 导航元素 |
| Bootstrap 导航栏 |
| Bootstrap 面包屑导航 |
| Bootstrap 分页 |
| Bootstrap 标签 |
| Bootstrap 徽章 |
| Bootstrap 超大屏幕 |
| Bootstrap 页面标题 |
| Bootstrap 缩略图 |
| Bootstrap 警告 |
| Bootstrap 进度条 |
| Bootstrap 多媒体对象 |
| Bootstrap 列表组 |
| Bootstrap 面板 |
| Bootstrap Wells |

图 2.7 Bootstrap 的组件

2.3.4 Bootstrap 的布局插件

Bootstrap 自带 12 种 JQuery 插件,除了扩展功能,还可给站点添加更多的互动效果。利用 Bootstrap 数据 API(Bootstrap Data API),大部分的插件可在不编写任何代码的情况下被触发。

站点引用 Bootstrap 插件的方式有以下两种:

①单独引用。使用 Bootstrap 的个别的 *.js 文件。一些插件和 CSS 组件依赖于其他插件。如果开发人员需要单独引用插件,要先确保弄清这些插件之间的依赖关系。

②编译(同时)引用。使用 "bootstrap.js"或压缩版的"bootstrap.min.js"。

所有的插件依赖于 JQuery。因此,必须在插件文件之前引用 JQuery。可访问 bower.json 查看 Bootstrap 当前支持的 JQuery 版本。

下面简单介绍 5 种 Bootstrap 插件。

(1)Bootstrap 过渡效果(Transition)插件

过渡效果插件提供了简单的过渡效果。若需要单独引用该插件的功能,除了其他的 JS 文件,还需要引用"transition.js",或者引用"bootstrap.js"和压缩版的"bootstrap.min.js"。

"transition.js"是 transitionEnd 事件和 CSS 过渡效果模拟器的基本帮助器类。它被其他插件用来检查 CSS 过渡效果支持,并用来获取过渡效果。

(2)Bootstrap 模态框(Modal)插件

模态框是覆盖在父窗体上的子窗体。通常情况下,是为了显示来自一个单独源的内容,使其可在不离开父窗体的情况下有一些互动。子窗体可提供信息、交互等。若需要单独引用该插件的功能,需要引用"modal.js",或者引用"bootstrap.js"和压缩版的"bootstrap.min.js"。

(3)Bootstrap 下拉菜单(Dropdown)插件

使用下拉菜单插件,开发人员可向任何组件(如导航栏、标签页、胶囊式导航菜单、按钮等)添加下拉菜单。若需要单独引用该插件的功能,需要引用"dropdown.js",或者引用"bootstrap.js"和压缩版的"bootstrap.min.js"。

(4）Bootstrap 滚动监听(Scrollspy)插件

滚动监听插件即自动更新导航插件,会根据滚动条的位置自动更新对应的导航目标。其基本的实现是随着用户的滚动,基于滚动条的位置向导航栏添加. active class。

(5）Bootstrap 标签页(Tab)插件

通过结合一些 data 属性,开发人员可轻松地创建一个标签页界面。应用该插件,开发人员可将内容放置在标签页,或者是胶囊式标签页,或者是下拉菜单标签页中。

Bootstrap 所拥有的布局插件,如图 2.8 所示。

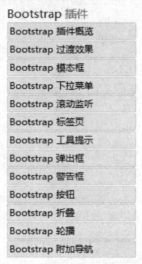

图 2.8 Bootstrap 的布局插件

2.4 EasyUI 框架

2.4.1 EasyUI 入门

JQuery EasyUI 是一个基于 JQuery 的框架,集成了各种用户界面插件。如图 2.9 所示为 JQuery EasyUI 的简单界面。

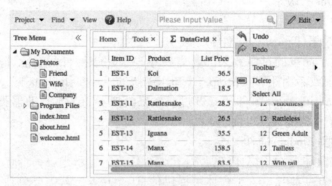

图 2.9 JQuery EasyUI 界面

(1）JQuery EasyUI 简介

EasyUI 是一个基于 JQuery 的框架,集成了各种用户界面插件。EasyUI 提供建立现代化的具有交互性的 JavaScript 应用的必要的功能。而 JQuery EasyUI 的目标就是帮助 Web 开发者更轻松地打造出功能丰富并且美观的 UI 界面。使用 EasyUI,开发者不需要编写复杂的 JavaScript,也不需要对 CSS 样式有深入的了解。一般情况下,开发者需要了解的只有一些简单的 html 标签,只需要使用一些 html 标签来定义用户界面。EasyUI 非常简单,但是功能非常强大,使用 EasyUI 可大大缩减开发产品所需的时间和规模,为开发人员提供创建网页所需的一切,帮助开发人员更轻松地建立站点。

(2)JQuery EasyUI **下载**

可从"http://www.jeasyui.com/download/index.php"上下载需要的 JQuery EasyUI 版本。

(3)JQuery **和** HTML5 **的使用**

JQuery EasyUI 提供易于使用的组件,它使 Web 开发人员快速地在流行的 JQuery 核心和 HTML5 上建立程序页面。对 UI 组件进行声明时,通常有以下两种方法:

1)直接在 HTML 声明组件

```
<div class="easyui-dialog" style="width:400px;height:200px"
    data-options="title:'My Dialog', collapsible:true, iconCls:'icon-ok', onOpen:function()
{}">
    dialog content.
</div>
```

2)编写 JavaScript 代码来创建组件

```
<input id="cc" style="width:200px" />
$('#cc').combobox({
    url:...,
    required:true,
    valueField:'id',
    textField:'text'
});
```

2.4.2 EasyUI 创建 CRUD 应用

进行数据收集,并妥善管理数据是网络应用最基础的功能需求。CRUD 允许系统生成页面列表,并编辑数据库记录。接下来,将为大家演示如何使用 JQuery EasyUI 框架实现一个 CRUD DataGrid。该实例中将使用以下 4 个插件:

①datagrid:向用户展示列表数据。

②dialog:创建或编辑一条单一的用户信息。

③form:用于提交表单数据。

④messager:显示一些操作信息。

(1)**准备数据库**

使用 Microsoft SQL Server 2008 数据库来存储用户信息。首先创建数据库和"users"表,如图 2.10 所示。

id	firstname	lastname	phone	email
3	fname1	lname1	(000)000-0000	name1@gmail.com
4	fname2	lname2	(000)000-0000	name2@gmail.com
5	fname3	lname3	(000)000-0000	name3@gmail.com
7	fname4	lname4	(000)000-0000	name4@gmail.com
8	fname5	lname5	(000)000-0000	name5@gmail.com
9	fname6	lname6	(000)000-0000	name6@gmail.com
10	fname7	lname7	(000)000-0000	name7@gmail.com
11	fname8	lname8	(000)000-0000	name8@gmail.com
12	fname9	lname9	(000)000-0000	name9@gmail.com
13	fname10	lname10	(000)000-0000	name10@gmail.com

图 2.10 创建数据库和"users"表

（2）创建 DataGrid 来显示用户信息

创建没有 JavaScript 代码的 DataGrid。

```
< table id = "dg" title = "My Users" class = "easyui-datagrid" style = "width:550px;
height:250px" url = "/UsersDemo/GetList" toolbar = "#toolbar" rownumbers = "true"
fitColumns = "true" singleSelect = "true" >
    < thead >
    < tr >
        < th field = "firstname" width = "50" > First Name </th >
        < th field = "lastname" width = "50" > Last Name </th >
        < th field = "phone" width = "50" > Phone </th >
        < th field = "email" width = "50" > Email </th >
    </tr >
    </thead >
</table >
< div id = "toolbar" >
    < a href = "#" class = "easyui-linkbutton" iconCls = "icon-add" plain = "true"
onclick = "newUser( )" > New User </a >
    < a href = "#" class = "easyui-linkbutton" iconCls = "icon-edit" plain = "true"
onclick = "editUser( )" > Edit User </a >
    < a href = "#" class = "easyui-linkbutton" iconCls = "icon-remove" plain = "true"
onclick = "destroyUser( )" > Remove User </a >
</div >
```

不需要写任何的 JavaScript 代码，就能向用户显示列表，如图 2.11 所示。

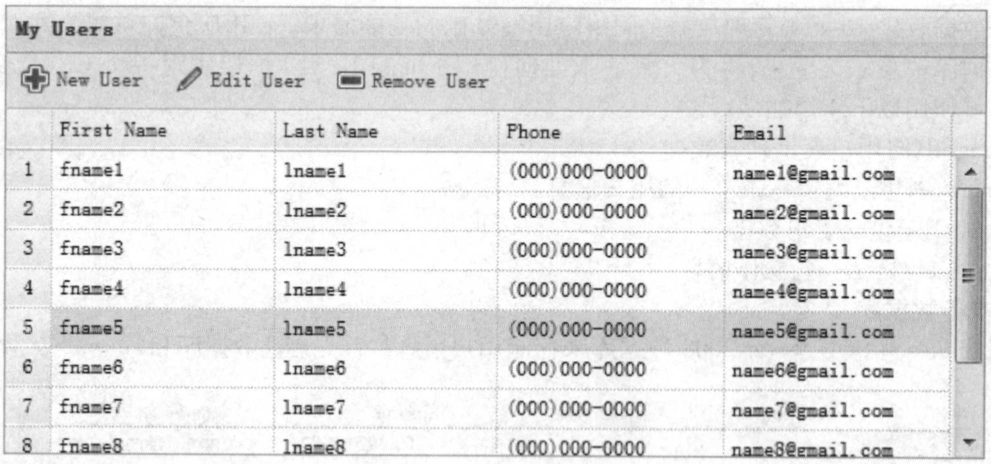

图 2.11　列表显示界面

DataGrid 使用"url"属性，并将该属性赋值为"/UsersDemo/GetList"，以用来从服务器检索数据。UsersDemoController 中 GetList 方法的代码如下：

```
[HttpPost]
    public JsonResult GetList( )
        {
            using ( DBEntities db = new DBEntities( ) )
```

```
            {
            List < UsersDemoModel > list = db. users. ToList( ) ;
            var json = new
            {
                total = list. Count,
                rows = ( from r in list
                        select new UsersDemoModel( )
                        {
                            id = r. id,
                            firstname = r. firstname,
                            lastname = r. lastname,
                            phone = r. phone,
                            email = r. email
                        } ). ToArray( )
            } ;
            }
            return Json( json, JsonRequestBehavior. AllowGet) ;
        }
```

(3)创建表单对话框

使用相同的对话框来创建或编辑用户。

```
< div id = " dlg"  class = " easyui-dialog"  style = " width:400px; height:280px; padding:10px 20px"
closed = " true"  buttons = " #dlg-buttons" >
  < div class = " ftitle" > User Information < /div >
  < form id = " fm"  method = " post" >
    < div class = " fitem" >
      < label > First Name: < /label >
      < input name = " firstname"  class = " easyui-validatebox"  required = " true" >
    < /div >
    < div class = " fitem" >
      < label > Last Name: < /label >
      < input name = " lastname"  class = " easyui-validatebox"  required = " true" >
    < /div >
    < div class = " fitem" >
      < label > Phone: < /label >
      < input name = " phone" >
    < /div >
    < div class = " fitem" >
      < label > Email: < /label >
      < input name = " email"  class = " easyui-validatebox"  validType = " email" >
    < /div >
  < /form >
< /div >
```

```
< div id = " dlg-buttons" >
    < a href = " #"   class = " easyui-linkbutton"   iconCls = "icon-ok"   onclick = "saveUser( )" >
Save </a >
    < a href = " #"   class = " easyui-linkbutton"   iconCls = "icon-cancel"   onclick = "javascript:$('#
dlg').dialog('close')" > Cancel </a >
</div >
```

此时,对话框已经创建完毕,同样不需要编写任何的 JavaScript 代码,如图 2.12 所示。

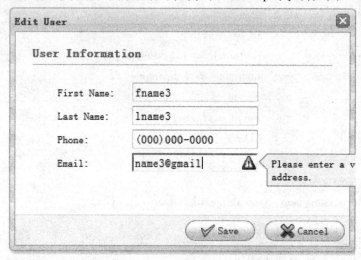

图 2.12　对话框显示界面

(4)实现创建和编辑用户

当创建用户时,打开一个对话框并清空表单数据。

```
function newUser( ){
    $('#dlg').dialog('open').dialog('setTitle','New User');
    $('#fm').form('clear');
    url = 'save_user.php';
}
```

当编辑用户时,打开一个对话框,并从 datagrid 选择的行中加载表单数据。

```
var row = $('#dg').datagrid('getSelected');
if (row){
    $('#dlg').dialog('open').dialog('setTitle','Edit User');
    $('#fm').form('load',row);
    url = 'update_user.php? id =' + row.id;
}
```

“url”存储着当保存用户数据时表单回传的 URL 地址。

(5)保存用户数据

使用下面的代码保存用户数据:

```
function saveUser( ){
    $('#fm').form('submit',{
        url: url,
        onSubmit: function( ){
```

```
        return $(this).form('validate');
    },
    success: function(result){
        var result = eval('(' + result + ')');
        if(result.errorMsg){
            $.messager.show({
                title: 'Error',
                msg: result.errorMsg
            });
        } else {
            $('#dlg').dialog('close'); // close the dialog
            $('#dg').datagrid('reload'); // reload the user data
        }
    }
});
```

提交表单之前,"onSubmit"函数将被调用,该函数用 ⬜ 证表单字段值。当表单字段值提交成功,关闭对话框,并重新加载 datagrid 数据。

(6)删除一个用户

使用以下代码来移除一个用户:

```
function destroyUser(){
    var row = $('#dg').datagrid('getSelected
    if(row){
        $.messager.confirm('Confirm','Are you sure you want to destroy this user?',function(r){
            if(r){
                $.post('destroy_user.php',{id:row.id},function(result){
                    if(result.success){
                        $('#dg').datagrid('reload');  // reload the user data
                    } else {
                        $.messager.show({  // show error message
                            title: 'Error',
                            msg: result.errorMsg
                        });
                    }
                },'json');
            }
        });
    }
}
```

移除一行之前,将显示一个确认对话框让用户决定是否真的移除该行数据,如图 2.13 所示。当移除数据成功之后,调用"reload"方法来刷新 datagrid 数据。

图 2.13　确认对话框界面

（7）运行代码

到这里，使用 EasyUI 创建一个简单 CRUD 应用就完成了，感兴趣的读者可以进行更多尝试。

本章总结

通过本章的学习，可初步了解 Web 前端开发相关基础知识的最新技术。HTML,CSS 在网页设计中扮演了重要的角色。通过对 HTML5 和 CSS3 的简单介绍，让读者对 Web 开发有最基本的了解。与此同时，本章还重点介绍了 BootStrap,EasyUI,JQuery 3 个框架，并通过一个简单的例子向读者演示了如何使用 EasyUI 创建 CRUD 应用。

第3章
面向服务的架构 SOA 与 WCF 概述

在 Web 开发过程中，通常都是使用 3 层架构，即表示层、业务逻辑层和数据访问层。在上一章中，已介绍了 Web 开发前端的知识，如 HTML5，CSS3 等，这些都是属于表示层的。本章所要介绍的 SOA，就如人们平时所说的面向对象一样，是一种思想，并不是实物，它相较于传统的 3 层架构而言，多了一层 Service。而 WCF 可以说是 SOA 思想在.NET 平台下的一种技术实现，它一般可作为数据的提供者，也可作为业务逻辑层，就像 Web Service 一样。

3.1 面向服务的架构

SOA（Service-Oriented Architecture）即面向服务的架构，是近年来最热门的话题之一。在 2004 年中国软件业评出的 10 大热点名词中，SOA 名列榜首。到 2006 年，基于 SOA 架构的中间件产品已成为网络化业务系统的主要设计思路。Gartner 集团的分析师指出，"SOA 架构下的中间件产品将进入主流应用中，SOA 将被企业用作创建任务苛刻的应用程序和过程的'指导原则'"。

SOA 架构是一场革命，其实质就是将系统模型与系统实现分离。软件业从最初的面向过程、面向对象，到后来的面向组件、面向集成，直到现在的面向服务，走过了一条螺旋上升的曲线。其实，自从 20 世纪 70 年代提出"软件危机"，诞生软件工程学科以来，软件业为了彻底摆脱软件系统开发泥潭，一直没有放弃努力。在经典软件工程理论中，不管是瀑布方法还是原型方法，都是从需求分析做起，一步一步构建起形形色色的软件系统。但是，需求变更像一个挥之不去的阴影，随时可能出现在系统开发的每一个阶段。开发者饱尝了在系统进入开发阶段、测试阶段，甚至上线阶段遭遇应接不暇的因需求变更带来的极端痛苦。客户将变更的需求视为 Bug（错误），也是测试上线阶段的主要问题。

如何解决这一问题？能否展开一场软件开发和架构的革命？SOA 架构的提出，就被人们看成这样的一场革命，其实质就是要将系统模型与系统实现完全分割开来。

3.1.1 SOA 的架构定义

(1)SOA 的定义

SOA 并不是一个新概念，有人曾将 CORBA 和 DCOM 等组件模型看成 SOA 架构的前身。早在 1996 年，Gartner Group 就已提出了 SOA 的预言。不过当初仅仅是一个"预言"，当时的软件发展水平和信息化程度还不足以支撑这样的概念走进实质性应用阶段。到了近一两年,SOA 的技术实现手段渐渐成熟。Gartner 为 SOA 描述的愿景目标是实现实时企业(Real-Time Enterprise)。关于 SOA,目前尚未有一个统一的、业界广泛接受的定义。一般认为,SOA,面向服务的架构是一个组件模型,它将应用程序的不同功能单元(称为服务),通过服务间定义良好的接口和契约(contract)联系起来。接口采用中立的方式定义,独立于具体实现服务的硬件平台、操作系统和编程语言,使得构建在这样的系统中的服务可以使用统一和标准的方式进行通信。这种具有中立接口的定义(没有强制绑定到特定的实现上)的特征被称为服务之间的松耦合。

从该定义中,不难得出以下两点结论:

①SOA 是一种软件系统架构。它不是一种语言,也不是一种具体的技术,更不是一种产品,而是一种软件系统架构。它尝试给出在特定环境下推荐采用的一种方案,从这个角度上来说,它其实更像一种架构模式(Pattern),是一种理念架构,是人们面向应用服务的解决方案框架。

②服务(service)是整个 SOA 实现的核心。SOA 架构的基本元素是服务。

(2)SOA 3 种角色的关系

图 3.1 是 W3C 给出的 SOA 模型中 3 种不同角色的关系示意图。

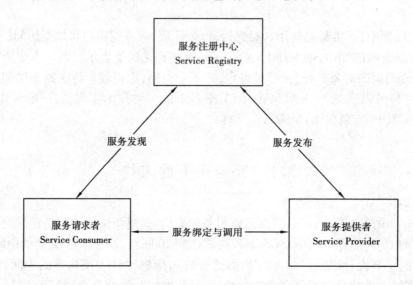

图 3.1 SOA 角色关系图

服务是一个自包含的、无状态(stateless)的实体,可由多个组件组成。它通过事先定义的界面响应服务请求,也可执行如编辑和处理事务(transaction)等离散性任务。服务本身并不依赖于其他函数和过程的状态。实现服务的技术并不在其定义中加以限制。

服务提供者(service provider)提供符合契约(contract)的服务,并将它们发布到服务代理。

服务请求者(service consumer)也称服务使用者,它发现并调用其他的软件服务来提供业务解决方案。从概念上来说,SOA 本质上是将网络、传输协议和安全细节留给特定的实现来处理。服务请求者通常称为客户端,但是,也可以是终端用户应用程序或别的服务。服务代理者(service broker)作为储存库、电话黄页或票据交换所,产生由服务提供者发布的软件接口。

这 3 种 SOA 参与者,即服务提供者、服务代理者以及服务请求者,通过 3 个基本操作:发布(publish)、查找(find)、绑定(bind)相互作用。服务提供者向服务代理者发布服务。服务请求者通过服务代理者查找所需的服务,并绑定到这些服务上。服务提供者和服务请求者之间可以交互。

所谓服务的无状态,是指服务不依赖于任何事先设定的条件,是状态无关的(state-free)。在 SOA 架构中,一个服务不会依赖于其他服务的状态。它们从客户端接受服务请求。因为服务是无状态的,它们可以被编排(orchestrated)和序列化(sequenced)成多个序列（有时还采用流水线机制），以执行业务逻辑。编排指的是序列化服务并提供数据处理逻辑。但不包括数据的展现功能。

（3）SOA 的特征

基于上面的阐述，现给出 SOA 的一些特征：

1）服务的封装(encapsulation)

将服务封装成用于业务流程的可重用组件的应用程序函数。它提供信息或简化业务数据从一个有效的、一致的状态向另一个状态的转变。封装隐藏了复杂性。服务的 API 保持不变，使得用户远离具体实施上的变更。

2）服务的重用(reuse)

服务的可重用性设计显著地降低了成本。为了实现可重用性，服务只工作在特定处理过程的上下文(context)中，独立于底层实现和客户需求的变更。

3）互操作(interoperability)

互操作并不是一个新概念。在 CORBA，DCOM，Web Service 中就已经采用互操作技术。在 SOA 中，通过服务之间既定的通信协议进行互操作，主要有同步和异步两种通信机制。SOA 提供服务的互操作特性更有利于其在多种场合被重用。

4）服务是自治的(Autonomous)功能实体

服务是由组件组成的组合模块，是自包含和模块化的。SOA 非常强调架构中提供服务的功能实体的完全独立自主的能力。传统的组件技术，如. NET Remoting，EJB，COM 或者 CORBA，都需要有一个宿主(Host 或者 Server)来存放和管理这些功能实体；当这些宿主运行结束时，这些组件的寿命也随之结束。这样，当宿主本身或者其他功能部分出现问题时，在该宿主上运行的其他应用服务就会受到影响。SOA 架构中非常强调实体自我管理和恢复能力。常见的用来进行自我恢复的技术，如事务处理(Transaction)、消息队列(Message Queue)、冗余部署(Redundant Deployment)和集群系统(Cluster)，都在 SOA 中都起到至关重要的作用。

5）服务之间的松耦合度(Loosly Coupled)

服务请求者到服务提供者的绑定与服务之间应该是松耦合的。这意味着，服务请求者不知道提供者实现的技术细节，如程序设计语言、部署平台等。服务请求者往往通过消息调用操作，请求消息和响应，而不是通过使用 API 和文件格式。

松耦合使会话一端的软件可在不影响另一端的情况下发生改变，前提是消息模式保持不变。在一个极端的情况下，服务提供者可将以前基于遗留代码（如 COBOL）的实现完全用基于 Java 语言的新代码取代，同时又不对服务请求者造成任何影响。这种情况是真实的，只要新代码支持相同的通信协议。

6）服务是位置透明的(location transparency)

服务是针对业务需求设计的，需要反映需求的变化，即所谓敏捷(agility)设计。要想真正实现业务与服务的分离，就必须使得服务的设计和部署对用户来说是完全透明的。也就是说，用户完全不必知道响应自己需求的服务的位置，甚至不必知道具体是哪个服务参与了响应。

3.1.2　SOA 治理

SOA 治理不是一组实践操作，而是很多彼此协调工作的系列操作实践。SOA 治理的每个方面都值得进一步深入讨论，这一节仅是对它的简单概述。

（1）服务定义

SOA 治理最基础的方面就是监视服务的创建过程。必须对服务进行标识，必须描述其功能，确定其行为范围并设计其接口。治理 COE 可以不执行这些任务，但要确保有人执行这些任务。COE 对创建服务和需要使用这些服务的团队进行协调,以确保满足相关的需求,并避免重复工作。

服务应该与一组可重复的业务任务匹配。它的边界应当封装一项可重用、不受上下文约束的功能。接口应该公开服务进行的工作,但要隐藏服务是如何实现的,并允许更改实现或采用替代实现。从头设计服务时,可将其设计成对业务进行建模;包装现有服务时,创建并实现好的业务接口可能会更难。

定义服务边界的潜在困难就是在何处设置事务边界。服务通常在自己的事务中运行,确保其工作要么完全完成,要么完全回滚。不过,服务协调程序(也称协调器或编排器)可能希望在单个事务中调用多个服务(最好是通过指定的交互,如 WS-Atomic Transactions)。此任务要求服务接口公开其事务支持,以便能参与调用方的事务。但这样的公开要求对调用方信任,对提供者具有很大的风险。例如,提供者可能会锁定执行服务的资源,但如果调用方永远不完成事务(没有提交或回滚),提供者将很难干净地释放资源锁定。因此,服务的范围以及谁具有控制权有时候并不太容易确定。

服务并不会瞬间形成,然后永远存在。与任何软件一样,需要进行规划、设计、实现、部署、维护,并最后退役。应用程序生命周期可以为公开性的,从而影响组织的很多方面;但服务的生命周期的影响甚至可能更大,因为多个应用程序可能会依赖于单个服务。

当考虑使用注册中心时,服务的生命周期变得最为明显。何时应将新服务添加到注册中心? 注册中心中的所有服务是否都具有必要的可用性,可以随时进行重用? 是否应将已退役的服务从注册中心删除?

虽然并没有适合所有组织和所有服务的万用生命周期模式。不过,服务开发生命周期通常都具有以下 5 个主要的阶段:

1)已计划

已标识了新服务并正在设计中,不过尚未实现或正在实现中。

2)测试

实现后,必须对服务进行测试(稍后将对测试进行更详细的说明)。有些测试可能需要在生产环境中执行,此环境会将服务作为活动服务处理。

3)活动

这是服务可供使用的阶段,通常所说的服务实际是处于此阶段的服务。这是一个服务,处于可用状态,在实际运行并且确实可完成相应的工作,而且尚未退役。

4)已弃用

此阶段描述仍然处于活动状态但不会再存在很长时间的服务。这将警告使用者停止使用此服务。

5)已退役

这是服务的最后一个阶段,表示一个不再提供的服务。注册中心可以保存有关曾经处于活动状态但不再可用的服务的记录。此阶段是不可避免的,不过很多提供者或使用者都未将此阶段纳入计划中。

退役可有效地关闭服务版本,应事先对退役数据进行计划和公布。在退役前,服务应在一段合适的时间内处于已弃用状态,以便以编程方式警告用户,从而使他们据此进行相应的计划。弃用和退役计划应在服务等级协议中指定。

"维护"阶段是可能不会出现的一个阶段。维护在服务处于活动状态时进行;可能会对服务重新进行测试,以再次验证其具有恰当的功能,不过这可能给依赖于活动服务提供者的现有用户带来问题。

维护在服务中出现的频率远比可能预期的要低很多;服务的维护通常不会涉及更改现有服务,而会产生一个新的服务版本。

（2）**服务版本治理**

提供服务后不久,这些服务的用户就开始需要进行一些相应的更改。需要对问题进行修复,需要添加新功能,需要重新设计接口,还需要删除不需要的功能。服务反映业务的情况,因此,随着业务发生变化,服务也需要进行相应的更改。

不过,对服务的现有用户,需要采用巧妙的方式进行更改,以便不会干扰他们的成功操作。同时,现有用户对稳定性的需求不能对用户希望使用其他功能的需求造成障碍。

服务版本治理可满足这些相互矛盾的目标。版本治理允许满足服务现有功能的用户继续以不变的方式使用服务,并同时允许对服务进行改进,以满足具有新需求的用户。当前服务接口和行为将保留为一个版本,而同时会将较新的服务作为另一个版本引入。版本兼容性允许使用者调用不同但兼容的服务版本。

版本治理可帮助解决这些问题,但同时也带来了一些新问题,如需要进行迁移工作。

（3）**服务迁移**

即使使用版本治理,使用者也不能期望永远提供和支持某个服务（或更准确地说,希望使用的一个服务版本）。服务提供者最终一定会停止提供此服务。版本兼容性可以帮助延迟这个"最后审判日",但却不能消除这个问题。版本治理并不会使服务开发生命周期过时,而会允许生命周期扩展到多个连续的来代替。

当使用者开始使用服务时,将会创建对该服务的依赖关系,必须对此依赖关系进行管理。管理技术可用于有计划地周期性迁移到服务的较新版本。此方法还允许使用者利用添加到服务的新功能。

不过,即使在采用了最佳治理的企业中,服务提供者也不能仅依赖于使用者迁移。因各种原因（遗留代码、人力、预算、优先级）,故一些使用者可能无法及时进行迁移。这是否意味着提供者必须永远支持相应的服务版本? 提供者是否可以在所有使用者已进行了迁移后直接禁用相应的服务版本?

这两个极端都不甚合意。一个不错的折中办法是为每个服务版本采用有计划的弃用和退役计划,如服务部署生命周期中所述。

（4）**服务注册中心**

服务提供者如何提供和宣传其服务? 服务使用者如何查找其希望调用的服务? 这些都在服务注册中心的职责范围内。服务注册中心将担当可用服务清单的角色,并提供调用服务的地址。

服务注册中心还可以帮助进行服务版本的协调工作。使用者和提供者可以指定它们需要或提供的版本,注册中心将随后确保仅列举出使用者所需版本的提供者。注册中心可以管理版本兼容性,跟踪版本间的兼容性并列举出使用者所需的版本或兼容版本的提供者。注册中心还可以支持服务状态,如测试状态和（如前面提到的）已弃用状态,且仅向希望使用服务的使用者提供具有这些状态的服务。

当用户开始使用服务时,将在此服务上创建一个依赖关系。每个使用者清楚地知道其所依赖的服务,但在企业全局范围内,这些依赖关系可能很难检测,更谈不上管理了。注册中心不仅列出服务和提供者,还可跟踪使用者和服务间的依赖关系。这个跟踪功能可帮助回答一个很古老的问题:谁在使用此服务? 可识别依赖关系的注册中心能向使用者通知提供者方面的更改情况,如某个服务变成了已弃用状态。

IBM 的 WebSphere Service Registry and Repository 是一款用于实现服务注册中心的产品。它担当服务定义的存储库以及这些服务的提供者的注册中心角色。它提供了一个中心目录,供开发人员查找可重用服务,并且在运行时使用,以便服务使用者和企业服务总线（ESB）查找服务提供者及调用服务的地址。

（5）**服务消息模型**

在服务调用中,使用者和提供者必须就消息格式达成一致。当独立开发团队分开设计两个部分时,他们很容易陷入难于就公共消息格式达成一致的困境。再加上数十个使用典型服务的应用程序和使用数十个服务的典型应用程序,就不难理解直接协商消息格式如何会变成需要全力投入来完成的任务。

用于避免消息格式混乱的一种常见方法是使用规范数据模型。规范数据模型是一组公共数据格式,独立于任何应用程序,由所有应用程序共享。这样,应用程序就不必就消息格式达成一致,可以直接同意使用现有规范数据格式。规范数据模型处理消息中的数据格式,因此仍然需要对消息格式的其他部分达成一致(如 Header 字段、消息有效负载包含什么数据,以及数据如何安排),但规范数据模型可极大地促进协议的达成。

中央治理委员会可以充当中立方,负责开发规范数据模型。作为应用程序调查和服务设计工作的一部分,还可以设计在服务调用中使用的公共数据格式。

(6)服务监视

服务提供者停止工作,如何才能知道呢? 是否要等到使用这些服务的应用程序停止,使用这些应用程序的人开始抱怨,才知道服务已停止了呢?

结合使用多个服务的组合应用程序的可靠性只与其依赖的服务的可靠性相当。由于多个组合应用程序可能共享一个服务,因此,单个服务出现故障可能会影响很多应用程序。必须定义服务等级协议,以描述使用者可以依赖的可靠性和性能。必须监视服务提供者,以确保其达到了所定义的服务等级协议。

一个与此相关的方面是问题确定。当组合应用程序停止工作时,确定为什么会这样。这可能是因应用程序用于与用户进行交互的 UI 停止了运行造成的。但也可能 UI 运行正常,但所使用的其他服务或这些服务使用的某些服务未正常运行。因此,务必注意,不仅要监视每个应用程序的运行状况,还要监视每个服务(提供者整体)和各个提供者的运行状况。单个业务事务中服务间的事件的相关性非常重要。

此类监视可以帮助在问题出现前检测和防止问题。可以检测不均衡和停机状况,能在这些情况造成重大影响前发出警告,甚至可以尝试自动纠正问题。对长时间的使用情况进行度量,以帮助预测使用率会变得更高的服务,提供更高的容量。

(7)服务所有权

当多个组合服务使用一个服务时,谁负责此服务? 是个人、还是组织负责它们吗? 如果是其中一个,是哪一个? 其他人是否认为他们拥有这个服务的所有权? 无论是社区公园、可重用 Java 框架,还是服务提供者,任何共享资源都很难获得和得到相应的照顾。不过,所需的采用池化技术的资源可提供远远超过任何参与者成本的价值,公路系统就是这样。

企业通常围绕其业务操作组织员工报告结构和财务报告结构。SOA 采用相同的方式围绕相同的操作组织企业的 IT,负责特定操作的部门也可以负责这些操作的 IT 的开发和运行。该部门拥有这些服务。SOA 中的服务和组合应用程序经常并不遵循企业严格的层次报告和财务结构,从而在 IT 责任方面造成空白和重叠。

一个相关的问题就是用户角色。由于 SOA 的重点是保持 IT 和业务的一致,而另一个重点是企业重用,因此,组织中很多不同的人员对什么将成为服务、这些服务如何工作以及将如何使用都有发言权。这些角色包括业务分析人员、企业架构师、软件架构师、软件开发人员和 IT 管理员。所有这些角色在确保服务正确、为企业需求和工作服务方面都负有责任。

SOA 应该能反映其业务。这通常意味着要更改 SOA 来适应业务,但在这种情况下,可能有必要更改业务来与 SOA 匹配。如果不可能,则需要提高多个部门间的合作水平,以分担开发公共服务的任务。这样的合作可以通过跨组织的独立委员会来实现,此委员会实际上拥有服务,并对其进行管理。

（8）**服务测试**

服务部署生命周期包括测试阶段,在此阶段,团队将在激活服务前确认服务能正确工作。如果测试了服务提供者,且表明其工作正常,使用者是否也需要对其进行重新测试? 是否采用同样的严格要求对服务的所有提供者进行测试? 如果服务更改,是否需要对其进行重新测试?

SOA 增加了以独立的方式测试功能的机会,并提高了对其按预期工作的期望值。不过,SOA 也为每个不一定信任服务的新使用者提供了重新测试相同功能的机会,以便确定服务一致地工作。同时,因组合应用程序共享服务,故单个存在错误的服务就可对一系列看起来不相关的应用程序造成负面影响,从而扩大这些编程错误的后果。

为了利用 SOA 的重用好处,服务使用者和提供者需要就提供者合理的测试级别达成一致,并需要确保测试按照双方达成的协议执行。然后,服务使用者只需要测试自己的功能以及到服务的连接,并假定服务将按照预期的方式工作。

（9）**服务安全**

是否允许任何人调用任何服务? 具有一系列用户的服务是否允许其所有用户访问所有数据? 服务使用者和提供者之间交换的数据是否需要进行保护? 服务是否需要足够的安全,以满足其最偏执的用户或最懒散的用户的需求?

对任何应用程序,安全都是一个困难但必要的命题。功能需要限制为授权的用户,需要对数据进行保护,以防止被窃听。通过提供更多的功能访问点(即服务),SOA 有可能会大幅度增加组合应用程序中的漏洞。

SOA 可创建非常容易重用的服务,甚至那些不应该重用这些服务的使用者也能对其进行重用。即使在授权用户中,并非所有用户都应该具有服务能够访问的所有数据的访问权。例如,用于访问银行账户的服务应该仅提供特定的用户账户(尽管其代码也具有访问其他用户的其他账户的权限)。一些服务使用者比相同服务的其他使用者具有更大的数据保密性、完整性和不可否认性。

服务调用技术必须能够提供所有这些安全功能,必须对服务的访问进行控制,并且将访问权仅限于授权使用者。用户标识必须传播到服务中,并用于授权数据访问。数据保护的质量必须表示为相应范围内的策略。这就允许使用者说明最低级别的保护和最大功能,并能与可能实际包含其他保护的相应提供者进行匹配。

3.1.3　契约优先原则

为某个应用程序设计服务,首先要进行需求分析。不要急于使用 Visual Studio 编写代码。系统分析师首先要与需要使用这个应用程序的人一起进行分析,认真理解他们对服务需求的描述。为了准确地定义服务的功能和逻辑,必须与所有服务相关人员进行交谈。

首先需要明确定义服务的契约。分析面向服务的应用程序不是绘出用户界面,也不是定义一些表格以及它们的关系图,而是先定义契约。

当然,功能分析的最后结果是应用程序的以下 3 个基本层面:

①UI 层:包含界面、验证逻辑和用户控件之间的交互。

②逻辑层:实现需求、业务规则、计算和报告生成。

③数据库层:存储数据,并保证表之间引用的完整性。

显然在 SOA 方法中,UI 层和数据库层并不是最先需要分析的层面。SOA 的重点是在业务方面,关注于业务逻辑、界面感观与数据库存储的分离。实际上,UI 层和数据库层都与业务需求没有关系。对于大多数情形来说,业务处理对数据如何存储、如何提供服务给终端用户等问题都不感兴趣。

我们希望服务中的逻辑模块可以供多个用户界面访问。用户界面是由另一个团队开发的,此团队只对 UI 层感兴趣,与业务没有任何关系。服务相当于黑盒子,可以从它们中得到所需要的结果。

同时,我们希望逻辑模块独立于数据库存储。DBA 管理员的职责是设计表,除非数据库已经准备好。

这就引出了契约优先的原则。第一个需要分析的是契约。因此必须清楚了解:服务能得到什么样的结果,服务有哪些方法,这些方法的参数需要哪些数据结构。契约的设计受业务影响很大,而且必须由业务来驱动。契约的定义是软件分析师或业务分析师的本职工作。

3.1.4 SOA 的优势与不足

(1)SOA 的优势

由于 SOA 是通过网络对松散耦合的粗粒度应用组件进行分布式部署、组合和使用的架构模型,并采用标准的服务接口。因此,SOA 具有以下优势:

1)编码灵活性

可基于模块化的低层服务、采用不同组合方式创建高层服务,从而实现重用,这些都体现了编码的灵活性。此外,因服务使用者不直接访问服务提供者,故这种服务实现方式本身也可以灵活使用。

2)明确开发人员角色

可根据不同人员熟悉的业务环境,有针对性地部署业务流程和划分工作任务,以便更好地分配人力、物力等资源。

3)支持多种客户类型

借助精确定义的服务接口,以及对 XML,Web 服务标准的支持,可以支持多种客户类型,包括PDA、手机等新型访问渠道。

4)更易维护、更高的可用性

因服务提供者和服务使用者的松散耦合关系、开放标准接口的采用,故使其具有很好的维护性和可用性。

5)更好的伸缩性

依靠服务设计、开发和部署所采用的架构模型实现伸缩性。服务提供者可以彼此独立调整,以满足服务需求。

(2)SOA 的不足

作为一个具有发展前景的应用系统架构,SOA 尚处在不断发展中,肯定存在许多有待改进的地方。随着标准和实施技术的不断完善,这些问题将迎刃而解,SOA 应用将更加广泛。SOA 的不足之处主要体现在以下 5 个方面:

1)可靠性(Reliability)

SOA 还没有完全为事务的最高可靠性——不可否认性(nonrepudiation)、消息一定会被传送且仅传送一次(once-and-only-once delivery)以及事务撤回(rollback)——做好准备,不过等标准和实施技术成熟到可以满足这一需求的程度并不遥远。

2)安全性(Security)

在过去,访问控制只需要登录和验证;而在 SOA 环境中,由于一个应用软件的组件很容易与属于不同域的其他组件进行对话,因此,确保迥然不同又相互连接的系统之间的安全性就复杂得多了。

3)编排(Orchestration)

统一协调分布式软件组件以便构建有意义的业务流程是最复杂的,但它同时也最适合面向服务类型的集成,原因很显然,建立在 SOA 上面的应用软件被设计成可按需要拆散、重新组装的服务。作为目前业务流程管理(BPM)解决方案的核心,编排功能使 IT 管理人员能通过已部署的套装或自己开发的应用软件的功能,把新的元应用软件(meta-application)连接起来。事实上,最大的难题不是建立模块化的应用软件,而是改变这些系统表示所处理数据的方法。

4）遗留系统处理（Legacy support）

SOA 中提供集成遗留系统的适配器，遗留应用适配器屏蔽了许多专用性 API 的复杂性和晦涩性。一个设计良好的适配器的作用好比是一个设计良好的 SOA 服务，它提供了一个抽象层，把应用基础设施的其余部分与各种棘手问题隔离开来。一些厂商就专门把遗留应用软件"语义集成"到基于 XML 的集成构架中。但是，集成遗留系统的工作始终是一种挑战。

5）语义（Semantics）

定义事务和数据的业务含义，一直是 IT 管理人员面临的最棘手的问题。语义关系是设计良好 SOA 架构的核心要素。就目前而言，没有哪一项技术或软件产品能够真正解决语义问题。为针对特定行业和功能的流程定义并实施功能和数据模型是一项繁重的任务，它最终必须由业务和 IT 管理人员共同承担。不过，预制组件和经过实践证明的咨询技能可以简化许多难题。

采用 XML 技术也许是一个不错的主意。许多公司越来越认识到制订本行业 XML 标准的重要性。例如，会计行业已提议用可扩展业务报告语言（XBRL）来描述及审查总账类型的记录。重要的是学会如何以服务来表示基本的业务流程。改变开发方式需要文化变迁，相比之下，解决技术难题只是一种智力操练。

3.2　Windows 通信开发平台 WCF

3.2.1　WCF 的定义

Windows Communication Foundation（WCF）是由微软开发的一系列支持数据通信的应用程序框架，也称微软通信开发平台。它整合了原有的 Windows 通信的. NET Remoting，WebService，Socket 的机制，并融合有 HTTP 和 FTP 的相关技术，是 Windows 平台上开发分布式应用最佳的实践方式。

WCF 可简单地归纳为以下 4 部分：

①网络服务的协议，即用什么网络协议开放客户端接入。

②业务服务的协议，即声明服务提供哪些业务。

③数据类型声明，即对客户端与服务器端通信的数据部分进行一致化。

④传输安全性相关的定义。

它是. NET 框架的一部分，由. NET Framework 3.0 开始引入，与 Windows Presentation Foundation 及 Windows Workflow Foundation 并行为新一代 Windows 操作系统以及 WinFX 的 3 个重大应用程序开发类库。在. NET Framework 2.0 及以前版本中，微软发展了 Web Service（SOAP with HTTP communication），. NET Remoting（TCP/HTTP/Pipeline communication）以及基础的 Winsock 等通信支持。由于各个通信方法的设计方法不同，而且彼此之间也有相互的重叠性，对于开发人员来说，不同的选择会有不同的程序设计模型，而且必须要重新学习，让开发人员在使用中有许多不便。同时，面向服务架构（Service-Oriented Architecture）也开始盛行于软件工业中。因此，微软重新查看了这些通信方法，并设计了一个统一的程序开发模型，为数据通信提供了最基本、最有弹性的支持，这就是 Windows Communication Foundation。

3.2.2　WCF 的体系结构

如图 3.2 所示，Windows Communication Foundation（WCF）体系结构包括 4 个方面，即协定、服务运行时、消息传递以及激活和承载。

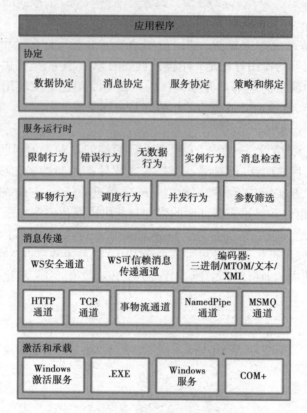

图 3.2　WCF 体系结构图

（1）协定

协定定义消息系统的各个方面。数据协定描述组成某一服务可创建或使用的每则消息的每个参数。消息参数由 XML 架构定义语言（XSD）文档定义，这使得任何理解 XML 的系统均可处理该文档。消息协定使用 SOAP 协议定义特定消息部分，当互操作性要求对消息的某些部分进行更精细的控制时，消息协定可实现这种控制。服务协定指定服务的实际方法签名，并以支持的编程语言之一（如 Visual Basic 或 Visual C#）作为接口进行分发。

策略和绑定规定与某一服务进行通信所需的条件。例如，绑定必须（至少）指定所使用的传输（如 HTTP 或 TCP）和编码。策略包括安全要求和其他条件，必须满足这些要求和条件才能与服务进行通信。

（2）服务运行时

服务运行时层包含仅在服务实际运行期间发生的行为，即该服务的运行时行为。遏制控制处理的消息数，如果对服务的需求增长到预设限制，该消息数则会发生变化。错误行为指定服务出现内部错误时应采取的操作，如控制传递给客户端的信息（信息过多会给恶意用户提供攻击的机会）。元数据行为控制是否以及如何向外部提供元数据。实例行为指定可运行的服务实例的数目（如 singleton 指定只能用单一实例来处理所有消息）。通过事务行为，可在失败时回滚已进行事务处理的操作。调度行为用于控制 WCF 基础结构处理消息的方式。

通过扩展性功能可以自定义运行时进程。例如，消息检查功能用于检查消息的各个部分，使用参数筛选功能可根据作用于消息头的筛选器来执行预设操作。

（3）消息传递

消息传递层由通道组成。通道是以某种方式对消息进行处理（如通过对消息进行身份验证）的组件。一组通道也称"通道堆栈"。通道对消息和消息头进行操作。这与服务运行时层不同，服务运行时层主要涉及对消息正文内容的处理。

60

有两种类型的通道:传输通道和协议通道。

传输通道读取和写入来自网络(或外部的某些其他通信点)的消息。某些传输通道使用编码器来将消息(表示为 XML Infoset)转换为网络所使用的字节流的表示形式,或将字节流表示形式转换为消息。传输通道的示例包括 HTTP、命名管道、P 和 MSMQ。编码的示例包括 XML 和优化的二进制文件。

协议通道经常通过读取或写入消息的其他头的方式来实现消息处理协议。此类协议的示例包括 WS-Security 和 WS-Reliability。

消息传递层说明数据的可能格式和交换模式。WS-Security 是对在消息层启用安全性的 WS-Security 规范的实现。通过 WS-Reliable Messaging 通道可保证消息的传递。编码器提供了大量的编码,可使用这些编码来满足消息的需要。HTTP 通道指定应使用超文本传输协议来传递消息。同理,TCP 通道指定 TCP 协议。事务流通道控制已经过事务处理的消息模式。通过命名管道通道可进行进程间通信。使用 MSMQ 通道可与 MSMQ 应用程序进行互操作。

(4)激活和承载

服务的最终形式为程序。与其他程序类似,服务必须在可执行文件中运行,故称"自承载"服务。

某些服务(如 IIS 或 Windows 激活服务(WAS))"被承载",即在外部代理管理的可执行文件中运行。通过 WAS,可在运行 WAS 的计算机上部署 WCF 应用程序时自动激活该应用程序。还可通过可执行文件(.exe 文件)的形式来手动运行服务。服务也可作为 Windows 服务自动运行。COM + 组件也可作为 WCF 服务承载。

3.2.3　契约

WCF 由于集合了几乎由.NET Framework 所提供的通信方法,因此,学习曲线比较陡峭,开发人员必须针对各个部分的内涵做深入的了解,才能操控 WCF 来开发应用程序。

通信双方的沟通方式由合约来订定。通信双方所遵循的通信方法,由协议绑定来订定。通信期间的安全性,由双方约定的安全性层次来订定。

WCF 的基本概念是以契约(Contract)来定义双方沟通的协议,契约必须要以接口的方式来体现,而实际的服务代码必须要由这些契约接口派生并实现。通常将契约分为 4 类:服务契约(Service Contract)、数据契约(Data Contract)、操作契约(Operation Contract)及消息契约(Message Contract)。

(1)用于定义服务操作的服务 WCF 契约:Service Contract

这种级别的契约又包括两种:ServiceContract 和 OperationContract,其中,ServiceContract 用于类或者结构上,用于指示 WCF 此类或者结构能够被远程调用,而 OperationContract 用于类中的方法(Method)上,用于指示 WCF 该方法可被远程调用。

(2)用于自定义数据结构的数据 WCF 契约:Data Contract

数据契约也分为两种:DataContract 和 DataMember. DataContract 用于类或者结构上,指示 WCF 此类或者结构能够被序列化并传输,而 DataMember 只能用在类或者结构的属性(Property)或者字段(Field)上,指示 WCF 该属性或者字段能够被序列化传输。

(3)用于自定义错误异常的异常 WCF 契约:Fault Contract

Fault Contract 用于自定义错误异常的处理方式,默认情况下,当服务端抛出异常时,客户端能接收到异常信息的描述,但这些描述往往格式统一,有时比较难以从中获取有用的信息,此时,可自定义异常消息的格式,将所关心的消息放到错误消息中传递给客户端,此时需要在方法上添加自定义一个错误消息的类,然后在要处理异常的函数上加上 Fault Contract,并将异常信息指示返回为自定义格式。

（4）用于控制消息格式的消息 WCF 契约：Message Contract

简单地说，它能自定义消息格式，包括消息头、消息体，还能指示是否对消息内容进行加密和签名。

3.2.4 WCF 的优势

仅仅从功能的角度来看，WCF 完全可看成 ASMX，. Net Remoting，Enterprise Service，WSE、MSMQ 等技术的并集（注：这种说法仅仅是从功能的角度。事实上，WCF 远非简单的并集这样简单，它是真正面向服务的产品，它已改变了通常的开发模式）。因此，通过 WCF 即可解决包括安全、可信赖、互操作、跨平台通信等需求。开发者不用去分别了解. Net Remoting，ASMX 等各种技术。

概括来说，WCF 具有以下优势：

（1）统一性

前面已经提到，WCF 是对 ASMX，. Net Remoting，Enterprise Service，WSE，MSMQ 等技术的整合。由于 WCF 完全是由托管代码编写，因此，开发 WCF 的应用程序与开发其他的. Net 应用程序没有太大的区别，故仍可像创建面向对象的应用程序那样，利用 WCF 来创建面向服务的应用程序。

（2）操作性

由于 WCF 最基本的通信机制是 SOAP（Simple Object Access Protocol，简易对象访问协议），因此，即使是运行不同的上下文中，也保证了系统之间的互操作性。这种通信可以是基于. Net 到. Net 间的通信，也可以是跨进程、跨机器甚至于跨平台的通信，只要支持标准的 Web Service，如 J2EE 应用服务器（如 WebSphere，WebLogic）。应用程序可运行在 Windows 操作系统下，也可运行在其他的操作系统下，如 Sun Solaris，HP Unix，Linux 等。

（3）安全与可信赖

WS-Security，WS-Trust 和 WS-SecureConversation 均被添加到 SOAP 消息中，以用于用户认证、数据完整性验证、数据隐私等多种安全因素。

在 SOAP 的 header 中，增加了 WS-ReliableMessaging 允许可信赖的端对端通信。而建立在 WS-Coordination 和 WS-AtomicTransaction 之上的基于 SOAP 格式交换的信息，则支持两阶段的事务提交（two-phase commit transactions）。

（4）兼容性

WCF 充分地考虑了与旧系统的兼容性。安装 WCF 并不会影响原有的技术，如 ASMX 和. Net Remoting。即使对于 WCF 和 ASMX 而言，虽然两者都使用了 SOAP，但基于 WCF 开发的应用程序，仍可直接与 ASMX 进行交互。

3.3　WCF 创建简单的应用程序

本节将通过一个简单的例子，讲解如何使用 Visual Studio 2012 创建一个简单的 WCF 服务应用程序。其具体步骤如下：

①新建立一个空白解决方案，并在解决方案中新建项目，项目类型为：WCF 服务应用程序。建立完成后如图 3.3 所示。

②删除系统生成的两个文件 IService1. cs 与 Service1. svc，也可直接在这两个自动生成的文件中编码。

③添加自定义的 WCF 服务文件 User. svc。此时，VS2012 会自动生成 WCF 接口文件 IUser. cs，如图 3.4 所示。

图 3.3　创建 WCF 服务解决方案

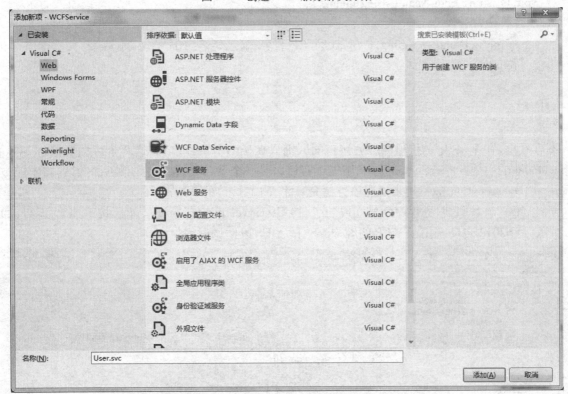

图 3.4　WCF 服务

在 IUser 中定义 WCF 方法 ShowName,并在 User. svc. cs 对该接口的方法进行实现。IUser. cs 的代码如下:

namespace WCFService

{

//注意:使用"重构"菜单上的"重命名"命令,可同时更改代码和配置文件中的接口名"IUser"。

[ServiceContract]

public interface IUser

{

　[OperationContract]

　string ShowName(string name);

}

}

User. svc. cs 的代码如下：

```
namespace WCFService
{
    // 注意：使用"重构"菜单上的"重命名"命令，可同时更改代码、svc 和配置文件类名"User"。
    // 注意：为了启动 WCF 测试客户端以测试此服务，请在解决方案资源管理器中选择 User. svc
或 User. svc. cs，然后开始调试。
    public class User ： IUser
    {
        public string ShowName( string name)
        {
            string wcfName = string. Format( "WCF 服务，显示姓名：{0}", name)；
            return wcfName；
        }
    }
}
```

不难看出，在 WCF 中的接口与普通接口的区别只在于两个特性，定义这两个特性要添加 System. ServiceModel 的引用。"ServiceContract"用来说明接口是一个 WCF 的接口，如果不加的话，将不能被外部调用。"OperationContract"用来说明该方法是一个 WCF 接口的方法。

至此，第一个 WCF 服务程序就建立成功了，将 User. svc"设为起始页"，然后按下"F5"运行，如图 3.5 所示。VS2012 自动调用了 WCF 的客户端测试工具，以便调试程序。

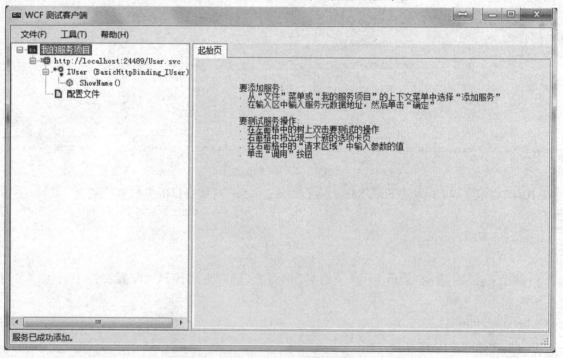

图 3.5　设置起始页

接着双击图 3.5 中的 ShowName( )方法，出现如图 3.6 所示的请求窗口。

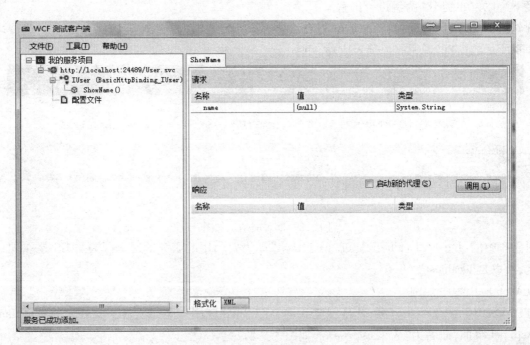

图 3.6　ShowName 方法

在请求窗口的值中输入参数"你的姓名",然后单击"调用"按钮。在响应窗口中会出现返回值"WCF 服务,显示姓名:你的姓名",说明测试成功。单击下面的 XML,也可看到 XML 的数据传输,如图 3.7 所示。

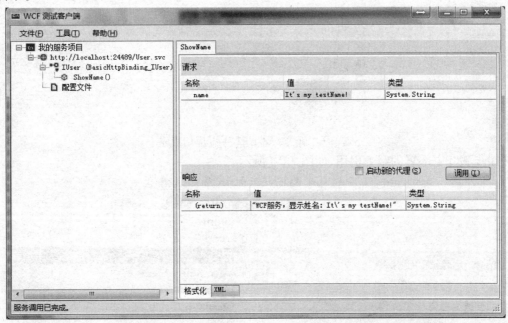

图 3.7　测试结果

建立好服务的应用程序和业务逻辑,是一个非常简单的打印姓名的方法,并且已经测试成功了。其调用的方法如下:

在 WCF 测试客户端窗口中,可看到 WCF 服务的地址,在其他项目中可通过添加服务引用的方法来添加 WCF 服务,当然也可将 WCF 服务发布到 IIS 上,供外界调用。

接下来以发布到 IIS 为例进行讲解。

首先将 WCF 应用程序发布,然后部署在服务器的 IIS 之上,右键浏览 Uesr. svc,在浏览器中出现如图 3.8 所示的窗口,说明服务部署成功。

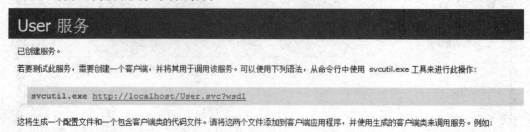

图 3.8　部署成功示意图

图 3.8 中的"http://localhost/User. svc？wsdl"即为要引用的服务地址。因为与 IIS 是在同一台计算机上,所以是 localhost。

以 Web 应用程序为例。

打开 VS2012,新建解决方案,并且创建 ASP. NET Web 应用程序的项目。命名为"WCFClient",并新建 Asp. net 页面,命名为"WcfTest. aspx",如图 3.9 所示。

图 3.9　新建 ASP. NET Web 应用程序

添加在步骤③中部署的服务引用,如图 3.10 所示。

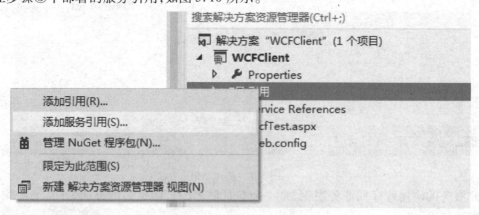

图 3.10　添加服务引用

此时,弹出添加服务引用的窗体,如图 3.11 所示。

图 3.11 添加服务引用窗体

接下来,需要在地址栏里输入寄宿在 IIS 上的 WCF 服务的服务路径,此处为:"http://localhost/User. svc? wsdl",在"命名空间"处填写"WCFService"(此命名空间要在下面的客户端中引用)然后单击"转到"→"确定"按钮,到此完成了对服务的引用。刷新查看解决方案,目录里新增了一个名为"Service References"的文件夹,通过资源管理器,打开后里面多了一些文件,这些文件用于客户端向服务端的调用。

WcfTest. aspx. cs 的代码如下:

```
using System;
using System. Collections. Generic;
using System. Linq;
using System. Web;
using System. Web. UI;
using System. Web. UI. WebControls;
using WCFClient. WCFService;

namespace WCFClient
{
    public partial class WCFTest : System. Web. UI. Page
    {
        protected void Page_Load( object sender, EventArgs e)
```

```
{
}
        protected void btnClick(object sender, EventArgs e)
        {
            UserClient user = new UserClient();
            string result = user.ShowName(this.txtName.Text);
            Response.Write(result);
        }
    }
}
```

本章总结

通过本章的学习,可初步了解面向服务的架构 SOA 以及 Windows 通信开发平台(WCF 框架)。从 WCF 框架的定义到体系结构,再到契约定义,最后通过一个简单的实例学习了如何使用 Visual Studio 2012 创建一个简单的 WCF 服务应用程序。

第4章
创建第一个 MVC 应用程序

4.1 准备工作

4.1.1 创建 Visual Studio 解决方案和项目

Visual Studio 2012(简称 VS2012)是. NET 平台下的开发工具。首先运行 VS2012,它可以使用两种方式来创建新项目。项目的编程语言可以选择 Visual Basic 或 Visual C#,本书创建的 MVC 应用程序使用的是 Visual C#语言。

创建新项目的两种方式如下:

①通过菜单"文件"→"新建"→"项目"来新建项目。

②从开始页面中选择"新建项目",如图 4.1 所示。

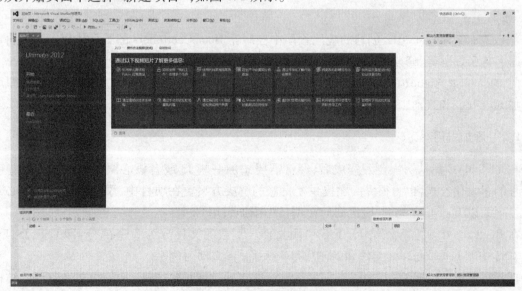

图 4.1 VS2012 新建项目

A. 在 Visual Studio 中,弹出"新建项目"界面中,选择"Visual C#"下面的"Web"子项后,在右侧列表中选择"ASP.NET MVC4 Web 应用程序"。使用默认的项目名称"MvcApplication1",然后单击"确定"按钮,如图 4.2 所示。

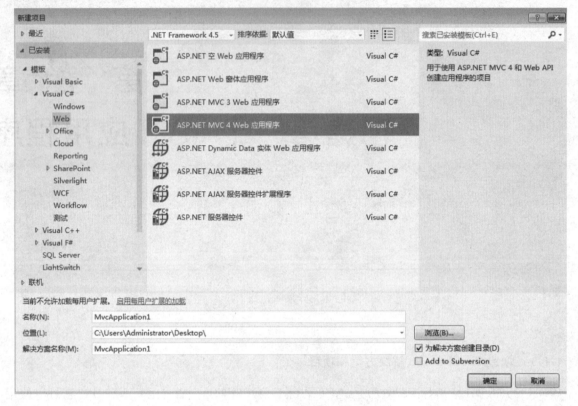

图 4.2　VS2012 创建 Web 应用程序

B. 在弹出的"新 ASP.NET MVC4 项目"对话框中,进行以下选择:

a. 在"项目模板"中,选择"Internet 应用程序"。

b. 在"视图引擎"中,选择默认的"Razor"视图引擎。

c. 在进行了以上选择后,单击"确定"按钮。Visual Studio 2012 会自动创建一个 ASP.NET MVC 应用程序,如图 4.3 所示。

C. 修改 Visual Studio 2012 创建的应用程序中控制器 HomeControllers 的默认代码。加上自定义的应用程序名称及标题等,修改之后如图 4.4 所示。

至此,在 Visual Studio2012 中就创建好了一个 ASP.NET MVC 项目解决方案。接下来,即可在项目中添加 bootstrap 和其他 JS 引用。

4.1.2　添加引用

ASP.NET MVC 解决方案创建完成后,经常需要添加一些 JS 或者核心服务的引用。这些引用丰富了编程的多元化方式,也为很多问题提供了良好的解决方案。在项目中,添加引用是一项必不可少的工作。下面以 Bootstrap 为例,展示如何在项目中添加引用。

①在 Bootstrap 中文官方网站上,下载引用文件。下载的文件分为 3 个部分,即 CSS,JS,FONTS。这里以 CSS 中的 bootstrap.css 文件和 JS 中的 bootstrap.js 文件为例。

②打开解决方案,选中右方的解决方案资源管理器,可看到整个解决方案的文件资源的结构化排列。选择 Script 文件夹(如果没有,可自行创建),这是默认存放所有 JS 文件资源的地方,可将 boot-

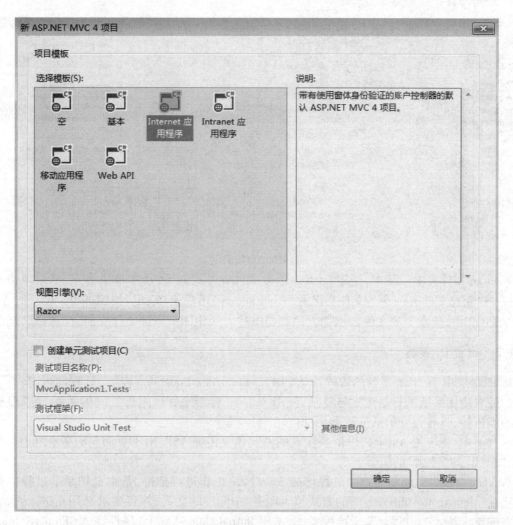

图 4.3　创建 Web 应用程序

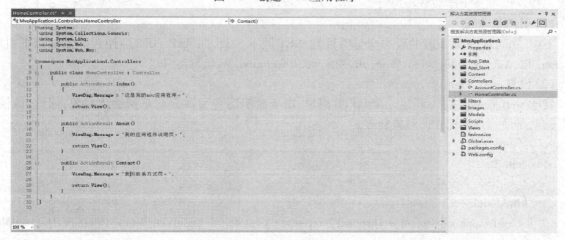

图 4.4　HomeControllers 代码

strap. js 文件添加进来。选中 Scripts 并单击右键,单击"添加"→"添加现有项",如图 4.5 所示。

　　找到下载好的 bootstrap. js 文件所在目录,将 JS 文件添加进解决方案的 Scripts 文件夹中。至此,JS 文件添加完成。下面将新建一个 CSS 资源文件夹来存放 CSS 样式文件。

　　③新建 CssResource 文件夹(文件名称可任意取),然后按照第②步方式将 bootstrap. css 文件添加

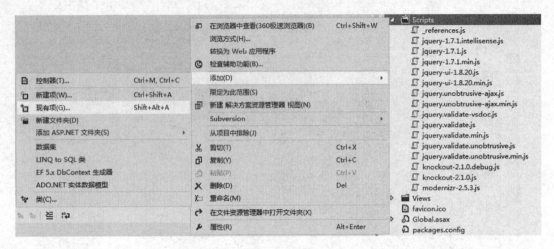

图 4.5　添加引用

到 CssResource 文件夹中。其中,新建 CssResource 文件夹方式如下:选中解决方案,然后单击右键,选中"添加"→"新建文件夹",命名文件夹名称(CssResource)后单击"确定"按钮即可。

在 VS2012 中,任意资源文件的添加方法都与上述方法相同。添加文件夹时,注意命名规范即可。

4.1.3　设置 DI 容器

Autofac 是应用于. NET 平台的依赖注入(DI,Dependency Injection)容器,具有贴近、契合 C#语言的特点。随着应用系统的日益庞大与复杂,使用 Autofac 容器来管理组件之间的关系,可"扁平化"错综复杂的类依赖,具有很好的适应性和便捷度。

在本章节中,将应用 Autofac,以依赖注入的方式建立传统 ASP. NET 页面与服务/中间层之间的联系,建立"呈现"与"控制"的纽带。

ASP. NET 页面生命周期的整个过程均被 ASP. NET 工作进程把持,基本上切断了过程中通过"构造函数注入(Constructor Injection)"的方式植入服务/中间层的念头,并且要求必须在进入页面生命周期之前完成这个植入的过程。基于这种考虑,采用 IhttpModule 基础上"属性注入(Property Injection)"方式实现。以下为实现细节:

(1)**引用相应** dll

下载 Autofac,注意下载的版本应与项目的. NET 版本一致,向 ASP. NET 应用程序添加以下引用:Autofac. dll,Autofac. Integration. Web. dll,Autofac. Integration. Web. Mvc. dll。

(2)**设置 web. config**

修改 web. config 文件,新建一个 HTTP 模块,由于控制反转容器会动态初始化对象,因此,该模块的目的就是适当地将建立的对象释放。

```
< configuration >
< system. web >
  <! -- IIS6 下设置 -->
  < httpModules >
    < add name = " ContainerDisposal" type = " Autofac. Integration. Web. ContainerDisposalModule, Autofac. Integration. Web" / >
  </httpModules >
</system. web >
  <! -- IIS7 下设置 -->
  < system. webServer >
    < modules >
```

```
        < add    name = "ContainerDisposal" type = "Autofac. Integration. Web. ContainerDisposalMod-
ule, Autofac. Integration. Web" / >
        </modules >
        < validation validateIntegratedModeConfiguration = "false" / >
    </system. webServer >
</configuration >
```

代码说明：

ContainerDisposalModule,页面请求结束,Autofac 释放之前创建的组件/服务。PropertyInjection-Module 在页面生命周期之前,向页面注入依赖项。

（3）修改 Global. asax 页面内容

在 Application_Start 事件里启用控制反转容器,让. NETMVC 能与 autofac 集成。由于使用 autofac 必须用到一些命名空间,因此,必须添加以下引用：

```
using System. Reflection;
using Autofac;
using Autofac. Integration. Web;
using Autofac. Integration. Web. Mvc;
```

在 MvcApplication 类中,设定 IContainerProviderAccessor 接口,并在类别层级添加以下代码：

```
static IContainerProvider _containerProvider;
    public IContainerProvider ContainerProvider
    {
      get { return _containerProvider; }
    }
```

在 Application_Start 方法中的最前面添加以下代码：

```
var builder = new ContainerBuilder();
SetupResolveRules(builder);
builder. RegisterControllers(Assembly. GetExecutingAssembly());
_containerProvider = new ContainerProvider(builder. Build());
ControllerBuilder. Current. SetControllerFactory(new AutofacControllerFactory(_containerProvider));
```

（4）页面属性获取服务/中间层

在. aspx 页面后台放置一公开的属性,用来接收服务/中间层。

```
// 用来接收服务/中间层的属性
public IEmpMng SomeDependency { get; set; }
protected void Page_Load(object sender, EventArgs e)
{
lblEmp. Text = this. SomeDependency. selectOneEmp();
}
```

4.1.4　运行应用程序

在所有初始化设置完成后,即可尝试运行一下创建的 ASP. NET MVC 应用程序。运行应用程序的方法有以下 3 种：

①直接按下 F5 快捷键。

②选择 VS2012 上方的菜单"选项调试"→"启动调试"。

③直接单击调试菜单栏下方的绿色三角形按钮,默认的是使用 Internet Explorer 浏览器启动,单击旁边的倒三角符号可更改为系统中以安装的任意浏览器作为启动调试的浏览器。

启动调试后,程序运行界面如图 4.6 所示。

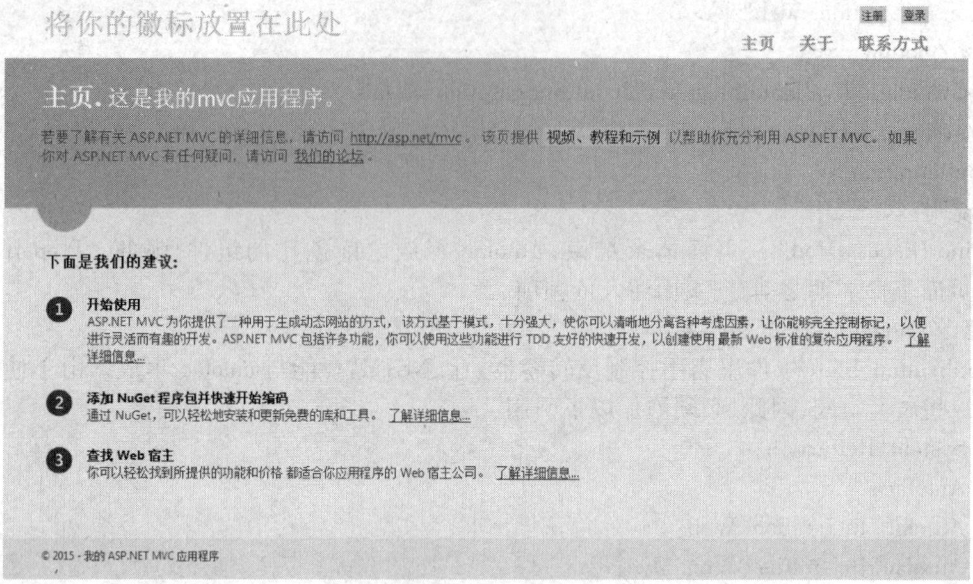

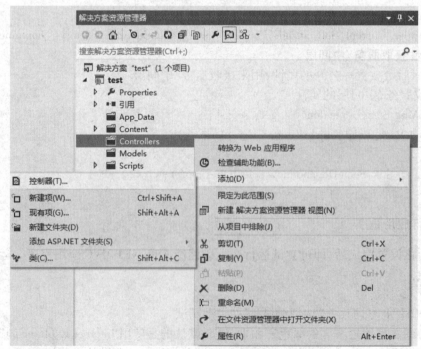

图 4.6　运行界面

至此,第一个 ASP. NET MVC 应用程序就完成了。

4.2　显示信息列表

4.2.1　添加控制器

首先打开 VS2012,在新建好的项目中添加一个控制器,如图 4.7 所示。

图 4.7　VS2012 添加控制器

添加好的控制器后缀默认带有 Controller,因此,在 Controller 前面加上控制器的名称即可。

4.2.2　添加视图

在添加好了控制器之后,还没有对应的视图。添加视图的方法有以下两种:

(1)添加方法对应的视图

在控制器的方法中,选择"添加视图",如图 4.8 所示。

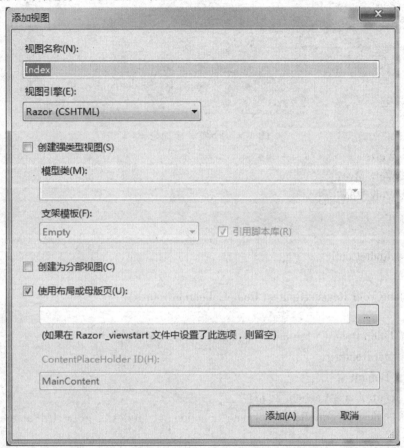

图 4.8　VS2012 添加视图

默认名称为 Index,不需要更改,如果对名称进行了更改操作,则需要保证该名称与对应的方法名称一致,以免程序运行时造成找不到页面的情况。下面会提到方法和视图名称对应的好处,此处直接单击"添加"按钮即可。

(2)添加任意视图

在 Views 文件夹中,添加视图即可,视图名称可任意取,与对应方法名称保持一致即可,如图 4.9所示。

4.2.3　设置默认路由

ASP. NET MVC 中的路由设置在 Global. asax 中。下面展示的参数配置是项目启动时执行的控制器中的方法,如需更换,可替换掉相应的控制器和方法名(加粗字体)。

```
using System;
using System. Collections. Generic;
using System. Linq;
```

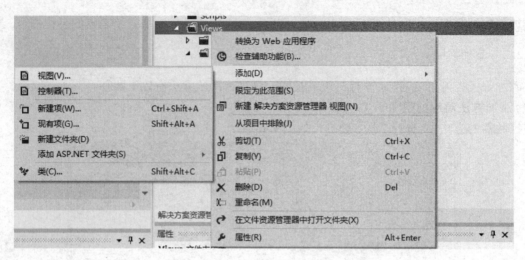

图 4.9　VS2012 添加视图

```
using System. Web;
using System. Web. Mvc;
using System. Web. Routing;
namespace Sport
{
    public class RouteConfig
    {
        public static void RegisterRoutes( RouteCollection routes)
        {
            routes. IgnoreRoute( "{resource}. axd/{ * pathInfo}" );
            routes. MapRoute(
            name:"Default",
            url:"{controller}/{action}/{id}",
            defaults: new { controller = "Home", action = "Index", id = UrlParameter. Optional }
            );
        }
    }
}
```

其中部分代码说明如下：

routes. IgnoreRoute("{resource}. axd/{ * pathInfo}")表示忽略所有 axd 的资源，直接进行 URL 访问。

{resource}. axd 表示后缀名为. axd 所有资源，如 webresource. axd。

{ * pathInfo}表示所有路径。

4.3　数据库配置

4.3.1　创建数据库

在本文中，默认使用的是 SQL Server 2008 R2 数据库。下面将介绍数据库的创建过程。

76

①打开 SQL Server 自带的数据库管理工具,从系统"开始"菜单中可单击进入,如图 4.10 所示。

图 4.10　打开 SQL Server Management Studio

②连接 SQL Server 服务器,可使用 Windows 身份认证和 SQL Server 身份认证两种方式进行连接,如图 4.11 所示。

图 4.11　数据库连接

③在左侧对象资源管理器中,右键单击"数据库",选择第一项"新建数据库",如图4.12所示。

图 4.12　新建数据库

④填写数据库的名称,并设置初始大小以及自动增长。如果没有特殊要求,这里选择默认即可,如图4.13所示。

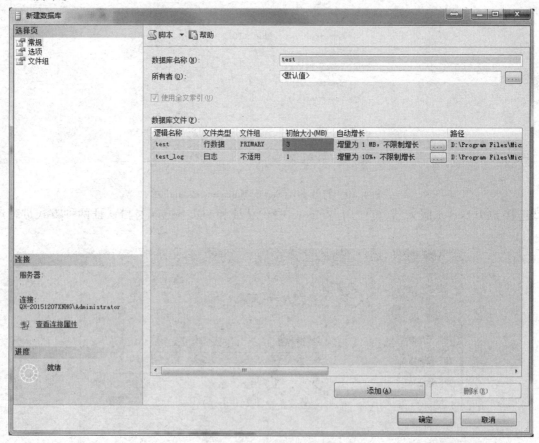

图 4.13　新建数据库

⑤单击"确定"按钮后,即可生成一个新的空数据库,如图4.14所示。

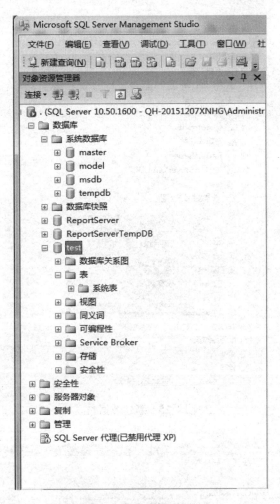

图 4.14　新建数据库

完成了以上的步骤，一个新的空数据库就建立好了。接下来的章节将对数据库内数据表的定义过程进行介绍。

4.3.2　定义数据库方案

定义数据库的方案需要根据实际的项目需求来定义不同的表。本章节将介绍如何在数据库中添加新的数据表。

①在建好的新数据库 test 中，右键单击"表"，选择"新建表"，如图 4.15 所示。

②在新建的表中，可根据需要对字段的名称和字段的数据类型进行定义，如图 4.16 所示。

③一般情况下，数据表的第一个字段为该表的主键，定义为 ID，不允许为空并设置为主键。必要时，可设置为自增长模式，如图 4.17 所示。

完成了以上的步骤，即可完成对数据库中数据表的定义。接下来的章节将对如何向数据库中的数据表添加数据的过程进行介绍。

4.3.3　向数据库添加数据

向数据库的数据表中添加数据的方法有多种。其中，最简单、直接的方法是选中数据表，右键选择"编辑前 200 行"，如图 4.18 所示。

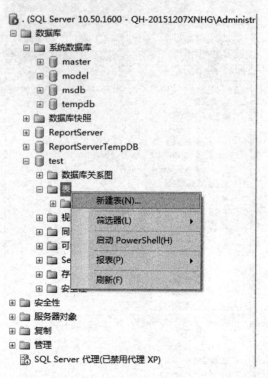

图 4.15　新建数据表

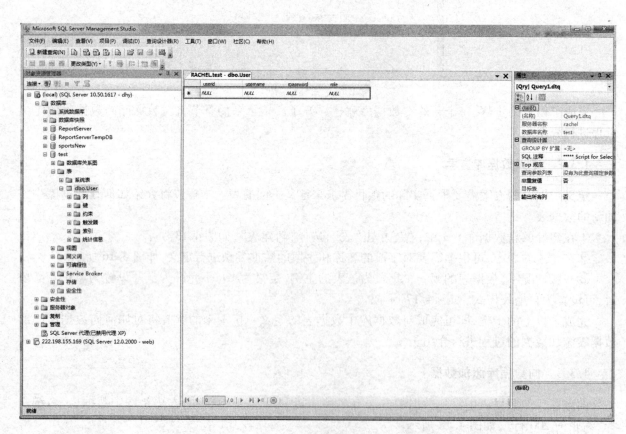

图 4.16　新建数据表

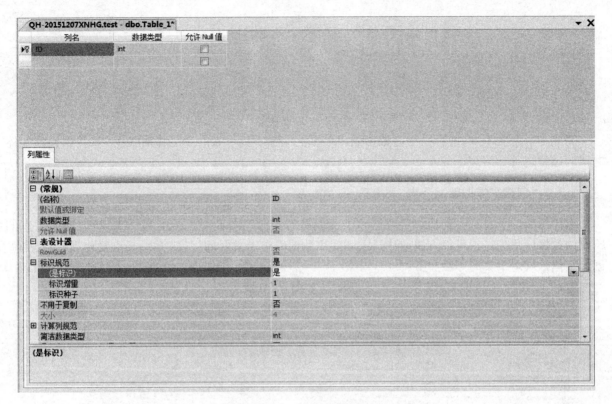

图 4.17 数据库表设计

图 4.18 编辑数据表

然后即可在数据表中输入需要添加的数据了,如图 4.19 所示。

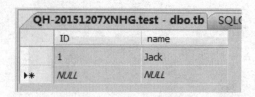

图 4.19　添加数据

完成了以上的步骤,即可完成对数据表中数据的添加。接下来的章节将对在 VS2012 中创建实体框架的过程进行介绍。

4.3.4　创建实体框架上下文

实体框架上下文是一种把指定数据库中的表格和字段映射到项目中的实体类技术,即通过人们所说的数据库优先。它可很方便地让开发者使用数据库中定义好的字段,而不必重复地操作数据库。创建实体框架上下文的方法如下:

①在 VS2012 项目中,右键单击"添加新项",如图 4.20 所示。

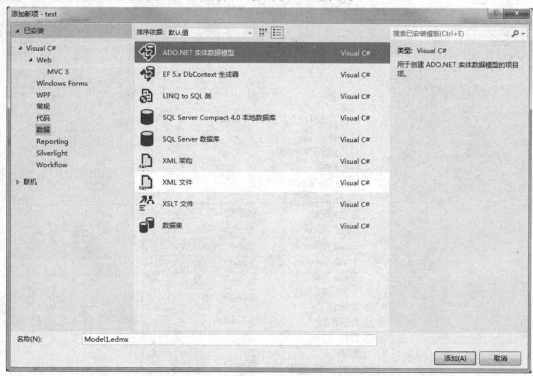

图 4.20　添加实体数据模型

②单击"添加"按钮,选择实体模型内容从数据库生成,如图 4.21 所示。

③单击"下一步"按钮,出现数据库连接界面,如图 4.22 所示。

④单击"新建连接",如图 4.23 所示。

⑤单击"继续"按钮,出现数据库配置界面。按照如图 4.24 所示的信息,输入配置信息,单击"测试连接"。若出现连接成功,则表示成功连接上刚才创建的数据库。

⑥单击"确定"按钮,出现如图 4.25 所示的界面。选择"是",单击"下一步"按钮。

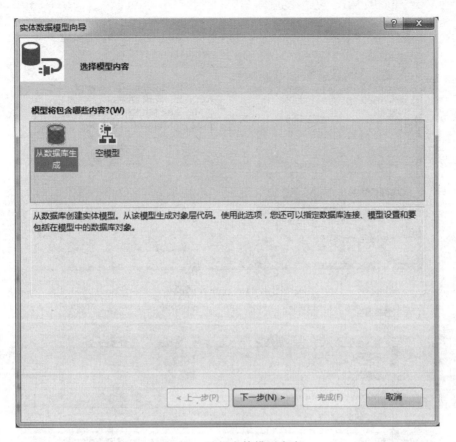

图 4.21 选择实体模型内容

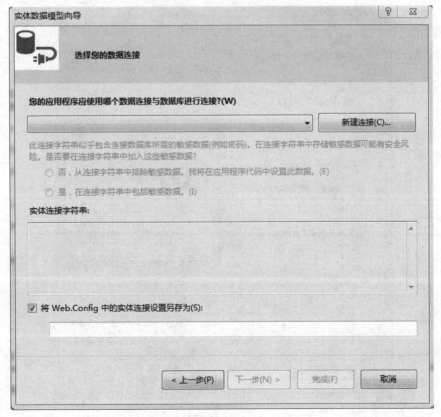

图 4.22 选择数据库连接

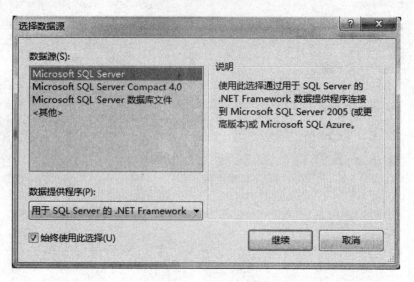

图 4.23　选择数据源

图 4.24　测试连接数据库

图 4.25　实体数据模型向导

⑦勾选需要映射到项目中的表,单击"完成"按钮,如图 4.26 所示。

图 4.26　选择数据库对象和设置

⑧如图 4.27 所示,方框内的就是实体框架上下文。

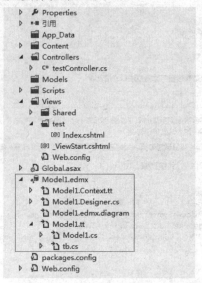

图 4.27　实体框架上下文

完成了以上的步骤,即可完成实体框架上下文的创建。

4.3.5　创建 Product 存储库

在操作数据库的过程中,有时仅仅通过 SQL 语句或者代码操作会造成效率不高或者代码重复过多、执行效率低下的问题。为了解决这一个问题,需要创建数据库的存储过程。存储过程(Stored Procedure)是在大型数据库系统中,一组为了完成特定功能的 SQL 语句集,存储在数据库中,经过第一次编译后再次调用不需要再次编译,用户通过指定存储过程的名字并给出参数(如果该存储过程带有参数)来执行它。存储过程是数据库中的一个重要对象,任何一个设计良好的数据库应用程序都应用到存储过程。在 SQL Server 2008 R2 中创建存储过程的步骤如图 4.28 所示。

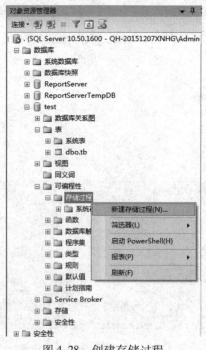

图 4.28　创建存储过程

选择"新建存储过程"后,会出现系统写好框架的存储过程,开发者只需要在框架内写上自己的存储逻辑过程,然后在项目代码中调用即可,如图 4.29 所示。

```
-- ========================================================
-- Template generated from Template Explorer using:
-- Create Procedure (New Menu).SQL
--
-- Use the Specify Values for Template Parameters
-- command (Ctrl-Shift-M) to fill in the parameter
-- values below.
--
-- This block of comments will not be included in
-- the definition of the procedure.
-- ========================================================
SET ANSI_NULLS ON
GO
SET QUOTED_IDENTIFIER ON
GO
-- ========================================================
-- Author:      <Author,,Name>
-- Create date: <Create Date,,>
-- Description: <Description,,>
-- ========================================================
CREATE PROCEDURE <Procedure_Name, sysname, ProcedureName>
    -- Add the parameters for the stored procedure here
    <@Param1, sysname, @p1> <Datatype_For_Param1, , int> = <Default_Value_For_Param1, , 0>,
    <@Param2, sysname, @p2> <Datatype_For_Param2, , int> = <Default_Value_For_Param2, , 0>
AS
BEGIN
    -- SET NOCOUNT ON added to prevent extra result sets from
    -- interfering with SELECT statements.
    SET NOCOUNT ON;

    -- Insert statements for procedure here
    SELECT <@Param1, sysname, @p1>, <@Param2, sysname, @p2>
END
GO
```

图 4.29　存储过程示例代码

4.4　设置内容样式

4.4.1　定义布局中的公用内容

在一个项目中,很多界面的布局和样式是通用的,故希望通过一个通用的布局来完成重复的代码工作,而在 MVC 项目中正好有这样的公用页面机制。在项目 Views 中,有一个 Shared 文件夹,里面有一个 _Layout.chtml 文件,这个页面是作为所有页面公用的页面,在这个页面写的代码样式可被任何继承了这个页面的页面所调用。在这个页面上写上一个测试语句 test view,如图 4.30 所示。

可以看到在 Index 这个页面中并没有 test view 这句话,然后启动编译,调试 Index 这个页面,会出现如图 4.31 所示的界面。

在调试界面中出现了在公共页面上写的 test view 语句,因此,通常在公用的界面会对需要重复使用的内容进行定义。

4.4.2　添加 CSS 样式

在页面中需要添加各种 CSS 样式,使界面更美观或者符合开发的需求。在页面中添加 CSS 样式的方法和添加 JS 的方法一样,如一个 style.css 的样式表需要添加到项目的页面中,可先将这个文件放到 Content 目录中,如图 4.32 所示。

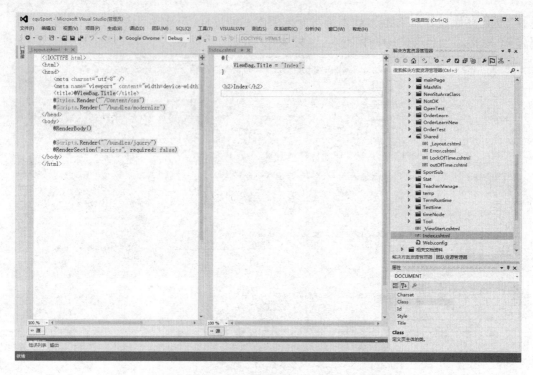

图 4.30　公用页面样式

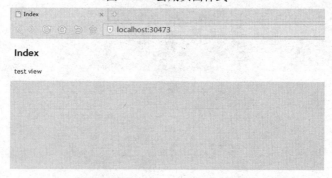

图 4.31　公用页面运行结果

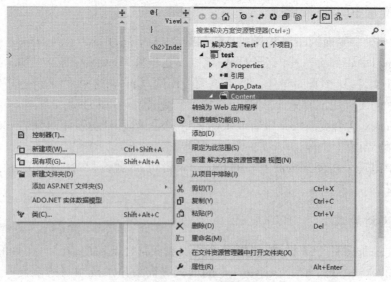

图 4.32　添加 CSS 样式

选择"现有项",找到需要添加的文件,单击"添加"即可。如图 4.33 所示,style.css 已被添加到项目文件夹 Content 中。

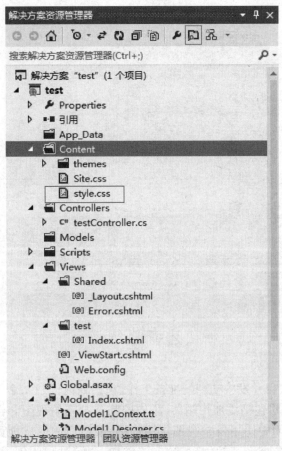

图 4.33 添加 CSS 样式成功

添加完成后,需要在页面中引用这个 CSS 文件,如图 4.34 所示。

```
@{
    ViewBag.Title = "Index";
}
<link href="../../Content/style.css" rel="stylesheet" />
<h2>Index</h2>
```

图 4.34 添加 CSS 引用

4.4.3 创建分部视图

分部视图即每个具体的功能页面,需要根据具体的业务来确定每个页面的样式和功能。一般来说,一个分部视图对应一个控制器里的方法。MVC 的运行机制是通过方法来确定视图,故方法和视图是一一对应的。但是,方法可调用任意的页面,页面也可跳转到任意方法中。创建分部视图时,首先在控制器中选择一个方法,然后右键单击选择"添加视图",出现如图 4.35 所示的界面。

此处的视图名称默认为方法的名称,与方法唯一对应,不可更改(更改后路由无法找到该方法对应的视图)。模板处可选择已有模板,作为分部视图创建,也可选择 Empty,作为独立的视图创建。

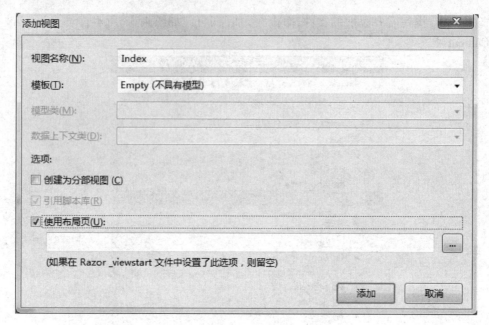

图 4.35　添加分部视图

本章总结

　　本章主要讲解了一个项目开发中初期的准备工作,包括如何创建一个 MVC 应用和创建对应的数据库。其中,MVC 应用的创建包括添加控制器,添加控制器对应的视图和自由的视图,然后配置路由设置项目启动的入口,在页面中使用公共视图重用代码,最后启动调试项目。在数据库方面,介绍了如何创建一个数据库,包括数据库表的创建、数据的添加、存储过程的创建。最后在项目中创建数据库的实体框架,将创建好的表映射到项目中,方便代码的调用和调试。

第**2**部分
案例分析

第**5**章
公共体育课管理系统——项目背景

5.1 项目开发的背景

5.1.1 项目背景概述

为进一步抓好《全国普通高等学校体育课程教学指导纲要》的贯彻落实,体育学院创新性地提出了"基于目标管理的体育主动学习模式"。同时,为更高效地开展公共体育课的教学管理工作,一个依托于网络技术的公共体育课管理系统就显得十分必要。"公共体育课管理系统"的开发即是为了在实现上述目标的基础上,为学校师生提供一个易于操作管理的公共体育课平台。

随着高校体育教学改革的不断深化,教育工作者开始对传统的体育教学进行了新的探索,提出了一些新思路和新要求,并进行了一些有益的尝试。高校体育是学校体育与社会体育的衔接点,目前终身体育思想正在逐渐普及,素质教育对高校体育教学提出了新的要求,体育教学由传统的应试教育向注重学生个性、激发学生主体积极性、培养学生终身体育能力的方向发展。为进一步抓好《全国普通高等学校体育课程教学指导纲要》的贯彻落实,创新性地给出了"基于目标管理的体育主动学习模式",让学生不在为"不喜欢上体育课""上不喜欢的体育课""某项体育技能学好了,还要继续上课""无法反馈体育课问题""上课学不好"等实际矛盾发愁。同时,为了更高效地开展好公共体育课的教学管理工作,开发一个公共体育课管理系统就显得十分必要。

与此同时,在信息技术飞速发展的今天,由于现代 Web 应用程序具有开发速度快、部署维护方便等优点,因此,基于 Web 技术的应用软件开发模式得到了广泛应用。早期的 Web 开发技术是基于 Html 的静态网页技术,Web 服务端编程技术快速发展起来后,微软在 2009 年推出了 ASP. NET MVC 网络开发框架,该框架以 ASP. NET 为基础,融合了 MVC 开发模式,更加关注 Web 开发的本质,关注 HTTP 的请求与响应,ASP. NET MVC 框架是开源的,并且它消除了 Web Form 模式中一些复杂的封装操作,页面不含视图状态信息,有效提升了页面响应速度。相比 Web Form 模式中页面代码与后台逻辑代码紧耦合的情况,MVC 模式通过视图、控制器和模型将页面与逻辑代码进行分离,使得程序更容易维护,同时框架的可扩展性与可测试性也都得到了极大的提升。

依托 ASP. NET MVC 构建 Web 应用系统时,为了尽可能地避免一些重复性工作,切实提高系统开发效率,提升软件开发品质,把 API、实体框架、Bootstrap 与 JQuery EasyUI 前端框架整合到 ASP. NET MVC 框架中,构建一个基于 ASP. NET MVC 的 Web 开发基础框架,用来开发现代 Web 应用系统"公共体育课管理系统",力求充分发挥 ASP. NET MVC 在开发模式先进、开发工具强大、性能优越、灵活、开源等方面优势。同时,在 MVC 高扩展性条件下,集成实体框架和前端设计框架 Bootstrop 3.0。因此,开发一个基于 ASP. NET MVC 基础 Web 开发框架的现代 Web 应用系统"公共体育课管理系统",在 Web 应用系统开发领域和体育教学改革事业上具有一定的实践意义。

5.1.2 国内外相关技术现状

自从 MVC 模式被应用到 Web 应用系统开发中后,便以其低耦合、可重用、高扩展性等优点赢得了 Web 开发领域的大部分市场,. NET MVC 模式的 Web 开发框架以 ASP. NET 为基础,充分利用了 ASP. NET 平台中成熟的组件和工具,深入 Web 开发本质,更重要的是 ASP. NET MVC 框架是开源的。因此,自从 ASP. NET MVC 发布以来,国内外许多工程技术人员便研究其工作原理与操作方式,并积极应用到实际 Web 项目中。在国外,微软创办了 ASP. NET MVC 学习网站与社区。与此同时,Apress,Manning 等科技出版社也在第一时间组织人员编辑出版了一系列 ASP. NET MVC 学习书籍,有效促进了 ASP. NET 框架的推广和应用。在框架的应用方面,国外也有很多 Web 应用系统采用了 ASP. NET MVC 技术,如比较著名的开源 CMS(Content Management System)Kooboo 的最新版本,就是以 ASP. NET MVC 4.0 为基础开发而成的。

国内在 ASP. NET MVC 框架的研究与应用上也比较早,在微软的 WebCase 视频网站上,赵劼、苏鹏、衣明志等讲师深入浅出地分析了 ASP. NET MVC 框架的工作原理与应用技巧。国内一些出版社翻译并出版了一些国外关于 ASP. NET MVC 方面的经典图书,如中国电子工业出版社翻译出版的《ASP. NET MVC 5 框架揭秘》、清华大学出版社翻译出版的《ASP. NET MVC 5 高级编程(第 5 版)》等图书,这些中文学习资料为开发人员研究和使用 ASP. NET MVC 框架发挥了重要的作用。

当前,国内高校绝大多数学生体育课都是由学校统一选课、统一安排考试,因此,会存在学生在大学期间上同样的体育课,每学期期末统一考试,不能评价体育老师等问题。在"基于目标管理的体育主动学习模式"方面,国内高校开展并付诸实施的还很少。它在体育学分强制的条件下,让学生主动网上选自己喜欢的体育课,根据个人学习情况主动网上预约考试,主动了解体育课学习和考试情况,主动评价体育课老师并反馈问题。与此同时,学生在完成学分的情况下,还可选择喜欢的体育课,学习相应的体育技能。老师则是在网上查看自己的动态教学内容,同时,老师的绩效以学生的合格率和学生评价得分来体现,管理员负责所有的教务管理。

综上所述,国内外在 ASP. NET MVC 框架的研究与应用还是比较广泛的,同时,"基于目标管理的体育主动学习模式"具备良好的发展前途。因此,本书研究和尝试将多种实用的 Web 开发技术与 MVC 模式进行整合,并且将基于 ASP. NET MVC 整合的开发框架应用到公共体育课管理系统的实际开发实践中去。

5.2 项目开发模式

与建造大厦相同,软件也是一步一步地建造起来的。在增量模型(Incremental Model)中,软件被作为一系列的增量构件来设计、实现、集成和测试,每一个构件是由多种相互作用的模块所形成的提供特定功能的代码片段构成的。在该模型中,各个阶段并不交付一个可运行的完整产品,而是交付满足客户需求的一个子集的可运行产品。整个产品被分解成若干个构件,开发人员逐个构件地交付产品,这样做的好处是软件开发可较好地适应变化,客户可以不断地看到所开发的软件,从而降低开发风险。

增量模型的基本架构如图 5.1 所示。

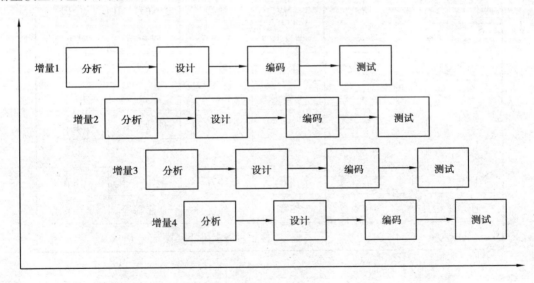

图 5.1 增量模型架构图

本书中涉及的项目采用增量模型进行项目的开发,主要基于以下 3 点优势:

①由于能在较短的时间内向用户提交一些有用的工作产品,因此,能解决用户的一些急用功能。

②由于每次只提交用户部分功能,因此,用户有较充分的时间来学习和适应新的产品。

③对系统的可维护性是一个极大的提高,因为整个系统是由一个个构件集成在一起的,当需求变更时,只变更部分部件,而不必影响整个系统。

但是,增量模型也存在以下缺陷:

①由于各个构件是逐渐并入已有的软件体系结构中的,因此,加入构件必须不破坏已构造好的系统部分,这需要软件具备开放式的体系结构。

②在开发过程中,需求的变化是不可避免的。增量模型的灵活性可使其适应这种变化的能力大大优于瀑布模型和快速原型模型,但也很容易退化为边做边改模型,从而使软件过程的控制失去整

体性。

在使用增量模型时,第一个增量往往是实现基本需求的核心产品。核心产品交付用户使用后,经过评价形成下一个增量的开发计划,它包括对核心产品的修改和一些新功能的发布。这个过程在每个增量发布后不断重复,直到产生最终的完善产品。

例如,使用增量模型开发字处理软件。可以考虑:第一个增量发布基本的文件管理、编辑和文档生成功能;第二个增量发布更加完善的编辑和文档生成功能;第三个增量实现拼写和文法检查功能;第四个增量完成高级的页面布局功能。

5.3 项目人员部署

项目人员部署见表5.1。

表 5.1 项目人员部署表

项目开发定员表					
项目生命周期					
开发阶段 职位	需求分析 阶段	系统设计 阶段	系统编码 阶段	系统测试 阶段	系统实施 阶段
项目经理	罗建兵	罗建兵	罗建兵	罗建兵	罗建兵
系统分析员	宋岩	宋岩	宋岩	宋岩	宋岩
结构工程师	宋岩等	宋岩等	宋岩等	宋岩等	宋岩等
软件工程师	孙延芳等	孙延芳等	孙延芳等	孙延芳等	孙延芳等
硬件工程师	无	无	无	无	无
软件测试工程师	李伟霖等	李伟霖等	李伟霖等	李伟霖等	李伟霖等
质量工程师	李伟霖等	李伟霖等	李伟霖等	李伟霖等	李伟霖等
其他人员	按项目需求灵活配置				

5.4 多人开发平台搭建

GitHub 是一个面向开源及私有软件项目的托管平台,因只支持 Git 作为唯一的版本库格式进行托管,故取名为 GitHub。但由于 GitHub 服务器位于国外,实际应用中存在一些问题,因此,本书中的案例项目选择使用的是一款国内的免费开源项目管理平台 TaoCode(也称阿里开源)。它是阿里巴巴集团为开源爱好者和广大技术人员提供的一个交流、孵化、创新项目的平台。

如图 5.2 所示的界面为 TaoCode 平台的项目列表管理界面,注册完成后,可在该界面中可进行新项目的创建。

图 5.2 TaoCode 平台项目管理界面

选择"新建项目"选项,可进入项目信息录入界面,如图 5.3 所示。

图 5.3 TaoCode 平台项目信息录入界面

新项目创建完成后,进入项目详情页,即可看到项目的资源路径等信息,如图 5.4 所示。

如图 5.4 所示的 SVN 地址,就是用户在客户端 SVN 管理工具上提交和获取项目最新信息所使用的地址。

在本地客户端安装 SVN 版本管理工具,并创建新项目文件夹,右键单击文件夹选择"SVN Check-out…",如图 5.5 所示。

图 5.4   TaoCode 平台项目资源详情界面

图 5.5   SVN 项目文件夹同步界面

在 SVN 管理工具中输入需要进行版本管理的本地项目文件夹目录和如图 5.4 所示的 SVN 地址，即可完成代码文件检出，如图 5.6 所示。

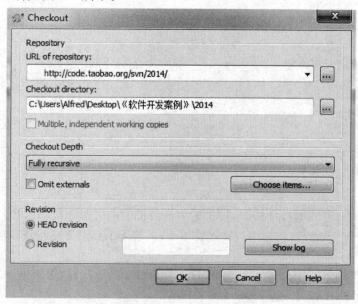

图 5.6   SVN 代码文件检出界面

至此,多人开发管理平台就搭建完成了,今后即可在平台上对项目的所有文件进行版本管理和维护,进而大幅提升团队项目开发效率。

本章总结

通过本章的学习,可了解本书中项目案例的开发背景和相关技术现状,对项目前期开发模式的选择、项目过程中人员的部署安排等有了基本的了解。同时,本章节对多人开发平台的搭建方法进行了详细的讲解。该方法适用于各种中小型项目的多人协作开发,能为项目的后续开发过程提供便捷的协作方式和管理途径。

第6章
公共体育课管理系统——软件开发方案

6.1 软件开发方案概述

软件开发是根据用户需求设计软件系统或者系统中部分软件的过程。它是一项包括可行性分析与计划研究、需求分析、需求设计、软件实现、软件测试及软件运行与维护的系统工程。

软件一般是用某种程序设计语言来实现的。通常采用软件开发工具可以进行开发。软件分为系统软件和应用软件。软件并不只是包括可在计算机上运行的程序，与这些程序相关的文件一般也被认为软件的一部分。软件设计思路和方法的一般过程包括设计软件的功能和实现的算法与方法、软件的总体结构设计和模块设计、编程和调试、程序联调和测试，以及编写、提交、维护程序。

软件开发的标准过程包括6个阶段，而这6个阶段需要编写的各类文档达14种之多，在每个阶段需要撰写哪些文档，可根据软件开发的标准流程制订软件开发方案。

（1）可行性分析与计划研究阶段

1）可行性研究报告

在可行性研究与计划阶段内，要确定该软件的开发目标和总的要求，要进行可行性分析、投资-收益分析、制订开发计划，并完成文档的撰写。

2）项目开发计划

撰写项目开发计划的目的是用文档的形式，把对于在开发过程中各项工作的负责人员、开发进度、所需经费预算、所需软硬件条件等问题作出的安排记录下来，以便后期根据本计划开展工作，并检查本项目的开发情况。

（2）需求分析阶段

1）软件需求说明书

撰写软件需求说明书是为了使用户和软件开发者双方对该软件的初始规定有一个共同的理解，使之成为整个开发工作的基础。其内容包括对功能的规定、对性能的规定等。

2）数据要求说明书

撰写数据要求说明书是为了向整个开发时期提供有关被处理数据的描述和数据采集要求的技术信息。

98

3）初步的用户手册

撰写用户手册的目的是要使用非专门术语的语言,充分地描述该软件系统所具有的功能及基本的使用方法。使用户(或潜在用户)通过本手册能了解该软件的用途,并且能确定在什么情况下如何使用它。

（3）需求设计阶段

1）概要设计说明书

概要设计说明书又称系统设计说明书。这里所说的系统,是指程序系统。其撰写目的是说明对程序系统的设计考虑,包括程序系统的基本处理流程、程序系统的组织结构、模块划分、功能分配、接口设计、运行设计、数据结构设计及出错处理设计等,为程序的详细设计提供基础。

2）详细设计说明书

详细设计说明书又称程序设计说明书。它是说明一个软件系统各个层次中的每一个程序(每个模块或子程序)。如果一个软件系统较简单,层次较少,本文档可不单独编写,有关内容直接并入概要设计说明书。

3）数据库设计说明书

撰写数据库设计说明书的目的是对设计中的数据库的所有标识、逻辑结构和物理结构作出具体的设计规定。

4）测试计划初稿

这里所说的测试,主要是指整个程序系统的组装测试和确认测试。撰写本文档是为了提供一个对该软件的测试计划,包括对每项测试活动的内容、进度安排、设计考虑、测试数据的整理方法及评价准则。

（4）软件实现阶段

1）模块开发卷宗(开始撰写)

模块开发卷宗是在模块开发过程中逐步编写出来的,每完成一个模块或一组密切相关的模块的复审时编写一份,应把所有的模块开发卷宗汇集在一起。撰写的目的是记录和汇总低层次开发的进度和结果,以便对整个模块开发工作的管理和复审,并为将来的维护提供非常有用的技术信息。

2）用户手册完工操作手册

撰写操作手册是为了向操作人员提供该软件每一个运行的具体过程和有关知识,包括操作方法的细节。

（5）软件测试阶段

模块开发卷宗(此阶段内必须完成)。

1）测试分析报告

撰写测试分析报告是把组装测试和确认测试的结果、发现及分析写成文件并加以记载。

2）项目开发总结报告

撰写项目开发总结报告是为了总结本项目开发工作的经验,说明实际取得的开发结果以及对整个开发工作的各个方面的评价。

（6）软件运行与维护阶段

撰写开发进度月报是及时向有关管理部门汇报项目开发的进展和情况,以便及时发现和处理开发过程中出现的问题。一般来说,开发进度月报是以项目组为单位每月编写的。如果被开发的软件系统规模较大,整个工程项目被划分给若干个分项目组承担,则开发进度月报将以分项目组为单位按月编写。

6.2　系统原型设计

6.2.1　Axure 概述

Axure RP 是一款专业的快速原型设计工具,能快速创建应用软件或 Web 网站的线框图、流程图、原型和规格说明文档,同时支持多人协作设计和版本控制管理。Axure RP 的使用者主要包括业务分析师、信息架构师、产品经理、IT 咨询师、用户体验设计师、交互设计师及界面设计师等。本书使用 Axure 来开发原型界面,其主要作用如下:

①使客户可在第一时间看到软件产品的原型界面。

②方便开发人员与客户通过原型界面来沟通开发和设计中遇到的问题。

③提供开发人员界面交互原型,系统的开发应严格按照原型为模板。

④提供系统验收时的开发原型依据。

本书以 Axure RP Pro 7.0 为例,简单介绍原型设计软件 Axure 的基本布局和作用。

启动 Axure,软件会默认创建并打开一个新项目,向 Axure 的空白处拖入一个矩形,其界面如图 6.1所示。

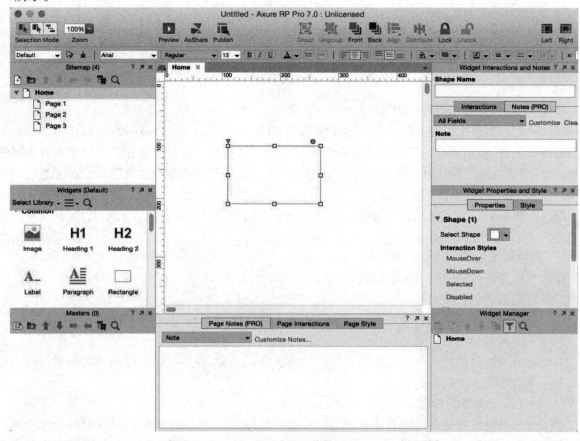

图 6.1　Axure 布局图

在图 6.1 的布局中,左上方标签为工程文件的显示栏,创建的工程文件就显示在这里,并且在标签的导航条中有新建文件、新建文件夹、上移、下移和查找等选项卡;在左下方,是 Axure 的元件库,原型的设计部件全都来自此库。软件自带的元件库提供的基本元件数量有限,通常不能满足日常的设计需求,因此,软件也支持下载和导入网络上样式丰富的元件库;中间的标签即为原型设计的主要工作界面,所有原型设计和修改都在此完成;右上标签栏是选中元件的交互属性,有鼠标单击、鼠标移入、鼠标松开等多达17 种交互用例,单击其中一个用例,可为该用例定义交互事件,包括对链接、元件、动态面板、全局变量、中继器等的操作。元件交互的合理使用,可设计出功能强大的原型界面;右下是元件的属性与样式,属性包括形状、交互样式等设置,样式包括对元件的外观、位置和尺寸等设置。

6.2.2　界面设计

本书中使用的软件开发案例是公共体育课管理系统,主要的系统功能分为教务管理、成绩管理、系统信息管理及系统配置。整个系统需要一个通用的带菜单的界面父框架,其余任何的子布局全部放在父框架内部,系统除了菜单以外的信息展示方式主要是表格。因此,在设计界面时可考虑将整体的带菜单的框架固定,然后将每个模块的信息展示做成表格,放在整个父框架的内部,这样既减少了重复开发的工作量,又有整体的界面风格,其中信息展示子布局与带菜单的界面框架交互较少,更容易开发和维护。

本章节将展示公共体育课管理系统的主要界面原型设计图。系统登录界面如图 6.2 所示。

图 6.2　系统登录界面原型设计图

登录系统后进入主页面,整个系统都使用这个界面作为父框架,其中每个模块的信息展示都放在界面中间部分,每个页面的顶部、底部及菜单部分均可固定不动。系统主页面如图 6.3 所示。

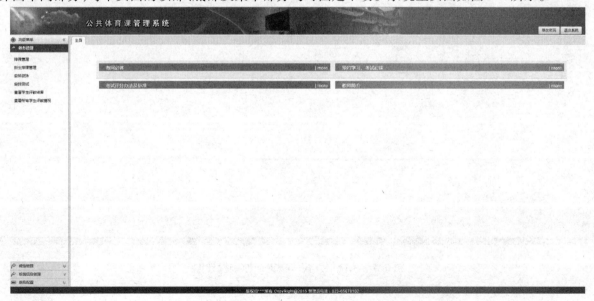

图 6.3　系统主页面原型设计图

单击左侧的一级菜单栏会自动显示下级子菜单。例如,单击系统信息管理菜单后,其子菜单如图6.4所示。

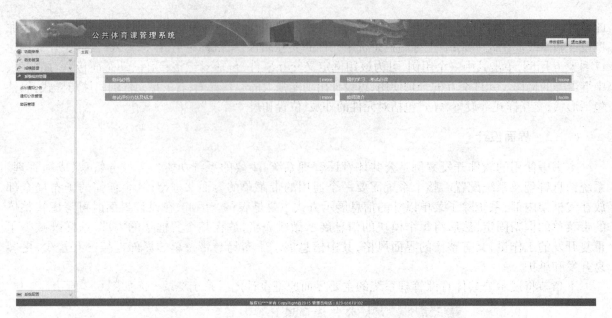

图 6.4　系统菜单界面原型设计图

　　将其中一个模块的信息展示放在父框架界面的中间部分,其余所有的模块都可按照这个界面设计,将需要展示的信息放在父框架的中间部分,从而减少重复代码的工作量,也增强了系统的美观性。系统信息模块界面如图 6.5 所示。

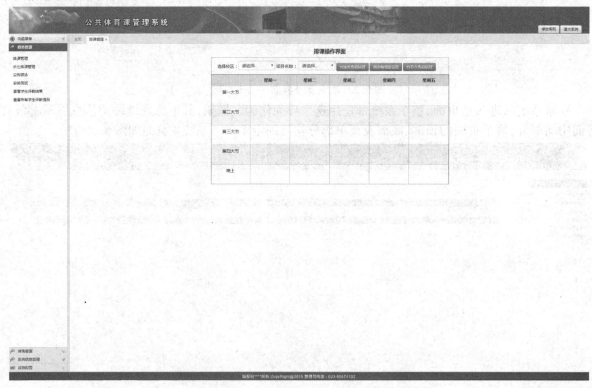

图 6.5　系统信息模块接界面原型设计图

6.3　软件开发方案的撰写

在软件系统开发中,开发方案的撰写是必不可少的,开发方案的完整性和质量的好坏直接决定了项目的成功与否。因此,一个成功的项目必须要有一个完整且高质量的开发方案。本书将提供一种开发方案的模板,读者可根据自己的需求完善开发方案。

本书附录 A 提供了软件开发方案模板,可供参考。

本章总结

本章主要介绍了软件开发过程中至关重要的一步——软件开发方案设计,其中包括系统原型设计和软件开发方案的撰写。在系统原型的设计中,主要使用的设计软件是 Axure。它是一款功能丰富的原型设计软件,在产品开发初期的原型设计中必不可少。接着介绍了软件开发方案书的撰写,这是软件开发中很重要的一个文档。本书提供了一个详细的软件开发方案书模板,读者可根据自己的实际情况,采用全部或者部分开发方案模板来完成自己的软件开发方案书的撰写。

第 7 章
公共体育课管理系统——需求分析

7.1 用户需求

通过详细的用户需求调研并结合当前高校体育教学管理的实际情况,下面给出"公共体育课管理系统"的整体功能架构图,如图7.1所示。

7.1.1 系统功能性需求

(1)预约操作

"预约学习"模块功能为学生在规定时间内,结合自己其他选课情况,选择地点及项目,最终单击"预约"按钮进行选课。

"预约测试"模块功能为系统在管理员设置的时间节点开放预约,学生只能预约当前周的下一周的开放时间段。预约项目不限制,可以是任意一项。当测试合格后,则自选项目停止预约考试。

"补选课及退选课"模块功能为管理员根据每学期的选课情况,可在每学期的某个时间节点开放后,学生登录系统查看已排课情况,然后根据自己的课表情况选课。

预约业务流程图如图7.2所示。

(2)教务管理

教务管理模块功能主要涉及课程安排,当学生在规定时间内完成选课后,管理员可根据预约情况进行课程安排。课程安排主要操作包括选择校区、课程名称和上课时间,单击"排课"按钮后进入排课界面,然后根据当前节次课程人数容量选择分班数目,单击"确定"按钮完成排课。课程安排时,一节课可以选择多个场地。当选择了某个任课教师后,可显示该教师的其他任课信息,以便教务人员科学、合理地安排。安排测试操作流程与排课管理类似。

(3)课表及测试查询

1)学生课表及测试查询

管理员排课成功后,学生可登录系统查看自己的课表信息。预约测试成功后,学生在安排测试之后可查看自己的测试安排信息。如果没有安排成功,则下次再预约,并且该次预约不计入免费预约次数。在"查看训练课表"功能中,学生课查看本人的训练课课表信息。训练课是学生针对自己薄弱项

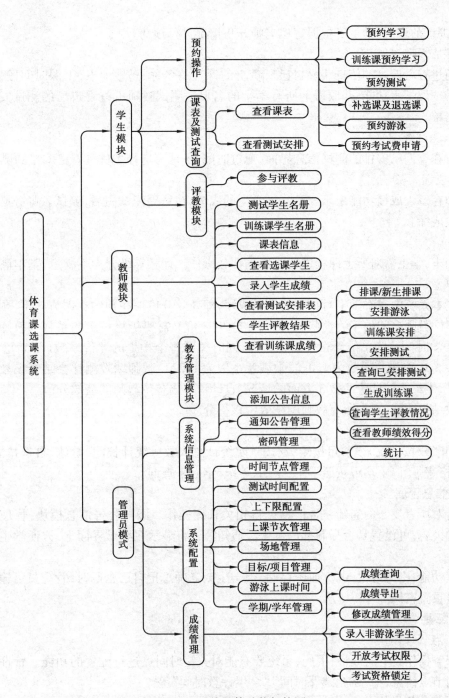

图 7.1　系统整体功能架构图

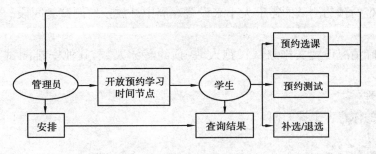

图 7.2　预约业务流程图

目,集中上课训练的形式,学生可根据每位老师开班情况进行预约。

2）教师课表及测试查询

教师可通过查看课表的信息获取自己所负责的课程的名称、场地地点、上课时间段等课程信息。教师通过查看选课学生功能,获取班上所有学生的名单。测试教师可查看自己的测试安排信息以及测试学生的名单。

3）管理员测试查询

管理员可在查询已安排的测试信息界面,通过时间、场地等选择条件查看已安排的测试信息。

（4）录入成绩

测试教师在录入成绩功能中录入已测试学生的成绩,在每周测试完后,测试教师务必按时在本周之内录入学生成绩。

（5）评教

每学期期末,学生需对所上课程进行相应的评教操作。评教等级分为不满意、基本满意、满意（默认值）、非常满意。

教师可在本系统中查看学生对自己的评教成绩,即绩效分值。在预约选课方式下,预约学习的学生可能会在不同教师之间处于流动状态,而每个学生评价又需要折算一定的系数与教师工作效益挂钩,故考虑以（学时/人）为单位计算教师工作量,同时关联每个学生的评价系数（不满意系数为 0.5,基本满意系数为 0.8,满意系数为 1.0,非常满意系数为 1.2）。教师绩效测评会结合该教师上课的人数、学时数和学生给予的评价系数 3 方面的情况,自动计算出各位教师的绩效分值。

查询评教结果功能:查询所有教师的绩效考核得分。

（6）统计

统计（按年级/按学院）模块可按年级/按学院统计总人数。统计长跑、游泳、自选技能、理论课的合格人数、合格率等,以上均可按照学年、学期、年级/学院来查询。

（7）系统信息管理

管理员可对所有发布的通知公告信息进行相关管理操作。添加公告信息模块,管理员可编辑发布系统的通知公告,可设置是否强制推送公告。通知公告将显示在登录界面上,方便学生及教师进行查看。

密码管理功能:密码经过 MD5 加密存储,当学生或老师忘记自己密码时,管理员可输入某个教师和学生的账号重置密码。

（8）系统配置

1）时间节点管理模块

由于选课等操作具有时效性,因此,系统要有能对关键时间点进行配置的功能。管理员将设置系统关键的时间节点信息,如"学生选课时间""学生评教时间"等。

2）测试时间配置模块

管理员根据学生的预约测试的需求大小来设置一周中开放预约测试时间段。

3）上下限配置模块

管理员根据实际情况设置安排测试长跑人数、预约游泳人数、其他安排测试人数的最大值和最小值。

4）上课节次管理

设置不同校区的体育课上课时间。

5）场地管理模块

依据教学需要和测试需要对各种大场地进行功能区域的逻辑划分,并加以准确记录和后期维护。

6）体育项目管理

管理员可根据具体需要动态添加、编辑或删除课程信息。学期/学年管理模块,配置系统当前的使用学期及学年信息。

7）游泳上课时间配置模块

每学年的暑假时间不一致,管理员根据实际时间设置游泳上课的时间节点。

8）选课开课单元配置模块

管理员根据需要对预约选课时间单元进行配置,如周一上午、周二下午等。

（9）成绩管理

学生发现成绩有误或者老师发现录入有错时,管理员根据实际情况核实后向超级管理员提出修改成绩申请,由超级管理员审核修改。

1）查询单项成绩模块

查询单项成绩模块是针对学生的某一项成绩进行查询,如篮球单项成绩。查询 4 项学生成绩是对学生 4 项(长跑、体育健康知识、自选技能一、自选技能二)成绩执行同时查询操作,能查询每一个学生的考试情况和具体成绩。

2）录入成绩模块

管理员输入尖子生成绩的关键信息,单击"录入"按钮即可,同时可打印已录入的学生成绩。管理员也可查询或导出某学年某学期的合格成绩。

3）考试资格锁定模块

管理员可根据学生出勤的情况来控制预约考试权限。例如,对多次不来上课的学生,可锁定当前学期不能预约考试。

4）成绩管理模块

成绩管理模块流程图如图 7.3 所示。

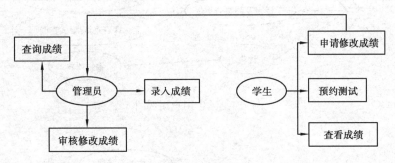

图 7.3　预约业务流程图

7.1.2　系统非功能性需求

（1）软硬件环境

系统采用 B/S 结构模式,运行于 Windows 平台之上,因此,可通过浏览器访问,使用 IE8.0 或更高版本可顺利完成所有系统操作。系统采用. Net Framework4.0 版本。系统数据库使用 Microsoft SQL Server 2012 R2 版本。

（2）系统性能

系统在正常的网络环境下,应能保证系统的及时响应,不能出现卡死的情况。

（3）安全保密

系统需要保证安全有效,保证服务器安全和用户密码安全。

7.1.3 用户及用例分析

（1）用户类

系统的使用者主要分为 3 类，即学生、教师和管理员，详细描述见表 7.1。

表 7.1 用户类

主要用户类	说明
学生	学生用户是系统的主要使用者之一，由所有学生组成。学生用户可进行"预约学习""预约测试""查看课表""参与评教"等操作
教师	教师用户是系统的主要使用者之一，由所有开课教师组成。教师用户可进行"查看课表""查看选课学生""录入成绩"等操作
管理员	管理员拥有系统最高权限，系统有 1 名或多名管理员。管理员可进行教务管理、系统信息管理及系统配置等操作

（2）用例图

学生、教师及管理员的用例场景分别如图 7.4—图 7.6 所示。

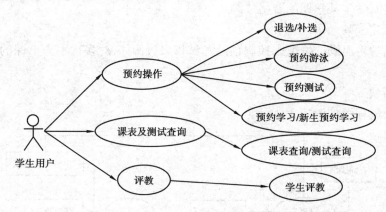

图 7.4 学生用户用例图

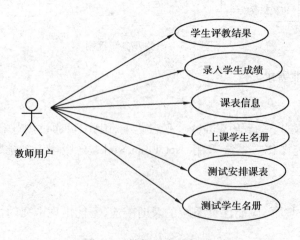

图 7.5 教师用户用例图

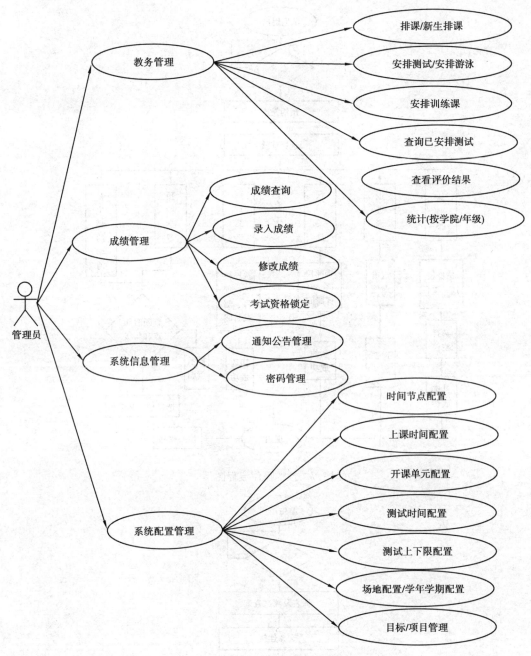

图 7.6　管理员用户用例图

(3) 系统主要功能模块

1) 预约操作功能模块

预约操作功能模块以学生自主选课内容为主,提供自主选课平台。其中,包括预约学习、预约测试、预约游泳、补选课及退选课内容、预约考试费申请。学生可根据自己的课表情况,选择合适的上课时间。安排课程成功后,学生也可在规定时间范围内取消已选课程。其具体流程如图7.7所示。

2) 课表及测试查询模块

在选课时间结束后,系统管理员根据选课情况进行排课,学生可通过查看课表模块对安排学习结果进行查看。系统管理员同时可根据预约测试的情况进行安排测试,学生可通过查看测试安排模块对测试的时间及场地信息进行查看,以便学生及时获取测试信息。其具体流程如图7.8所示。

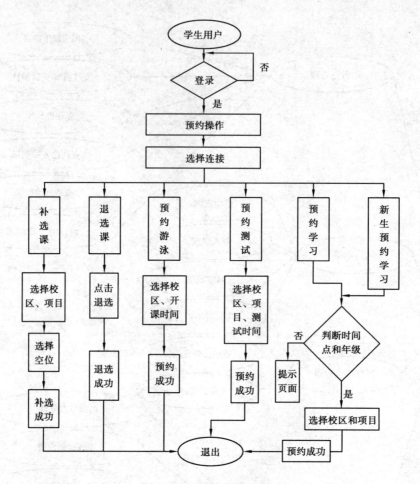

图 7.7   预约操作流程图

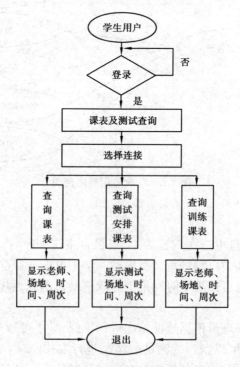

图 7.8   课表及测试查询流程图

3）评教模块

在规定的时间范围内,学生需对所选课程进行评教。单击评教栏中的参与评教,即可进行评教。其具体流程如图 7.9 所示。

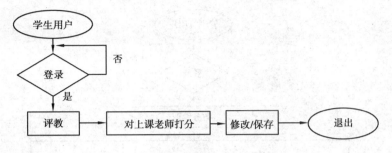

图 7.9　评教流程图

4）教师操作模块功能

查看自己的课表及其选课学生,查看训练课信息,录入测试学生成绩,查看测试安排课表和测试学生名单,查看学生评价结果和绩效得分。其具体流程如图 7.10 所示。

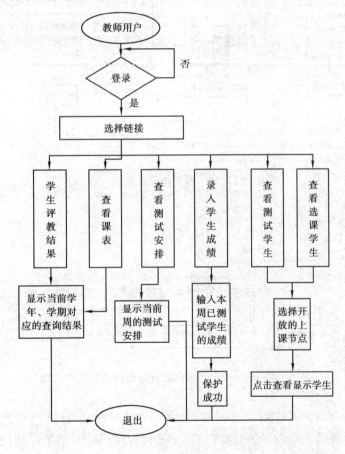

图 7.10　教师操作流程图

5）教务管理模块

教务管理模块主要为管理员对学校公共体育课的排课、查看总的考评结果以及训练课管理等教务环节进行管理。其具体流程如图 7.11 所示。

6）系统信息模块

系统信息模块是管理员对通知通告和密码的管理。其具体流程如图7.12所示。

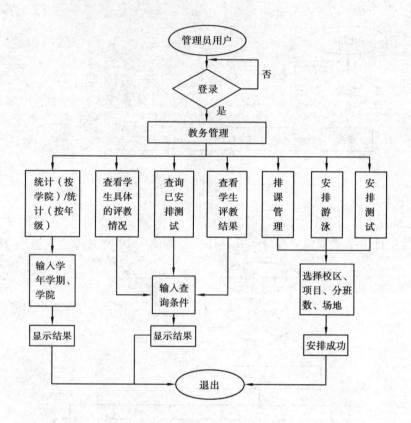

图 7.11　教务操作流程图

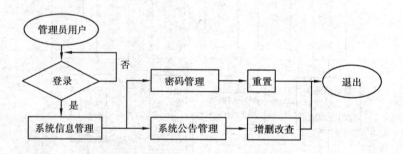

图 7.12　系统信息管理流程图

7）系统配置模块

系统配置模块是管理员对系统的基础数据和基础配置的管理。具体包括时间节点管理、测试时间配置、上下限配置、上课节次管理、场地管理、目标/项目管理、学期/学年管理、游泳上课时间配置及选课开课单元配置。其具体流程如图7.13所示。

8）成绩管理模块

成绩管理模块包含管理员对学生体育成绩的查询、录入、审核以及统计合格率等进行管理。具体包括修改成绩管理、录入非游泳学生信息管理、查询单项成绩、查询4项学生成绩、训练课学生成绩、锁定考试权限及录入成绩。其具体流程如图7.14所示。

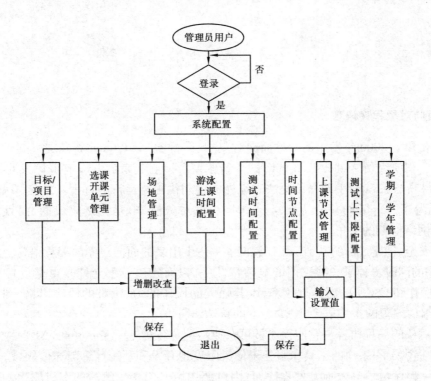

图 7.13 系统配置流程图

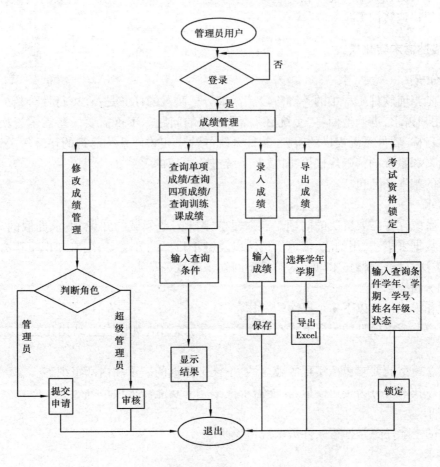

图 7.14 成绩管理流程图

7.2　需求的转化

7.2.1　面向对象程序语言

C#是微软公司于 2000 年发布的一种面向对象的、运行于. NET Framework 之上的高级程序设计语言。C#是微软公司研究员 Anders Hejlsberg 的最新成果。C#看起来与 Java 有着惊人的相似，它包括了如单一继承、接口，与 Java 几乎同样的语法和编译成中间代码再运行的过程。但是，C#与 Java 有着明显的不同，它借鉴了 Delphi 的一个特点，与 COM（组件对象模型）是直接集成的，而且它是微软公司. NET Windows网络框架的主角。

C#是一种安全、稳定、简单、优雅，由 C 和 C＋＋衍生出来的面向对象的编程语言。它在继承 C 和 C＋＋强大功能的同时去掉了一些它们的复杂特性（如没有宏以及不允许多重继承）。C#综合了 VB 简单的可视化操作和 C＋＋的高运行效率，以其强大的操作能力、优雅的语法风格、创新的语言特性和便捷的面向组件编程的支持成为. NET 开发的首选语言。

C#是面向对象的编程语言。它使程序员可快速地编写各种基于 Microsoft . NET 平台的应用程序。Microsoft . NET 提供了一系列的工具和服务来最大限度地开发和利用计算与通信领域。

C#使 C＋＋程序员可高效地开发程序，且因可调用由 C/C＋＋编写的本机原生函数，因此，绝不损失 C/C＋＋原有的强大的功能。因为这种继承关系，C#与 C/C＋＋具有极大的相似性，熟悉类似语言的开发者可很快地转向 C#。

7.2.2　描述需求转化模式

（1）需求分析

需求分析是当前软件工程中的关键阶段。需求分析阶段的任务是：在可行性分析的基础上，进一步了解、确定用户需求，准确地回答"系统必须做什么"的问题。不仅需要撰写需求规格说明书，还涉及软件系统的目标、软件系统提供的服务、软件系统的约束和软件系统运行的环境等关键性问题。它还涉及这些因素和系统的精确规格说明，以及系统进化之间的关系。

需求分析的基本任务包括：

1）抽取需求

分析现行系统存在需要解决的问题。获取足够多的问题领域的知识，需求抽取的一般方法有问卷法、面谈法、数据采集法、用例法、情境实例法以及基于目标的方法等，还有知识工程方法，如场记分析法、卡片分类法、分类表格技术以及基于模型的知识获取等。

2）模拟和分析需求

需求分析和模拟包含以下 3 个层次的工作：

①需求建模。需求模型的表现形式有自然语言、半形式化（如图、表、结构化英语等）和形式化表示 3 种。

②需求概念模型的要求包括实现的独立性、不模拟数据的表示和内部组织等。

③需求模拟技术可分为企业模拟、功能需求模拟和非功能需求模拟等。

3）传递需求

传递需求的主要任务是撰写软件需求规格说明。

4）认可需求

就是对需求规格说明达成一致。其主要任务是冲突求解，包括定义冲突和冲突求解两方面。常用的冲突求解方法有协商、竞争、仲裁、强制、教育等。其中,有些只能用人为的因素去控制。

5)进化需求

客户的需要总是不断或者连续地增长,但是一般的软件开发又总是落后于客户需求的增长,如何管理需求的进化(变化)就成为软件进化的首要问题。对于传统的变化管理过程来说,其基本成分包括软件配置、软件基线和变化审查小组。当前的发展是软件家族法,即产品线方法。多视点方法也是管理需求变化的一种新方法,它可用于管理不一致性,并进行相关变化的推理。

(2)概要设计

概要设计是在需求分析的基础上通过抽象和分解将系统分解成模块,建立模块的层次结构及调用关系,以及确定模块间的接口及人机界面等。其主要任务是把需求分析得到的系统扩展用例图转换为软件结构和数据结构。

概要设计基本任务如下:

1)建立软件系统结构

建立软件系统结构包括划分模块、定义模块功能、模块间的调用关系、定义模块的接口、评价模块的质量。

2)数据结构和数据库的设计

数据结构和数据库的设计包括数据结构设计、概念设计、逻辑设计及物理设计。

3)编写概要设计文档

编写概要设计文档包括概要设计说明书、用户手册、数据库设计说明书、修订测试计划。

(3)详细设计

详细设计是对概要设计的一个细化。在详细设计阶段,主要是通过需求分析的结果,设计出满足用户需求的软件系统产品。

详细设计的主要任务是设计每个模块的实现算法、所需的局部数据结构。详细设计的目标有两个:实现模块功能的算法要逻辑上正确和算法描述要简明易懂。

详细设计基本任务如下:

①为每个模块进行详细的算法设计。用某种图形、表格、语言等工具将每个模块处理过程的详细算法描述出来。

②为模块内的数据结构进行设计。对需求分析、概要设计确定的概念性的数据类型进行确切的定义。

③为数据结构进行物理设计,即确定数据库的物理结构。物理结构主要是指数据库的存储记录格式、存储记录安排和存储方法。这些都依赖于具体所使用的数据库系统。

④其他设计:根据软件系统的类型,还可能要进行以下设计:

a.代码设计。为了提高数据的输入、分类、存储及检索等操作,节约内存空间,对数据库中的某些数据项的值要进行代码设计。

b.输入/输出格式设计。

c.人机对话设计。一个实时系统,用户会与计算机频繁对话。因此,要进行对话方式、内容、格式的具体设计。

⑤编写详细设计说明书。

⑥评审。对处理过程的算法和数据库的物理结构都要评审。

传统软件开发方法的详细设计主要是用结构化程序设计法。详细设计的表示工具有图形工具和语言工具。图形工具有业务流图、程序流程图、PAD 图(Problem Analysis Diagram)、NS 流程图(由Nassi 和 Shneidermen 开发,简称 NS)。语言工具有伪码和 PDL(Program Design Language)等。

7.3　撰写合格的需求分析文档

撰写合格的需求分析文档应包括需求应用的范围、总体要求、软件需求分析、概要设计、详细设计、编码、测试、验收及培训等方面的内容。

需求分析文档模板没有严格意义上的标准，只要写的内容通俗易懂即可，尽量以图、表以及多媒体的形式表现出来。下面是笔者收集的几个需求文档模板，仅供参考。

本书附录 B 提供了软件需求分析报告文档模板，可供参考。

本章总结

需求分析是对用户需求进行确认和整理后对用户的需求进行性能、安全性、可维护性等项的划分，并将其细化为多个实现点，将用户的需求与软件的设计目标进行关联，生成需求规格说明书。它不仅是系统测试和用户文档的基础，也是所有子系统项目规划、设计和编码的基础。本章从用户需求出发，通过对需求转化过程、需求规格说明书撰写的介绍，详细地说明了系统开发中需求分析阶段的工作内容。

第 **8** 章

公共体育课管理系统——系统设计

8.1 系统整体设计

8.1.1 系统结构

系统采用 B/S 结构(Browser/Server,浏览器/服务器模式),包括数据服务器、Web 服务器和客户端浏览器 3 个部分,如图 8.1 所示。

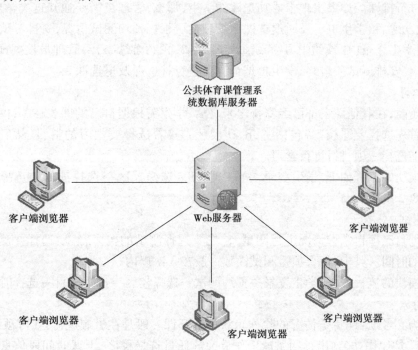

图 8.1 系统 B/S 结构

8.1.2 开发环境及相关工具

公共体育课管理系统的开发环境及所使用的相关工具见表8.1。

表 8.1 开发环境及相关工具

名称	内容
操作系统	Windows 7
开发平台	Microsoft Visual Studio 2012
源代码管理软件	TaoCode ＋ SVN
数据库管理系统	Microsoft SQL Server 2008 R2
服务器	Windows Server 2003 IIS 6.0
建模工具	Microsoft Office Visio 2013 Enterprise Architect 8

8.2 系统主要功能设计

8.2.1 预约操作模块

预约操作功能模块以学生自主选课内容为主,提供自主选课平台。其中,包括预约学习、预约测试、预约游泳、补选课及退出选课功能。学生可根据自己的课表情况,选择适当的上课时间,管理员将根据选课情况进行排课。如果出现未成功选课的学生,那么,管理员需要通知这类学生重新选课或者补选课,安排成功之后,学生也可及时退选课。管理员可根据预约测试情况,安排考试。

流程如下:学生登录(1. 预约学习→2. 预约测试→3. 预约游泳→)→管理员根据预约学习、预约测试情况安排课表、安排测试。最终,学生根据情况可进行补选课及退选课。

(1)预约学习

新学期开始时,在其他课表都已经安排出来之后,学生需根据自己的课表在不冲突的情况下进行体育课选择。首先选择上课校区,包括 A,B,D 校区。接着选择要学习的科目,然后选择上课时间。每人每学期只能选择一项科目进行学习。

预约学习模块的流程如下:学生登录→预约学习→选择校区→选择项目→选择时间段→保存。其活动图如图8.2所示。

(2)预约测试

学生可根据自己项目掌握情况进行测试,首先要选择测试的校区,然后选择要测试的项目,最后选择想要测试的时间。其中,每个项目测试次数一般在 3 次以内。

预约测试模块的流程如下:学生登录→预约测试→选择校区→选择项目→选择时间段→保存。

(3)预约游泳

游泳项目为必考项目(特殊情况的除外),游泳的开课一般是在暑假进行,在可预约的时间节点内单击"预约游泳"按钮操作,弹出预约游泳操作界面。通过选择校区、上课时间段信息,单击"预约"按钮,保存预约信息即可。如果对已保存的信息进行修改,可单击"修改"按钮,然后进入修改页面。选择修改后的内容后单击"预约"按钮,然后进入显示页面。

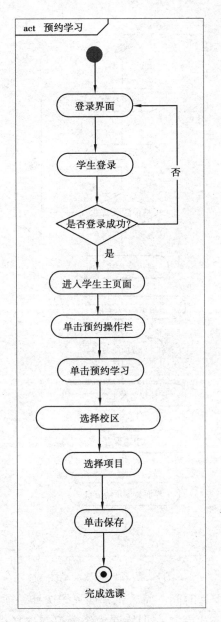

图 8.2 预约学习活动图

预约游泳模块的流程如下:学生登录→预约游泳→选择校区→选择上课时间段→保存。其活动图如图 8.3 所示。

(4)补选课及退选课

学生单击预约操作,在可规定补选课的时间内单击"补选课"按钮操作,弹出补选课操作界面。若学生已完成选课操作,且排课成功,则页面显示为学生课表界面。若未能成功排课(因人数过少,故无法进行排课操作),则学生可进行重新选课,查看已安排的班级信息,选择某一班级进行插班。在系统中,学生通过选择校区、项目名称,可查看已排课信息。查询出的课表信息,通过显示的"无课表信息"和"单击报班"按钮,可完成补选课操作。

补选课的流程如下:学生登录→补选课→选择校区→选择项目→上课时间→保存。

退选课的流程如下:学生登录→退选课→保存。

(5)预约训练课

学生根据自己的课表在不冲突的情况下进行训练课选择,首先选择上课校区,包括 A,B,D 校区。

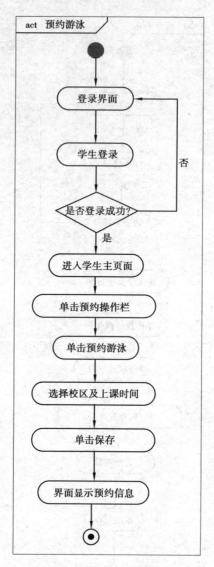

图 8.3　预约游泳活动图

再选择要学习的科目,然后选择上课时间。每人每学期只能选择一项科目进行学习。

预约训练模块的流程如下:学生登录→训练课预约学习→选择校区→选择项目→选择时间段→保存。

(6)预约考试费申请

学生单击"预约考试费申请",即可进入"体育项目补考申请操作界面"。输入学院、专业等个人信息后,单击"单击申请",即可完成补考申请操作。也可单击"查看自己缴费记录"来查看缴费记录。

8.2.2　课表及测试查询

选课时间结束后,管理员根据选课情况进行排课,学生可通过查看课表模块对安排学习结果进行查看。查看结果包括:相应的上课时间及任课教师等相关情况。管理员同时可根据预约测试的情况进行安排,学生可通过查看测试安排模块对测试的时间及场地信息进行查看。上述操作以便学生及时获取上课信息及测试信息。

(1)查看课表

学生单击课表查询,可通过单击"查看课表"按钮进行课表查看操作,将显示该学生的所有课程信息及体育课上课时间信息。其活动图如图 8.4 所示。

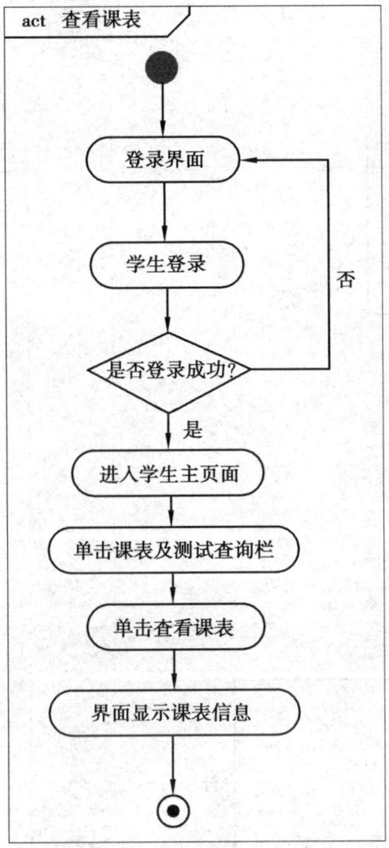

图 8.4　查看课表活动图

（2）查看测试安排

学生单击测试安排查询，对已安排测试时间及场地信息进行查看操作，将显示该学生所要测试的项目、测试时间及测试场地。

（3）查看训练课表

学生单击"查看训练课表"链接，进入"已选择的训练课表信息列表"界面，即可查看到自己已选择的训练课表信息。

8.2.3　评教模块

每学期期末，学生都需对所选课程进行评教。单击评教栏中的参与评教，即可看到需要评教的所有课程的相关信息。单击"评教"按钮，即可进行评教。其活动图如图 8.5 所示。

8.2.4　教师操作模块

（1）课表信息

管理员排完课后，教师在用户登录系统，选择左菜单的"课表信息"，可直接查看到本学期的体育课表信息。

（2）查看选课学生

排完课后，教师的上课学生信息将被存入数据库，教师用户登录系统，选择左菜单的"查看选课学生"，进入一个课表界面。如果某一时间段内教师有体育课，那么，在该时间段的课表方框里就出现"查看学生信息"按钮，单击按钮将显示选课学生名册和上课详细信息。同时，可导出 Excel 文件到

"本地电脑"。其活动图如图8.6所示。

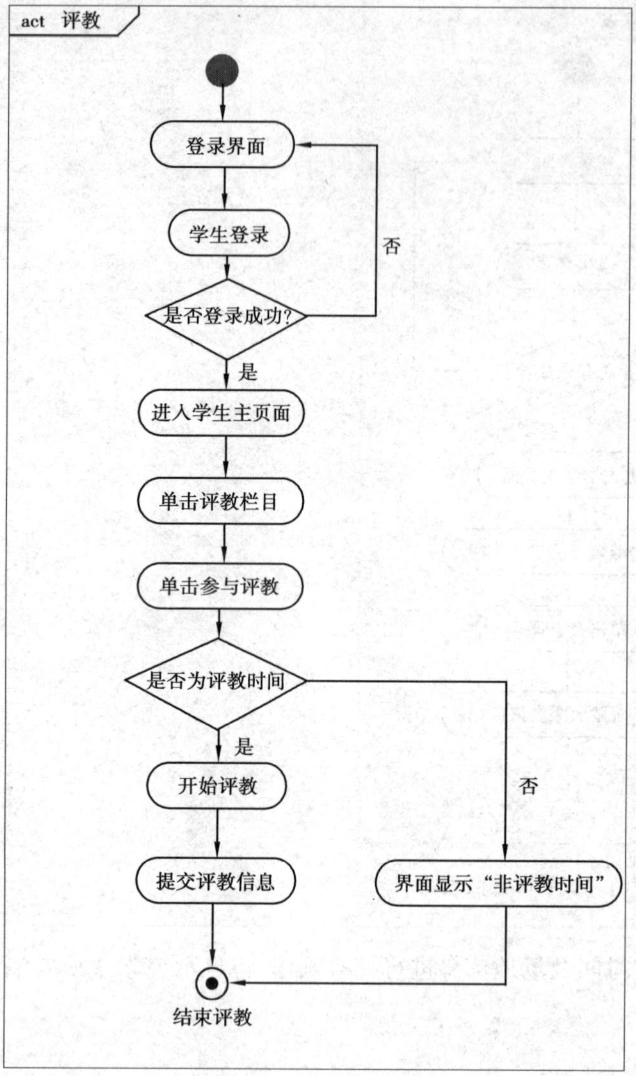

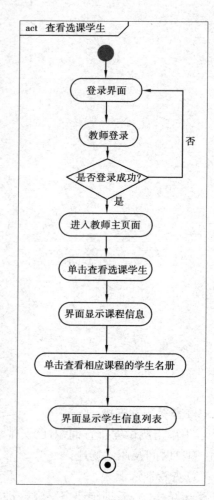

图 8.5　学生评教活动图

图 8.6　查看学生名册活动图

（3）录入学生成绩

管理员安排测试后,当前周的测试教师用户登录系统,选择左菜单的"录入学生成绩",进入一个测试时间表界面。假设某一时间段内教师有测试安排,那么,在该时间段的表格方框里就出现"成绩管理"按钮。单击按钮将显示选课学生名册、测试详细信息,并输入成绩信息,进行保存操作。其活动图如图8.7所示。

（4）学生评教结果

每个教师用户登录系统,单击"学生评教结果"链接,将显示教师本人在本学期的学时、学生人数、上几门课等绩效信息。也可选择学年学期,查看相应的评教结果。

（5）查看测试安排

在每周一管理员对本周的预约测试进行安排后,教师登录系统查看是否有自己的测试安排信息。若有界面表格,将直接显示测试教师的测试安排信息。其活动图如图8.8所示。

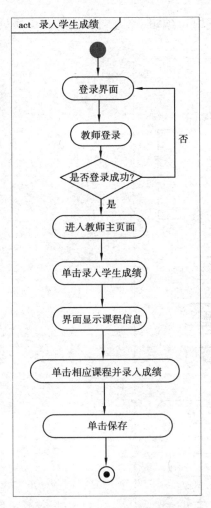

图 8.7　录入学生成绩活动图　　　图 8.8　查看测试安排活动图

（6）查看测试学生名册

教师登录系统后，如果本周有测试安排，那么，单击链接将显示"查看测试学生"按钮。单击按钮将显示测试学生的详细信息和测试安排相关信息，同时可导出 Excel 文件到本地电脑。

（7）训练课学生名册

管理员安排完训练课后，教师登录系统，选择左菜单的"训练课学生名册"，直接查看到自己的训练课信息。

（8）训练课学生成绩

教师用户登录系统，选择左菜单的"查看训练课成绩"，即可查询自己所带训练课的学生成绩信息。

8.2.5　教务管理模块

（1）排课管理/新生排课管理

管理员在每一学期的某个时间节点会开放选课模块，学生在规定的时间内选完课后，管理员选择排课管理。在排课管理中，选择校区和项目名称，在表格下面会动态显示选课人数、上课时间节点等信息，管理员根据开课人数等情况单击"排课"按钮，将显示当前上课时间点的选课信息，管理员根据当前选课人数选择分班数量，界面将动态出现分班表格、选择上课教师和上课场地按钮，选择教师时会弹出一个教师当前是否有课的表格信息，用来给管理员作为合理安排的依据，管理员结合实际情况排完课后,将显示已安排课的详细信息和学生信息,同时可编辑、修改和删除已安排课信息。其活动图如图8.9所示。

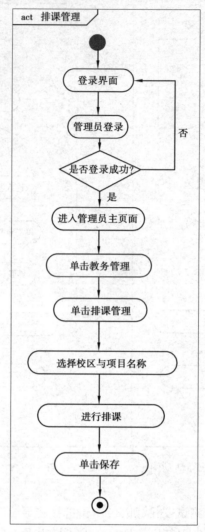

图8.9 排课管理活动图

(2)安排游泳

针对游泳课的特殊性,系统设计了在暑假期间选修游泳课的功能,管理员根据每学年暑假的实际情况,在期末开放学生选修游泳课。管理员在选课结束后,选择菜单链接进行排课,游泳排课方式和排课管理相似。在选择校区和上课时间后,界面会动态显示操作按钮和选课人数信息。单击"排课"按钮,管理员选择分班、教师、具体场地等信息,同时保存后可编辑、修改和删除。

(3)安排测试

基于体育课改革的方针,体育课实施教考分离政策,管理员在每一学期的某个时间节点会开放预约测试功能,学生在规定的时间内可以预约测试,学生预约测试的项目不限制,每个项目仅有两次免费预约测试的机会(超过两次,将需要收取额外费用)。同时,预约测试时间是预约当前周的下一周开放的时间点(该时间点是管理员设置的)。学生预约测试完后,管理员根据实际情况安排测试,安排方式同排课方式一样。

(4)查询已安排测试信息

管理员可输入已安排测试的关键字信息进入查询,查询的测试信息包含校区、项目名称、测试教

124

师、场地和人数。其活动图如图 8.10 所示。

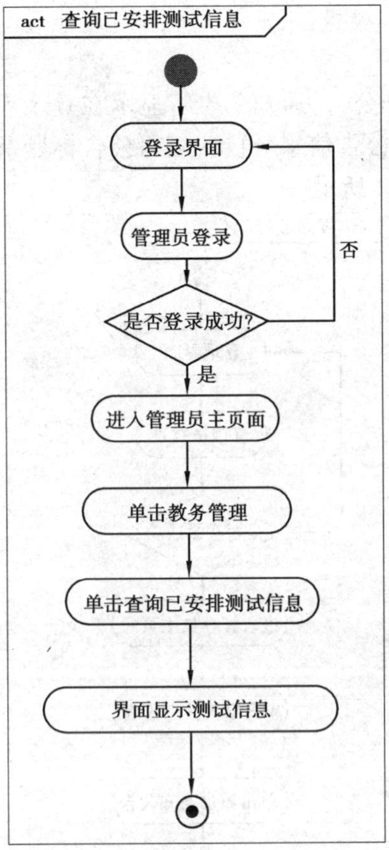

图 8.10　查询已安排测试信息活动图

（5）**开放测试权限**

在预约测试模块，每个选修项目仅有两次免费预约测试的机会（超过两次，将需要收取额外费用），管理员输入学生的学号和预约项目名称，单击"开放测试"。开放成功后，学生就可再次预约了。

（6）**查看学生评教结果**

管理员在该模块可查看每个教师的绩效数据。单击"查看绩效考核"，将显示教师姓名、学时、人数等信息。

（7）**安排训练课程**

管理员根据实际情况安排每学期的训练课课程。选择菜单链接进行训练课排课，排课方式和排课管理相似。在选择校区和上课时间后，界面会动态显示操作按钮和选课人数信息。单击"排课"按钮，管理员选择分班、教师、具体场地等信息，同时保存后可编辑、修改和删除。

（8）**生成训练课程**

根据学生预约训练课的情况和教师已开课的情况，管理员以此来确定开放节次。

（9）**查看所有学生评教情况**

管理员可查看所有学生的详细评教信息。可通过选择学年、学期、学号、教师姓名来快速定位具体信息，单击"查询"按钮查看结果。

（10）**考试资格锁定**

管理员可通过输入学号、姓名、年级、学年、学期等信息来定位具体某一位学生。单击"查询"按钮后，显示出所有符合搜索条件的学生，然后再"用户操作"栏对其的考试资格进行操作，决定其是否具有考试资格。

8.2.6 系统信息管理

（1）添加公告信息

管理员可编辑发布系统的通知公告,通知公告将显示在登录界面上,方便学生及教师进行查看。单击系统信息管理模块中的"添加公告信息"链接,填写公告标题及公告内容,单击"发布"按钮,即可完成公告发布。其活动图如图8.11所示。

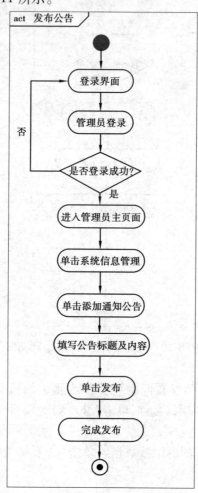

图8.11 发布信息活动图

（2）通知公告管理

管理员可对所有发布的通知公告信息进行查看、编辑及删除等操作。单击系统信息管理模块中的"通知公告管理"链接,选择相应公告的"查看""编辑""删除"按钮,即可完成操作。

（3）密码管理

管理员拥有对所有学生及教师的密码管理权限,输入用户账号并选择用户类型,单击"查询"按钮,查找出用户后,即可对其密码进行重置操作。

（4）导入数据

管理员可通过单击"导入学生数据 Excel"按钮来快速导入本地学生数据,或单击"导入理论课数据 Excel"来快速导入本地理论课数据,也可单击"导入留级学生 Excel"来导入本地留级学生数据,并可查看相应的数据格式。

8.2.7　系统配置模块

（1）时间节点管理

对系统关键时间点进行配置管理。它包括"评教时间节点""体育课补选时间节点""游泳开课时间点""退选课时间节点""预约测试时间节点""预约学习时间节点""预约游泳时间节点"，单击相应时间节点的"编辑"按钮，即可对时间节点进行编辑、修改并保存。

（2）测试时间配置

单击"测试时间节点"链接，即可显示当前设置的测试时间节点信息，包括"校区名称""星期""节次""操作"等信息。单击"添加测试时间节点"，即可添加新的测试时间。

（3）上下限配置

管理员可对体育课程的学生人数上下限进行配置，如"游泳人数""长跑人数"等。其活动图如图8.12所示。

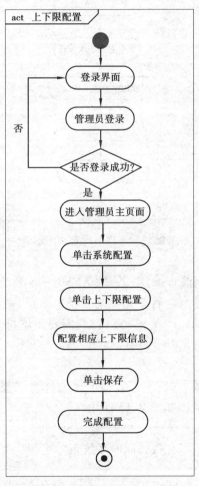

图 8.12　上下限配置活动图

（4）上课节次管理

管理员可对新老校区的上课时间进行配置，包括每节课的上下课时间、学时数等信息。其活动图如图8.13 所示。

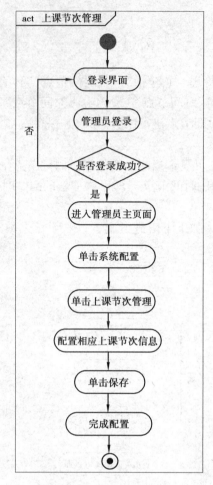

图 8.13　上课节次管理活动图

（5）**场地管理**

管理员可对场地信息进行增删改查操作。管理员成功登录系统后，选择"系统配置"栏中的"场地管理"，即可显示当前所有的场地信息。若要删除某条场地信息，则单击相应场地记录的"删除"按钮；若要对某条场地信息进行修改，则单击"编辑"按钮；若需要新增场地信息，则单击"添加信息"按钮，并填写相应的信息。其活动图如图 8.14 所示。

（6）**目标/项目管理**

管理员通过"系统配置"栏中的"目标/项目管理"来对体育课程项目进行管理。可"新增""删除"或"修改"相应的项目信息。其活动图如图 8.15 所示。

（7）**学期/学年管理**

管理员配置系统的当前学期/学年信息，以便系统正常运行。

（8）**游泳上课时间配置**

管理员配置游泳课的上下课时间及相应的学时数。

（9）**选课开课单元配置**

管理员配置选课的开课单元，选择"系统配置"中的"选课开课单元配置"链接，默认显示当前所有的开课单元，可对已有的开课单元进行"修改"或"删除"操作，也可单击"添加开课单元"来添加新的开课单元信息。

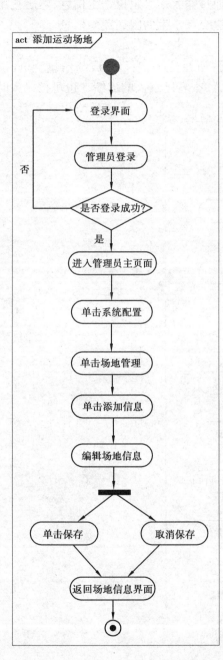

图 8.14　添加运动场地信息活动图

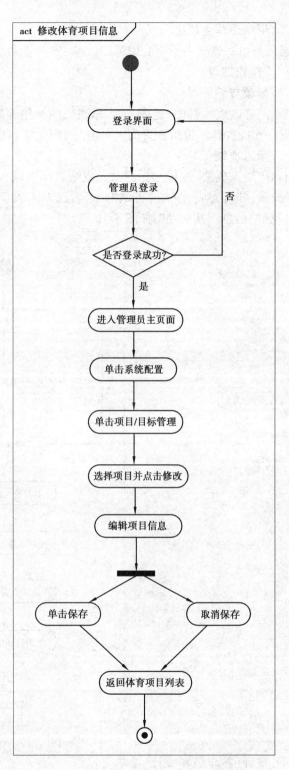

图 8.15　修改体育项目信息活动图

8.2.8　成绩管理

（1）查询单项/多项学生成绩

管理员可查询某一学生的单个科目成绩信息,也可查询某一学生全部 4 项成绩信息。单击"查询单项学生成绩"或"查询四项学生成绩",填写查询条件。单击"查询"按钮,即可查看结果。

（2）**训练课学生成绩**

管理员可查询某一学生的训练课成绩,输入学号、教师姓名、学年、学期、项目、成绩等关键字,单击"查询"按钮即可。

（3）**修改成绩管理**

单击"修改成绩管理"链接,进入修改成绩操作界面。通过输入学号定位学生信息,然后在用户操作中进行相应操作。也可在界面上单击"因病免修入口",提交某学生的因病免修信息。

（4）**录入成绩**

单击"录入成绩"链接,进入"录入成绩界面",输入学号、所在校区、项目及成绩信息。单击"点击录入"按钮,即可完成录入,并可单击"查看已录入成绩信息",查看已录入的成绩。也可按录入时间来"导出"成绩信息。其活动图如图8.16所示。

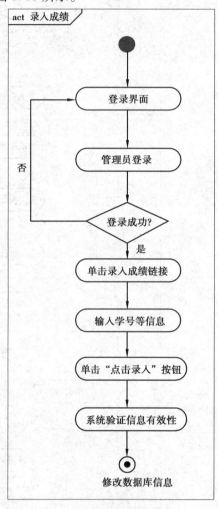

图8.16 录入成绩活动图

（5）**统计（按年级）/统计（按学院）**

统计查询模块主要功能包括:

①统计全校各年级各项目合格、不合格人数,各项目合格率。

②统计各学院各年级各项目合格、不合格人数,各项目合格率。

统计（按年级）:选择成绩管理菜单下的"统计（按年级）",页面默认显示所有年级、4 个项目的统计信息,管理员用户可通过输入年级、学年学期关键字,快速查看相应的统计结果。

统计（按学院）:选择成绩管理菜单下的"统计（按年级）",页面默认显示所有学院、所有年级、

4 个项目的统计信息,管理员用户可通过输入学院名、年级、学年学期关键字,快速查看相应的统计结果。其活动图如图 8.17 所示。

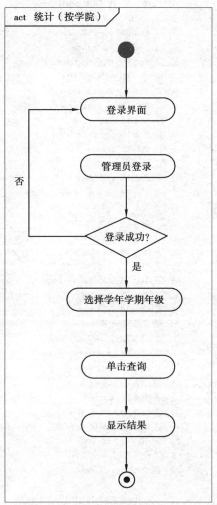

图 8.17　统计(按学院)活动图

8.3　系统数据库设计

系统使用的数据库管理系统为 Microsoft SQL Server 2008 R2,数据库名为 sports。公共体育课管理系统的数据库中所有数据表如图 8.18 所示。

8.3.1　数据库设计工具

PowerDesigner 作为数据库建模和设计的 CASE 工具之一,在数据库系统开发中发挥着重要作用。运用 PowerDesigner 进行数据库设计,不但让人直观地理解模型,而且充分运用数据库的技术,优化数据库的设计。PowerDesigner 支持 Sybase,Oracle,Informix,SQL Server 等多种数据库系统。在应用系统做数据库迁移时,不必维护多个数据库脚本。

对采用结构化分析(SA)、E-R 图、数据流图直至最后的数据库物理图都是系统设计时不可缺少的一个部分。当数据库物理图完成后,再产生系统的数据字典。运用 PowerDesigner 完全能很好地完成

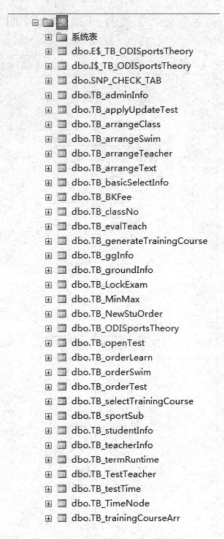

图 8.18　公共体育课管理系统数据表

这一设计流程。

对采用面向对象的分析(OOA),由于数据库采用的是 RDBMS,因此,存在对象和关系数据库之间的映射,也需要进行数据库设计。

(1)两种数据库模型

PowerDesigner 可设计两种数据库模型图:数据库逻辑图(即 E-R 图或概念模型)和数据库物理图(物理模型),并且这两种数据库图是互逆的。

数据库逻辑图是对现实世界的一种抽象,体现实体之间的关系,可以有一对一、一对多、多对多等关系。但在 PowerDesigner 设计的 E-R 图中,不具备这种关系,而 E-RWin 设计的模型中支持这种关系。因此,在用 E-RWin 图设计的模型转化为 PowerDesigner 的模型时,应注意这种关系。

数据库物理图是逻辑模型的物理实现,体现了表间的参照关系。在物理模型中,不可能存在多对多的关系。在逻辑图向物理图转换时,多对多的关系变成两个一对多的关系。

逻辑模型和物理模型有着紧密的联系,也有本质的区别。逻辑模型的设计遵循数据库设计理论的第三范式(在一般的数据库应用达到第三范式即可),逻辑模型要求具有应用系统所表达的所有信息并消除数据冗余。物理模型是在逻辑模型的基础上,为了优化应用系统的性能而采用增加冗余,创建索引等数据库技术。它主要用非规范化的一些理论。

在考虑设计的任何非规范化之前,数据库应先完全规范化,在没有完全理解数据和用户需求之前,不能进行非规范化,否则导致数据的组织越来越混乱,应用程序越来越复杂。

因此,逻辑模型和物理模型是相互矛盾又紧密联系的,这点需要设计人员好好把握。

(2)**数据字典**

数据字典作为产品的一个归档文档,它定义应用系统数据库的各个方面。数据库物理模型建好后,就可生成数据字典。数据字典的内容和形式可在 PowerDesigner 定义模板,依据模板生成数据字典,再处理一下文档格式。

在 PowerDesigner 用 Create Report 生成数据字典。

1)主键的定义

因对业务了解的深度不够,故某些表的主键建立还存在一些问题,需要随着业务的深入逐步完善。

2)参照的建立

主键的定义不完善导致了参照建立的不完善,只能以后逐步完善。

3)数据库的划分

数据库的划分影响着服务器和客户端的程序,只能在以后的新版中解决。

4)表结构的调整

对有些表,如系统设置表,可将它的横向结构改为纵向结构,这样增加了系统的灵活性。

8.3.2 数据库设计——以公共体育课管理系统为例

公共体育课管理系统的数据库名称为"sports"。下面为该数据库中几个主要表的设计。

表 8.2 为管理员信息表,包含了职工号、员工姓名、姓名拼音及证件号码等字段信息。

表 8.2 TB_adminInfo(管理员)

序号	列名	数据类型	长度	小数位	标识	主键	外键	允许空	默认值	说明
1	ZGH	nvarchar	20	0		是		否		职工号
2	XM	nvarchar	20	0				否		员工姓名
3	XMPY	nvarchar	30	0				是		姓名拼音
4	ZJH	nvarchar	60	0				是		证件号
5	DWMC	nvarchar	30	0				否		单位名称
6	XYDM	nvarchar	30	0				否		学院代码
7	PWD	nvarchar	60	0				否		密码

表 8.3 为成绩修改信息表,包含了学期、学年、申请修改职工的职工号及审核修改职工的职工号等字段信息。

表 8.3 TB_applyUpdateTest(修改成绩)

序号	列名	数据类型	长度	小数位	标识	主键	外键	允许空	默认值	说明
1	Id	int	4	0	是	是		否		
2	xq_id	int	4	0				是		学期
3	xn	nvarchar	20	0				是		学年
4	applyZGH	nvarchar	50	0				是		申请职工号
5	logZGH	nvarchar	50	0				是		审核职工号

续表

序号	列名	数据类型	长度	小数位	标识	主键	外键	允许空	默认值	说明
6	Ip	nvarchar	200	0				是		IP
7	applyDate	datetime	8	3				是		日期
8	passTime	datetime	8	3				是		通过时间
9	updateUserId	nvarchar	50	0				是		
10	arrangeTestId	int	4	0			是	否		
11	oldscore	nvarchar	50	0				是		
12	newscore	nvarchar	50	0				是		新成绩
13	state	nvarchar	50	0				是		状态
14	applyReason	nvarchar	200	0				是		申请理由
15	judgReason	nvarchar	200	0				是		拒绝理由

表 8.4 为课表安排信息表，包含了学生学号、学年、学期、所在小区及课程项目 ID 等字段信息。

表 8.4　TB_arrangeClass（安排课表）

序号	列名	数据类型	长度	小数位	标识	主键	外键	允许空	默认值	说明
1	Id	int	4	0	是	是		否		
2	XH	nvarchar	20	0			是	否		学号
3	xn	nvarchar	20	0				否		学年
4	xq_id	int	4	0				否		学期
5	campusName	nvarchar	20	0				否		校区
6	sportId	int	4	0				否		项目 ID
7	jcz	nvarchar	20	0				否		节次
8	ZGH	nvarchar	20	0				否		职工号
9	place	nvarchar	200	0				否		场地
10	IsNewStu	nvarchar	20	0				是		是否新生

表 8.5 为游泳课程安排信息表，包含了学生学号、所在小区、项目名称、课程节次及场地名称等字段信息。

表 8.5　TB_arrangeSwim（安排游泳）

序号	列名	数据类型	长度	小数位	标识	主键	外键	允许空	默认值	说明
1	Id	int	4	0	是	是		否		
2	XH	nvarchar	20	0			是	否		学号
3	campusName	nvarchar	20	0				否		校区
4	sportName	nvarchar	20	0				否		项目
5	jcz	nvarchar	20	0				否		节次
6	ZGH	nvarchar	20	0				否		职工号

续表

序号	列名	数据类型	长度	小数位	标识	主键	外键	允许空	默认值	说明
7	place	nvarchar	200	0				否		场地
8	xn	nvarchar	20	0				否		学年
9	xq_id	int	4	0				否		学期

表 8.6 为教师安排信息表,包含了学期、学年、所在校区、课程项目 ID、课程节次及所在场地等字段信息。

表 8.6 TB_arrangeTeacher(安排教师信息)

序号	列名	数据类型	长度	小数位	标识	主键	外键	允许空	默认值	说明
1	id	int	4	0	是	是		否		
2	xq_id	int	4	0				是		学期
3	xn	nvarchar	20	0				是		学年
4	campusName	nvarchar	20	0				是		校区
5	sportId	int	4	0			是	是		项目 ID
6	jcz	nvarchar	20	0				是		节次
7	ZGH	nvarchar	20	0				是		职工号
8	place	nvarchar	200	0				是		场地
9	studentNum	int	4	0				是		学生数量
10	IsNewStu	nvarchar	20	0				是		是否新生

表 8.7 为测试安排信息表,包含了学生学号、学年、学期、所在校区、测试项目 ID 及测试时间 ID 等字段信息。

表 8.7 TB_arrangeText(安排测试)

序号	列名	数据类型	长度	小数位	标识	主键	外键	允许空	默认值	说明
1	Id	int	4	0	是	是		否		
2	XH	nvarchar	20	0				否		学号
3	xn	nvarchar	20	0				否		学年
4	xq_id	int	4	0				否		学期
5	campusName	nvarchar	20	0				否		校区
6	sportId	int	4	0			是	否		项目 ID
7	testTimeId	int	4	0			是	否		时间 ID
8	ZGH	nvarchar	20	0				否		职工号
9	place	nvarchar	200	0				是		场地
10	score	nvarchar	10	0				是		成绩
11	testDate	datetime	8	3				是		日期
12	testtime	nvarchar	20	0				是		具体时间
13	isSwim	nvarchar	20	0				是		标注是否非游泳学生

表8.8 为学生理论课信息表,包含了学年、学期、课程代码、教学编号、学生学号及姓名等字段信息。

表8.8 TB_basicSelectInfo(理论课)

序号	列名	数据类型	长度	小数位	标识	主键	外键	允许空	默认值	说明
1	xn	nvarchar	20	0				是		学年
2	xq_id	int	4	0				是		学期
3	kcdm	nvarchar	255	0				是		课程代码
4	kcmc	nvarchar	255	0				是		课程名称
5	jxbh	nvarchar	255	0				是		教学编号
6	XH	nvarchar	20	0			是	是		学号
7	xsxm	nvarchar	255	0				是		姓名
8	sfrzh	nvarchar	255	0				是		身份认证号
9	stimezc	nvarchar	255	0				是		上课周次
10	jcinfo	nvarchar	255	0				是		ID
11	jcz	nvarchar	255	0				是		上课节次
12	t_js	int	4	0				是		
13	info_id	int	4	0	是	是		否		序号

表8.9 为学生补考信息表,包含了学生学号、姓名、性别、学院、专业、补考项目名等字段信息。

表8.9 TB_BKFee(补考)

序号	列名	数据类型	长度	小数位	标识	主键	外键	允许空	默认值	说明
1	id	int	4	0	是	是		否		
2	XH	nvarchar	20	0				否		学号
3	XM	nvarchar	60	0				是		姓名
4	XB	nvarchar	20	0				是		性别
5	Dept_nam	nvarchar	60	0				是		学院
6	Major_nam	nvarchar	60	0				是		专业
7	billno	nvarchar	12	0				否		订单号
8	sportname	nvarchar	20	0				否		项目名
9	campusname	nvarchar	20	0				否		校区
10	sqtime	datetime	8	3				是		申请时间
11	kuozhan	nvarchar	40	0				是		扩展
12	kuozhan1	nvarchar	20	0				是		
13	kuozhan2	nvarchar	20	0				是		
14	kuozhan3	nvarchar	20	0				是		

表8.10 为课程时间节次信息表,包含了所在校区、序号及开始结束时间等字段信息。

表 8.10　TB_classNo(时间节次)

序号	列名	数据类型	长度	小数位	标识	主键	外键	允许空	默认值	说明
1	Id	int	4	0	是	是		否		
2	campusName	nvarchar	20	0				否		校区
3	classNo	int	4	0				否		序号
4	sartTime	varchar	20	0				否		开始时间
5	endTime	varchar	20	0				否		结束时间
6	hoursNum	float	8	0				否		小时数

表 8.11 为学生评教信息表,包含了学生学号、教师职工号、学年、学期、课程项目 ID、结果及文字评价等字段信息。

表 8.11　TB_evalTeach(评教)

序号	列名	数据类型	长度	小数位	标识	主键	外键	允许空	默认值	说明
1	Id	int	4	0	是	是		否		
2	XH	nvarchar	20	0				否		学号
3	ZGH	nvarchar	20	0			是	否		职工号
4	xn	nvarchar	20	0				否		学年
5	xq_id	int	4	0				否		学期
6	sportId	int	4	0				否		项目 ID
7	result	int	4	0				否		结果
8	proposal	nvarchar	300	0				是		文字评价

表 8.12 为训练课开课信息表,包含了学期、学年和教师职工号等字段信息。

表 8.12　TB_generateTrainingCourse(训练课开课信息)

序号	列名	数据类型	长度	小数位	标识	主键	外键	允许空	默认值	说明
1	id	int	4	0	是	是		否		
2	xq_id	int	4	0				是		学期
3	xn	nvarchar	20	0				是		学年
4	tcID	int	4	0			是	是		教师 ID
5	ZGH	nvarchar	20	0				是		职工号
6	campusName	nvarchar	20	0				是		校区
7	sportId	int	4	0				是		项目 ID
8	jcz	nvarchar	50	0				是		节次
9	selectUserId	nvarchar	20	0				是		学生 ID
10	score	int	4	0				是		成绩
11	place	nvarchar	200	0				是		场地

表8.13 为公告信息表,包含了公告主题、公告内容、公告时间及公告强制状态等字段信息。

表8.13　TB_ggInfo(公告)

序号	列名	数据类型	长度	小数位	标识	主键	外键	允许空	默认值	说明
1	gg_id	int	4	0	是	是		否		
2	gg_title	nvarchar	300	0				否		公告主题
3	gg_content	nvarchar	0	0				是		公告内容
4	gg_datetime	datetime	8	3				否		公告时间
5	gg_class	nvarchar	30	0				是		时间
6	gg_zt	nvarchar	30	0				是		公告强制状态
7	gg_kuozhan	nvarchar	30	0				是		

表8.14 为场地信息表,包含了所在校区和课程项目 ID 等字段信息。

表8.14　TB_groundInfo(场地)

序号	列名	数据类型	长度	小数位	标识	主键	外键	允许空	默认值	说明
1	Id	int	4	0	是	是		否		
2	campusName	nvarchar	20	0				否		校区
3	groundNo	nvarchar	30	0				否		场地
4	reark	nvarchar	200	0				是		标注
5	sportName	nvarchar	60	0				否		项目 ID

表8.15 为锁定信息表,包含了学生姓名、学号、所在学院及当前年级等字段信息。

表8.15　TB_LockExam(锁定)

序号	列名	数据类型	长度	小数位	标识	主键	外键	允许空	默认值	说明
1	XH	nvarchar	20	0		是		否		学号
2	Name	nvarchar	60	0				是		名字
3	Dept_nam	nvarchar	60	0				是		学院
4	Dqnj	nvarchar	20	0				是		当前年级
5	xn	nvarchar	20	0				是		学年
6	xq_id	int	4	0				是		学期

表8.16 为最大最小人数信息表,包含了所在校区、课程项目名称、最小人数及最大人数等字段信息。

表8.16　TB_MinMax(最大最小人数)

序号	列名	数据类型	长度	小数位	标识	主键	外键	允许空	默认值	说明
1	Id	int	4	0	是	是		否		
2	campusName	nvarchar	20	0				否		校区
3	sportName	nvarchar	20	0				否		项目

续表

序号	列名	数据类型	长度	小数位	标识	主键	外键	允许空	默认值	说明
4	min	int	4	0				否		最小人数
5	max	int	4	0				否		最大人数
6	bz	nvarchar	200	0				是		备注

表 8.17 为新生预约信息表,包含了学生学号、学年、学期、所在校区及课程项目 ID 等字段信息。

表 8.17　TB_NewStuOrder(新生预约)

序号	列名	数据类型	长度	小数位	标识	主键	外键	允许空	默认值	说明
1	Id	int	4	0	是	是		否		
2	XH	nvarchar	20	0			是	否		学号
3	xn	nvarchar	20	0				否		学年
4	xq_id	int	4	0				否		学期
5	campusName	nvarchar	20	0				否		校区
6	sportId	int	4	0				否		项目
7	jcz	nvarchar	20	0				否		节次
8	BeiZhu	nvarchar	200	0				是		备注

表 8.18 为 ODI 理论课成绩信息表,包含了学生姓名、课程代码和课程名称等字段信息。

表 8.18　TB_ODISportsTheory(ODI 理论课成绩)

序号	列名	数据类型	长度	小数位	标识	主键	外键	允许空	默认值	说明
1	id	int	4	0	是	是		否		主键
2	xn	nvarchar	20	0				否		
3	xq_id	int	4	0				否		
4	xh	nvarchar	20	0				否		学号
5	xsxm	nvarchar	20	0				否		学生姓名
6	kcdm	nvarchar	50	0				是		课程代码
7	kcmc	nvarchar	50	0				否		课程名称
8	score	nvarchar	10	0				否		成绩
9	skls	nvarchar	50	0				是		上课教师
10	lrls	nvarchar	50	0				是		录入成绩教师
11	kuozhan	nvarchar	50	0				是		

表 8.19 为开放测试信息表,包含了学期、学年、申请职工号、审核职工号、学生学号及所在校区等字段信息。

表 8.19　TB_openTest(**开放测试**)

序号	列名	数据类型	长度	小数位	标识	主键	外键	允许空	默认值	说明
1	Id	int	4	0	是	是		否		
2	xq_id	int	4	0				是		学期
3	xn	nvarchar	20	0				是		学年
4	applyZGH	nvarchar	50	0				是		申请职工号
5	logZGH	nvarchar	50	0				是		审核职工号
6	applyDate	datetime	8	3				是		日期
7	passTime	datetime	8	3				是		通过实践
8	XH	nvarchar	50	0				是		学号
9	campusname	nvarchar	50	0				是		校区
10	sportId	int	4	0				是		项目
11	state	nvarchar	50	0				是		状态
12	beizhu	nvarchar	200	0				是		备注

表 8.20 为预约学习信息表,包含了学生学号、学年、学期、所在校区及课程项目 ID 等字段信息。

表 8.20　TB_orderLearn(**预约学习**)

序号	列名	数据类型	长度	小数位	标识	主键	外键	允许空	默认值	说明
1	Id	int	4	0	是	是		否		
2	XH	nvarchar	20	0				否		学号
3	xn	nvarchar	20	0				否		学年
4	xq_id	int	4	0				否		学期
5	campusName	nvarchar	20	0				否		校区
6	sportId	int	4	0			是	否		项目
7	jcz	nvarchar	20	0				否		节次

表 8.21 为预约游泳课程信息表,包含了学生学号、所在校区、课程项目名称、节次、学年及学期等字段信息。

表 8.21　TB_orderSwim(**预约游泳**)

序号	列名	数据类型	长度	小数位	标识	主键	外键	允许空	默认值	说明
1	Id	int	4	0	是	是		否		
2	XH	nvarchar	20	0			是	否		学号
3	campusName	nvarchar	20	0				否		校区
4	sportName	nvarchar	20	0				否		项目
5	jcz	nvarchar	20	0				否		节次
6	xn	nvarchar	20	0				否		学年
7	xq_id	int	4	0				否		学期

表 8.22 为预约测试信息表,包含了学生学号、学年、学期、所在校区、课程项目 ID 及测试节次 ID 等字段信息。

表 8.22　TB_orderTest(预约测试)

序号	列名	数据类型	长度	小数位	标识	主键	外键	允许空	默认值	说明
1	Id	int	4	0	是	是		否		
2	XH	nvarchar	20	0				否		学号
3	xn	nvarchar	20	0				否		学年
4	xq_id	int	4	0				否		学期
5	campusName	nvarchar	20	0				否		校区
6	sportId	int	4	0			是	否		项目
7	testTimeId	int	4	0				否		测试节次
8	testDate	datetime	8	3				是		日期

表 8.23 为训练课状态信息表,包含了学期、学年、选课学生 ID、教师 ID 及状态等字段信息。

表 8.23　TB_selectTrainingCourse(训练课状态)

序号	列名	数据类型	长度	小数位	标识	主键	外键	允许空	默认值	说明
1	id	int	4	0	是	是		否		
2	xq_id	int	4	0				是		学期
3	xn	nvarchar	20	0				是		学年
4	selectUserId	nvarchar	20	0				是		学生 ID
5	tcID	int	4	0		是	是	是		教师 ID
6	state	int	4	0				是	0	状态

表 8.24 为体育项目信息表,包含了项目名称、是否预约、是否必修、男生人数、女生人数及总人数等字段信息。

表 8.24　TB_sportSub(体育项目)

序号	列名	数据类型	长度	小数位	标识	主键	外键	允许空	默认值	说明
1	Id	int	4	0	是	是		否		
2	sportName	nvarchar	20	0				否		项目名称
3	bookOK	bit	1	0				否		是否预约
4	isRequired	bit	1	0				否		是否必修
5	campusName	nvarchar	20	0				是		
6	boyMax	int	4	0				是		男生人数
7	girlMax	int	4	0				是		女生人数
8	totalMax	int	4	0				是		共人数

表 8.25 为学生信息表,包含了学生学号、身份认证号、学生姓名、姓名拼音、性别、学院代码及学

院名称等字段信息。

表 8.25　TB_studentInfo(学生)

序号	列名	数据类型	长度	小数位	标识	主键	外键	允许空	默认值	说明
1	XH	nvarchar	20	0		是		否		学号
2	SFRZH	nvarchar	60	0				否		身份认证
4	XM	nvarchar	60	0				否		姓名
5	XMPY	nvarchar	60	0				是		姓名拼音
6	XB	nvarchar	20	0				是		性别
7	Dept_num	nvarchar	60	0				是		学院代码
8	Dept_nam	nvarchar	60	0				是		学院
9	Major_num	nvarchar	60	0				是		专业代码
10	Major_nam	nvarchar	60	0				是		专业
11	XZNJ	nvarchar	60	0				是		入学年级
12	PWD	nvarchar	60	0				是		密码
13	IsSwim	nvarchar	20	0				是		是否游泳
14	Dqnj	nvarchar	20	0				是		当前年级

表 8.26 为教师信息表,包含教师职工号、姓名、姓名拼音、证件号、单位名称、学院代码、校区及教师代码等字段信息。

表 8.26　TB_teacherInfo(教师)

序号	列名	数据类型	长度	小数位	标识	主键	外键	允许空	默认值	说明
1	ZGH	nvarchar	20	0		是		否		职工号
2	XM	nvarchar	20	0				否		姓名
3	XMPY	nvarchar	30	0				是		姓名拼音
4	ZJH	nvarchar	60	0				是		证件号
5	DWMC	nvarchar	30	0				否		单位名称
6	XYDM	nvarchar	30	0				否		学院代码
7	PWD	nvarchar	60	0				否		密码
8	CampusName	nvarchar	60	0				否		校区
12	JSDM	nvarchar	20	0				是		教师代码

表 8.27 为学年学期信息表,包含预约学习学年学期、预约测试学年学期和总学时等字段信息。

表 8.27　TB_termRuntime(学年学期)

序号	列名	数据类型	长度	小数位	标识	主键	外键	允许空	默认值	说明
1	Id	int	4	0	是	是		否		
2	Learn_xn	nvarchar	20	0				否		预约学习学年

续表

序号	列名	数据类型	长度	小数位	标识	主键	外键	允许空	默认值	说明
3	Learn_xq_id	int	4	0				否		预约学习学期
4	Test_xn	nvarchar	20	0				否		预约测试学年
5	Test_xq_id	int	4	0				否		预约测试学期
6	TotalHour	float	8	0				是		总学时
7	TotalWeek	int	4	0				是		学期周数

表 8.28 为安排测试教师信息表,包含学期、学年、所在校区、测试项目 ID、节次和教师职工号等字段信息。

表 8.28　TB_TestTeacher(安排测试教师信息)

序号	列名	数据类型	长度	小数位	标识	主键	外键	允许空	默认值	说明
1	id	int	4	0	是	是		否		
2	xq_id	int	4	0				是		学期
3	xn	nvarchar	20	0				是		学年
4	campusName	nvarchar	20	0				是		校区
5	sportId	int	4	0			是	是		项目 ID
6	jcz	nvarchar	20	0				是		节次
7	ZGH	nvarchar	20	0			是	是		职工号
8	place	nvarchar	200	0				是		场地
9	studentNum	int	4	0				是		学生人数
10	TestDate	datetime	8	3				是		测试日期
11	gradeUp	nvarchar	20	0				是		是否已经上成绩
12	TestTime	nvarchar	20	0				是		测试时间

表 8.29 为测试时间信息表,包含所在校区和课程节次等字段信息。

表 8.29　TB_testTime(测试时间)

序号	列名	数据类型	长度	小数位	标识	主键	外键	允许空	默认值	说明
1	Id	int	4	0	是	是		否		
2	campusName	nvarchar	20	0				否		校区
3	jcz	nvarchar	20	0				否		节次

表 8.30 为时间节点信息表,包含了时间类型名称、开始时间和结束时间等字段信息。

表 8.30　TB_TimeNode(时间节点)

序号	列名	数据类型	长度	小数位	标识	主键	外键	允许空	默认值	说明
1	timetype	nvarchar	50	0		是		否		
2	timetypename	nvarchar	100	0				否		名称
3	startdate	datetime	8	3				否		开始时间
4	enddate	datetime	8	3				否		结束时间

表 8.31 为训练课信息表,包含学期、学年、教师职工号、所在校区、课程节次及学生人数等字段信息。

表 8.31　TB_trainingCourseArr(训练课)

序号	列名	数据类型	长度	小数位	标识	主键	外键	允许空	默认值	说明
1	id	int	4	0	是	是		否		
2	xq_id	int	4	0				是		学期
3	xn	nvarchar	20	0				是		学年
4	ZGH	nvarchar	20	0			是	是		职工号
5	campusName	nvarchar	50	0				是		校区
6	sportId	int	4	0				是		
7	jcz	nvarchar	50	0				是		节次
8	capacity	int	4	0				是		容量
9	countNum	int	4	0				是		学生人数
10	place	nvarchar	250	0				是		场地信息

8.4　撰写系统设计文档

完成了系统的所有设计工作之后,需要撰写出系统设计文档,以方便后期的代码编写。

本书附录 C 提供了软件概要设计报告文档模板,附录 D 提供了软件详细设计报告文档模板,附录 E 提供了软件数据库设计报告文档模板,可供读者参考。

本章总结

通过本章的学习,可初步了解公共体育课管理系统的系统整体设计、主要功能设计以及数据库设计。系统设计是把需求转化为软件系统最重要的环节。系统设计的优劣在根本上决定了软件系统质量的好坏。进行系统设计时,要注重软件的质量因素,如正确性与精确性、性能与效率、易用性、可理解性与简法性、可复用性与可扩充性等。本章对系统的各主要功能和数据库进行了详细的设计,以便后期开发工作的有序开展。

第9章

公共体育课管理系统——代码编写

本章将对一个简化后的公共体育课管理系统进行详细的介绍,通过系统代码的实践与应用,让读者了解并体会整个系统的开发过程,对采用 ASP. NET MVC 架构模式的项目开发过程有一个比较清晰明了的理解。

9.1 网站首页及主体设计

9.1.1 概述

本节内容中,将以网站的首页(即登录页)为切入点,详细地介绍整个项目的开发流程,并对相应功能模块的核心代码进行解释说明。系统的登录界面运行效果如图9.1所示。

图9.1 系统登录界面

登录界面中包含了通知公告栏和系统登录两大板块。在系统登录模块中,使用 HomeController. cs,toolController. cs,LoginModel. cs,ValidateCode. cs 来实现登录名、密码以及角色的匹配,登录模块验证码的生成与校验等基本功能。同时,使用 ggInfoController. cs,ggClassModel. cs 来实现通知公告板块的公告管理以及公告类型定义等功能。

9.1.2 代码编写说明

代码编写说明见表9.1。

表9.1 网站首页及主体设计代码编写说明

文件名称	类型	实现功能
HomeController	Controller	获取用户统一认证号,将相关用户信息存入 Session 中,并在此过程中判断是否多点登录
toolController	Controller	生成验证码、远程判断验证码是否正确、修改密码、注销系统、错误页面提示等
LoginModel	Model	定义用户名、密码、角色、验证码等,并进行用户名、密码的校验工作
ValidateCode	Model	定义验证码长度,生成验证码内容,并创建验证码图片
ggInfoController	Controller	创建和管理通知公告板块
ggClassModel	Model	定义通知公告的种类
Details	View	通知公告详情界面的显示
Login	View	登录界面的前台页面显示
mimamanage	View	管理密码页面的显示

9.1.3 实现过程

首先创建 HomeController. cs,同时添加 Model、Domain 等的引用,并初始化实体对象。具体代码如下:

```
using System;
using System. Collections. Generic;
using System. Data;
using System. Linq;
using System. Web;
using System. Web. Caching;
using System. Web. Mvc;
using System. Web. UI;
using cquSport. Models;
using sportDomain;

namespace cquSport. Controllers
{
    public class HomeController : Controller
    {
```

```
//初始化实体对象
private sportsEntities db = new sportsEntities();
[userAuth("student", "teacher", "admin")]
public ActionResult Index()
{

}
}
}
```

然后在 HomeController.cs 中添加 Index 方法(用于显示对应前台页面),并将查询结果返回到 View 中。

```
[userAuth("student", "teacher", "admin")]
//此处 userAuth 权限的判定在接下来的第二小节中会详细叙述
public ActionResult Index()
{
    var tb_ggInfo = (from gg in db.TB_ggInfo
                        orderby gg.gg_datetime descending
                        where gg.gg_zt == "强制推送" && gg.gg_kuozhan ! = null
                        select gg);
    string sa = Session["userid"].ToString();
    string jiangzhima;
    if(tb_ggInfo.Count() > 0)
    {
    jiangzhima = tb_ggInfo.FirstOrDefault().gg_kuozhan;
    int opentestjilu = db.TB_openTest.Where(m => m.beizhu == jiangzhima && m.state ==
sa).Count();
    if(opentestjilu == 0)
    {
      TempData["Count"] = "you";
      TempData["title"] = tb_ggInfo.FirstOrDefault().gg_title;
      TempData["time"] = tb_ggInfo.FirstOrDefault().gg_datetime;
      TempData["content"] = tb_ggInfo.FirstOrDefault().gg_content;
    }
    }
    else
    { TempData["Count"] = "kong"; }


    if(Session["userid"] == null && TYRZ_CookieValue == "")
    {
    return RedirectToAction("Login");
    }
    else {return View();}
```

```
        }
```

接下来,就是对用户输入的账户密码进行校验。在 Model 文件中,创建 LoginModel. cs,并在其中定义用户登录的数据模型。其代码如下:

```
using System;
using System. Collections. Generic;
using System. ComponentModel. DataAnnotations;
using System. Linq;
using System. Web;
using System. Web. Mvc;
using sportDomain;
using System. Threading. Tasks;
using System. Security. Cryptography;
using System. Text;
using System. Data;
namespace cquSport. Models
{
    //用户:登录模型
    public class LoginModel
    {
        [Required(ErrorMessage = " * ")]
        [Display(Name = "登录名:")]
        public string userid { get; set; }
        public string username { get; set; }
        public string userdanwei { get; set; }
        [Required(ErrorMessage = " * ")]
        [DataType(DataType. Password)]
        [Display(Name = "登录密码:")]
        public string userpwd { get; set; }
        //student teacher admin
        [Required(ErrorMessage = " * ")]
        [Display(Name = "用户类别:")]
        public string usertype { get; set; }
        [Required(ErrorMessage = " * ")]
        [Remote("CheckValidateCode", "Tool", ErrorMessage = " * ")]
        [Display(Name = "验证码:")]
        public string validcode { get; set; }
        [Display(Name = "记住登录名?")]
        public bool rememberUserid { get; set; }
    }
}
```

同时,添加对用户输入的账号密码验证的逻辑代码。在用户单击登录时进行验证,并采用 MD5 加密方法对密码进行加密。其代码如下:

```
//md5 加密算法　函数
   public String md5(String a)
   {
      String pwd = "";
      MD5 md5 = MD5. Create();//实例化一个 md5 对象
      // 加密后是一个字节类型的数组,这里要注意编码 UTF8/Unicode 等的选择
      var kjh = Encoding. UTF8. GetBytes(a);
      byte[] s = md5. ComputeHash(kjh);
      //通过使用循环,将字节类型的数组转换为字符串,此字符串是常规字符格式化所得
      for(int i = 0;i < s. Length;i++)
      {
         // 将得到的字符串使用十六进制类型格式。格式后的字符是小写的字母,如果使用大写
(X)则格式后的字符是大写字符
         pwd = pwd + s[i]. ToString("x"). PadLeft(2, '0');
      }
      return pwd. ToString();
   }
//验证用户名与密码
public bool Validate()
{
   if(this. usertype == "student")
   {
   sportsEntities db = new sportsEntities();
   var users = from theuser in db. TB_studentInfo
      where theuser. XH == this. userid && theuser. PWD == this. userpwd
      select theuser;
   String Pwd = md5(this. userpwd);
   var users1 = from theuser in db. TB_studentInfo
      where theuser. XH == this. userid && theuser. PWD == Pwd
      select theuser;
   if(users. Count() > 0)
   {
      this. username = users. SingleOrDefault(). XM;
      this. userdanwei = users. SingleOrDefault(). Dept_nam;
      var temp = db. TB_studentInfo. Find(this. userid);
      temp. PWD = md5(this. userpwd);
      try
      {
         db. TB_studentInfo. Attach(temp);
         db. Entry(temp). State = EntityState. Modified;
         db. SaveChanges();
      }
```

```
        catch
        { }
        return true;
        }
    else
        {
        if ( users1. Count( ) > 0)
            {
            this. username = users1. SingleOrDefault( ). XM;
            this. userdanwei = users1. SingleOrDefault( ). Dept_nam;
            return true;
            }
        else
        return false;
        }
    }
    else if ( this. usertype == "teacher" )
    { …… }
    else if ( this. usertype == "admin" )
    { …… }
}
    else {
    return false;
    }
}
```

登录模块还需要生成随机的验证码。在 Model 文件夹中,新建 ValidateCode. cs 来创建验证码模型。核心代码如下(完整代码请扫描二维码):

```
// 生成验证码
// < param name = "length" >指定验证码的长度 </param >
public string CreateValidateCode( int length)
{
    int[ ] randMembers = new int[length];
    int[ ] validateNums = new int[length];
    string validateNumberStr = " ";
    //生成起始序列值
    int seekSeek = unchecked(( (int)DateTime. Now. Ticks);
    Random seekRand = new Random(seekSeek);
    int beginSeek = (int)seekRand. Next(0, Int32. MaxValue - length * 10000);
    int[ ] seeks = new int[length];
    for ( int i = 0; i < length; i + + )
    {
        beginSeek + = 10000;
```

```
        seeks[i] = beginSeek;
    }
    //生成随机数字
    for (int i = 0; i < length; i ++)
    {
        Random rand = new Random(seeks[i]);
        int pownum = 1 * (int)Math.Pow(10, length);
        randMembers[i] = rand.Next(pownum, Int32.MaxValue);
    }
    //抽取随机数字
    for (int i = 0; i < length; i ++)
    {
        string numStr = randMembers[i].ToString();
        int numLength = numStr.Length;
        Random rand = new Random();
        int numPosition = rand.Next(0, numLength - 1);
        validateNums[i] = Int32.Parse(numStr.Substring(numPosition, 1));
    }
    //生成验证码
    for (int i = 0; i < length; i ++)
    {
        validateNumberStr += validateNums[i].ToString();
    }
    return validateNumberStr;
}
// 创建验证码的图片
// <param name = "containsPage">要输出到的 page 对象</param>
// <param name = "validateNum">验证码</param>
public byte[] CreateValidateGraphic(string validateCode)
{
    Bitmap image = new Bitmap((int)Math.Ceiling(validateCode.Length * 12.0), 22);
    Graphics g = Graphics.FromImage(image);
    try
    {
        //生成随机生成器
        Random random = new Random();
        //清空图片背景色
        g.Clear(Color.White);
        //画图片的干扰线
        for (int i = 0; i < 25; i ++)
        {
            int x1 = random.Next(image.Width);
```

```
        int x2 = random. Next(image. Width);
        int y1 = random. Next(image. Height);
        int y2 = random. Next(image. Height);
        g. DrawLine(new Pen(Color. Silver), x1, y1, x2, y2);
    }
    Font font = new Font("Arial", 12, (FontStyle. Bold | FontStyle. Italic));
    LinearGradientBrush brush = new LinearGradientBrush(new Rectangle(0, 0, image. Width, im-
age. Height),
    Color. Blue, Color. DarkRed, 1. 2f, true);
    g. DrawString(validateCode, font, brush, 3, 2);
    //画图片的前景干扰点
    //此处代码省略,完整代码请扫描二维码查看
    //画图片的边框线
    //此处代码省略,完整代码请扫描二维码查看
    //保存图片数据
    MemoryStream stream = new MemoryStream();
    image. Save(stream, ImageFormat. Jpeg);
    //输出图片流
    return stream. ToArray();
}
finally
{
    g. Dispose();
    image. Dispose();
}
}
```

在 Controller 文件夹中,创建 toolController,调用 ValidateCode 方法生成验证码,并远程验证用户登录时输入的验证码是否正确。其代码如下:

```
using cquSport. Models;
using System;
using System. Collections. Generic;
using System. Linq;
using System. Web;
using System. Web. Mvc;
using sportDomain;
using System. Data;

namespace cquSport. Controllers
{
    //该控制器用来存放项目自定义"工具",例如生成验证码等.
    public class ToolController : Controller
    {
```

152

```
sportsEntities db = new sportsEntities();
// 该方法用来生成验证码
public ActionResult GetValidateCode()
{
    ValidateCode vCode = new ValidateCode();
    string code = vCode.CreateValidateCode(5);
    Session["ValidateCode"] = code;
    byte[] bytes = vCode.CreateValidateGraphic(code);
    return File(bytes, @"image/jpeg");
}

//该方法用来远程判断验证码的正确性
public JsonResult CheckValidateCode(string validcode)
{
    if (Session["ValidateCode"].ToString() != validcode)
    {
        return Json("*", JsonRequestBehavior.AllowGet);
    }
    else
    {
        return Json(true, JsonRequestBehavior.AllowGet);
    }
}
public JsonResult valSession()
{
    return Json(true, JsonRequestBehavior.AllowGet);
}
```

与此同时,将一些系统常用的公共方法写到 toolController. cs 中,如修改密码、注销系统、错误提示页面、未完成开发提示页面等。其代码如下:

```
//模块正在开发,未完成提示页面
public ActionResult notOK()
{
    return View("notOK");
}

// 错误页面提示页面
public ActionResult showError()
{
    return View("Error");
}

// 注销系统
public JsonResult quitSys()
{
```

```
        Session. RemoveAll( );
        HttpRuntime. Cache. Remove("key");
        return Json(new { d = true });
    }
```

在完成了上述一系列的前期工作后,在 HomeController. cs 中添加 Login( )方法,来调用验证方法,并向 session 中存入用户相关信息。同时,将勾选了记住用户名选项的用户信息保存至 cookie 中。实现代码如下(完整代码请扫描二维码):

```
    public ActionResult Login( )
    {
        LoginModel theModel = new LoginModel( );
        HttpCookie cookie = Request. Cookies["CookieUserId"];
        if (cookie ! = null)
        {
        theModel. userid = cookie. Value;
        return View(theModel);
        }
        else
        {
        return View(theModel);
        }
    }

    [HttpPost]
    public ActionResult Login(LoginModel theModel)
    {
        sportsEntities db = new sportsEntities( );
        if (ModelState. IsValid)
        {
        //现在数据有效性验证成功,开始判断用户名密码
        if (theModel. Validate( ))
        {
            //现在用户名密码已经得到验证,在转向系统主页面时,对 Session 进行操作
            //用户名文本框设为 cache 关键字
            if (HttpRuntime. Cache. Get("key") = = null)
            {
            HttpRuntime. Cache. Insert("key", theModel. userid);
            }
            else
            {
            string key = theModel. userid. ToString( );
            string usercache = HttpRuntime. Cache. Get("key"). ToString( );
            if (usercache = = key)
            {
```

154

```
        ViewBag. msg  =  "用户已登录,请稍后重试!";
        return View( theModel );
      }
    }
    Session[ "userid" ]  =  theModel. userid;
    Session[ "username" ]  =  theModel. username;
    Session[ "usertype" ]  =  theModel. usertype;
    Session[ "userdanwei" ]  =  theModel. userdanwei;
    //当前允许预约学习的学期信息
    //设置所需的 Session
    //此处代码省略,完整代码请扫描二维码查看
    //处理"记住用户名 Cookie"
    if ( theModel. rememberUserid )
    {
      HttpCookie cookie  =  new HttpCookie( "CookieUserId", theModel. userid );
      cookie. Expires  =  DateTime. Now. AddDays( 100 );
      Response. Cookies. Add( cookie );
    }
    return RedirectToAction( "Index" );
  }
  else
  {
    ViewBag. msg  =  "用户名与密码输入有误!";
    return View( theModel );
  }
}
else
{
  return View( );
}
}
```

至此,就完成了系统登录界面的后台代码实现。接下来介绍如何在 HomeController. cs 中编写查询通知公告的相关代码,让公告信息以列表的形式显示在登录页面的左半侧子布局中。其代码如下:

```
//查询 TB_ggInfo 中的通知公告数据,并将查询的数据结果返回到页面中
public PartialViewResult LoginTongzhi( )
{
  IEnumerable < TB_ggInfo > ggList  =  db. TB_ggInfo. OrderByDescending( m  = > m. gg_datetime ).
Select( m  = > m ). ToList( );
  return PartialView( ggList );
}
```

最后,要在页面中显示出所需的输入框和通知公告等信息,就如上文中所给出的登录界面。因此,需要在 View 文件夹中创建两个页面:Login. cshtml 和 LoginTongzhi. cshtml。其代码如下:

（1）Login. cshtml

```
< div id = "mainContainer" >
    < div id = "login_main" >
        < div style = "width：460px；height：20px；float：left；margin-top：115px；margin-left：60px；overflow：auto；text-align：right" >
            < a data-toggle = "modal" href = "#000" class = "itemTitle" style = "color：#585858；font-size：12px；" > </a >

        </div >
        < div id = "tongzhiContainer" style = "width：460px；height：240px；float：left；margin-top：8px；margin-left：25px；overflow：auto；" >
            @｛Html. RenderAction("LoginTongzhi", "mainPage")；｝
        </div >
        < div id = "formPanel" style = "margin-top：6px；" >
        @using（Html. BeginForm("Login", "Home", FormMethod. Post, new｛@class = "log-informStyle"｝））
        ｛
            < table style = "width：280px；margin-left：10px；margin-top：5px；" >
            < tr id = "useridContainer" >
            < td style = "width：90px；" > < span style = "letter-spacing：0.09em；font-weight：bold；" >@Html. LabelFor(m => m. userid) </span > </td >
                < td >
                @Html. EditorFor(m => m. userid)
                @Html. ValidationMessageFor(m => m. userid)
                </td >
            </tr >
            < tr id = "userpwdContainer" >
            < td style = "padding-top：2px；" >@Html. LabelFor(m => m. userpwd)
             </td >
            < td style = "padding-top：2px；" >
                @Html. EditorFor(m => m. userpwd)
                @Html. ValidationMessageFor(m => m. userpwd)
            </td >
            </tr >
            < tr id = "userTypeContainer" >
            < td style = "padding-top：2px；" >@Html. LabelFor(m => m. usertype)
            </td >
                < td style = "padding-top：2px；" >
                @Html. DropDownListFor(m => m. usertype,
                    new［］｛
            new SelectListItem()｛Text = "学生", Value = "student"｝
            , new SelectListItem()｛Text = "教师", Value = "teacher"｝
```

```
            , new SelectListItem() { Text = "管理员", Value = "admin" }
                }
            , new { id = "userType", style = "width:165px;" }
                )
                @Html.ValidationMessageFor(m => m.usertype)
            </td>
        </tr>
        <tr id="useryzmContainer">
            <td style="padding-top:2px;"><span style="letter-spacing:0.09em;">@Html.LabelFor(m => m.validcode)</span></td>
            <td style="padding-top:2px;">
            @Html.EditorFor(m => m.validcode)
            @Html.ValidationMessageFor(m => m.validcode)
            <img id="valiCode" style="cursor:pointer;" title="点击更换图片" src="@Url.Action("GetValidateCode", "Tool")" alt="验证码" />
            </td>
        </tr>
        <tr id="rememberContainer">
            <td style="padding-top:3px;"></td>
            <td style="padding-top:3px;">记住登录名?
    @Html.EditorFor(m => m.rememberUserid)
    @Html.ValidationMessageFor(m => m.rememberUserid)</td>
        </tr>
        <tr id="btnContainer">
            <td style="padding-top:15px;"></td>
            <td style="padding-top:15px;">
    <input type="submit" value="点击登录" class="btn btn-primary" />

            </td>
        </tr>
    </table>
    <div style="font-size:12px; color:Red; margin-top:6px; text-align:center;">
    @if(ViewBag.msg != null)
    {
    @ViewBag.msg.ToString();
    }
    </div> }
    </div>
    </div>
    </div>
```

（2）LoginTongzhi.cshtml

`@model IEnumerable<sportDomain.TB_ggInfo>`

```
@ if (Model. Count( ) !  = 0)
{
< ul style = "margin-left: 30px; font-size: 13px; margin-top: 0px; color: #006a92;" >
    @ { int a =  -1;
        string time =  "";}
    @ foreach (var item in Model)
    {
        a = a + 1;
        time = item. gg_datetime. ToShortDateString();
        < li style = "margin-top: 12px;" >
            < a data-toggle = "modal" href = "#@ a"  class = "itemTitle" style =  " color:#585858; font-size:13px;" >
                @ Html. DisplayFor( model  = > item. gg_title)
            </a>
            < span style = "DISPLAY: INLINE-BLOCK; FLOAT: right" >
                @ time </span>
        </li>}
    </ul>}
@ if (Model. Count( ) !  = 0)
{
    int d =  -1;
    foreach (var item in Model)
    {
        d = d + 1;
        < div id = " @ d" class = " modal fade" aria-hidden = " true" aria-labelledby =  " myModalLabel "role = "dialog" tabindex = " -1" style = "display: none; width:650px" >
            < div class = "modal-dialog" >
                < div class = "modal-content" >
                    < div class = "modal-header" >
                    </div>
                    < div class = "modal-body"  style = "height: 800px;" >
                        < table style = "width: 100% ;" >
                            < tr >
                                < td >
                                    < div style = "text-align: center; font-size: 20px; color: #631f1f; width: 100% ; margin-top: 20px; font-weight: bold;" >@ item. gg_title </div>
                                </td>
                            </tr>
                            < tr >
                                < td >
                                    < div style = "text-align: center; font-size: 12px; color: #808080; margin-top: 15px; background-color: #f3f3f3; width: 100%; height: 30px; line-height: 30px;" >发布人:管理
```

158

员 发布时间:@item.gg_datetime.ToString()</div>

```
                    </td>
                </tr>
                <tr>
                    <td style = "padding: 10px 10px 0px 10px;" > @Html.Raw(item.gg_con-
tent)</td>
                </tr>
            </table>
        </div>
        <div class = "modal-footer" style = "height: 20px;" >
            <button class = "btn btn-success" data-dismiss = "modal" type = "button" >关闭
</button>
        </div>
    </div>
    <!-- /.modal-content -->
    </div>
    <!-- /.modal-dialog -->
    </div>
    <!-- /.modal -->
    }
}
```

完成上述所有工作之后,登录页面基本完成。通过登录验证后,下一步则进入系统的初始界面。那么,该过程又是如何实现的呢?

简单地说,就是准备好管理系统登录界面,然后通过登录按钮,将页面链接到管理系统初始页面去。同样地,在 View 目录下的 Home 文件夹中添加 Index.cshtml,加入注销系统、修改密码、判断角色显示相应菜单、关闭 tab 页、刷新框架等所有功能对应的前台 js 和 html 代码。核心代码如下(完整代码请扫描二维码):

```
<script type = "text/javascript" >
//Cookie 操作
//此处代码省略,完整代码请扫描二维码查看
//添加 tab 页
    function addTab(title, url) {
        if ($('#tabs').tabs('exists', title)) {
            $('#tabs').tabs('select', title);  //选中并刷新
            var currTab = $('#tabs').tabs('getSelected');
            var url = $(currTab.panel('options').content).attr('src');  //iframe 的 src
            if (url! = undefined && currTab.panel('options').title! = '主页') {
                $('#tabs').tabs('update', {
                    tab: currTab,
                    options: {
                        content: createFrame(url),
                        closable: true
```

```
                }
            })
        }
    } else {
        var content = createFrame(url);
        $('#tabs').tabs('add', {
            title: title,
            content: content,
            closable: true
        });
    }
    //$('iframe.auto-height').iframeAutoHeight();
    tabClose();
}
//创建 iframe
    function createFrame(url) {
        var s = '<iframe scrolling = "auto" frameborder = "0" class = "autoHeight" src = "' + url + '
" style = "width:100% ;height:98% ;" > </iframe >';
        return s;
    }
//关闭 tab 页
    function tabClose() {
    /* 双击关闭 TAB 选项卡 */
    //此处代码省略
    }
    function tabCloseEven() {
        //刷新
        $('#mm-tabupdate').click(function () {
            var currTab = $('#tabs').tabs('getSelected');
            var url = $(currTab.panel('options').content).attr('src');
            if (url ! = undefined && currTab.panel('options').title ! = '主页') {
                //此处代码省略             }
        })
        //关闭当前
        //此处代码省略

        //全部关闭
        $('#mm-tabcloseall').click(function () {
            $('.tabs-inner span').each(function (i, n) {
                var t = $(n).text();
                if (t ! = '主页') {
                    $('#tabs').tabs('close', t);
```

```
        }
      });
    });
    //关闭除当前之外的 TAB
    $('#mm-tabcloseother').click(function () {
      var prevall = $('.tabs-selected').prevAll();
      var nextall = $('.tabs-selected').nextAll();
      if (prevall.length > 0) {
        prevall.each(function (i, n) {
          var t = $('a:eq(0) span', $(n)).text();
          if (t ! = '主页') {
            $('#tabs').tabs('close', t);
          }
        });
      }
      if (nextall.length > 0) {
        nextall.each(function (i, n) {
          var t = $('a:eq(0) span', $(n)).text();
          if (t ! = '主页') {
            $('#tabs').tabs('close', t);
          }
        });
      }
      return false;
    });
    //关闭当前右侧的 TAB、关闭当前左侧的 TAB
    //此处代码省略

    //退出
    //此处代码省略
  }
</script>
<script type = "text/javascript">
  $(function () {
    tabCloseEven();
    //菜单按钮处理函数
    $(".easyui-linkbutton").click(function (e) {
      e.preventDefault();
      var $this = $(this);
      var href = $this.attr('src');
      var title = $this.text();
      addTab(title, href);
```

```
        });
        //刷新 Tab 后无法关闭的问题
        $(".tabs-close").live("click", function(e) {
            var thetitle = $(this).prev('a').find('.tabs-title').text();
            //console.log(thetitle);
            $('#tabs').tabs('close', thetitle);
        });
        var conutwefew = "@TempData["Count"]";
        if(conutwefew == "you") {
            //强制公告对话框
            //此处代码省略


        }
        //弹出修改密码框、注销系统按钮、修改密码按钮
        //此处代码省略


        //对话框
        var currentRoleName = "@Session["usertype"]";
        var currentRoleId = "@Session["userId"]";
        //权限分配
        if(currentRoleName == "admin") {
            $("#caidan").accordion('remove', '预约操作');
            $("#caidan").accordion('remove', '评教');
            $("#caidan").accordion('remove', '教师操作模块');
            $("#caidan").accordion('remove', '课表和测试查询');



        }
        if(currentRoleName == "teacher") {
            //展示教师可见的页面
        }
        if(currentRoleName == "student") {
            //展示学生可见的页面
        }
    });
    </script>


</head>
<body class="easyui-layout">
    <div region="north" border="false" class="cs-north">
        <div class="cs-north-bg">
            <img style="border:0; margin:0; padding:0;" src="../../Content/css/img/top_
```

img4. jpg" ／＞

　　　　</div>

　　　　< div id = " zhuxiaoBtnContainer" style = " width：160px；height：27px；position：absolute；right：20px；top：62px；" >

　　　　　　@ Html. ActionLink("修改密码"，"Edit"，new ｛｝，new ｛id = " changePwdBtnTop"，@ class = " btn btn-small"，rel = "#changePwd" ｝)

　　　　　　@ Html. ActionLink("退出系统"，"Edit"，new ｛｝，new ｛id = " zhuxiaoBtnTop"，@ class = " btn btn-small"，rel = "#quitSystem" ｝)

　　　　</div>

　　</div>

< div region = " west" border = " true" split = " true" title = "　功能菜单" iconcls = " iconcaidan-add" class = " cs-west" >

　　< div class = " easyui-accordion" fit = " true" border = " false" id = " caidan" >

　　　< div title = "预约操作" iconcls = " iconcaidan-redo" class = " student" >

　　　< ul class = " liebiao" >

　　　　< li > < a href = "/OrderLearn/Index" style = " width：165px；" class = " easyui-linkbutton easyui-tooltip" plain = " true" src = "/OrderLearn/Index" title = "预约学习" > < span style = " color：blue；" >预约学习</span > </a > </li >

　　　　</ul >

　　　</div >

　　　<！—其他目录省略，完成 diam 请扫描二维码 — >

　　</div >

　</div >

< div id = " mainPanle" region = " center" border = " true" >

　< div id = " tabs" class = " easyui-tabs" fit = " true" border = " false" >

　　主页面

　　</div >

　</div >

< div region = " south" border = " false" class = " cs-south" style = "background-color：#006abc；color：white；" >

　　< span style = " padding-top：5px；display：block；letter-spacing：0.08em；" >版权归 **** 所有 CopyRight@ 2015　管理员电话：***-******** </span >

　　</div >

< div id = " mm" class = " easyui-menu cs-tab-menu" >

　< div id = " mm-tabupdate" >刷新</div >

　< div class = " menu-sep" > </div >

　< div id = " mm-tabclose" >关闭</div >

　< div id = " mm-tabcloseother" >关闭其他</div >

　< div id = " mm-tabcloseall" >关闭全部</div >

```
</div>
<div class = "apple_overlay" id = "changePwd">
  <!—修改密码 -->
</div>
```

```
//确认系统注销界面
<div class = "apple_overlay apple_overlay2" id = "quitSystem">
  <!—注销 -->
</div>
<!-- 顶部提示框  -->
<div id = "topBarMessage" style = "display：none；"></div>
```

```
<!-- 模态框（Modal） -->
<div id = "myModal" class = "modal fade" aria-hidden = "true" data-backdrop = "static" aria-la-
belledby = "myModalLabel" role = "dialog" tabindex = "－1" style = "display：none；width：650px">
  <!—通知 -->
  <!-- /. modal - dialog -->
</div>
  <!-- /. modal -->
</body>
</html>
```

由代码可知,因菜单相对固定,故直接在前台页面对系统菜单以及用户权限进行了管理,而不是通过数据库进行菜单管理。但对变化性较强的信息管理系统,建议还是使用数据库存储页面 URL 的方式来进行管理,增强系统维护的灵活性。

到这里,公共体育课管理系统的登录界面和系统初始界面就开发完成了。在接下来的章节中,将针对上文中提到的 AuthorizeAttribute 权限管理机制进行详细的讲解和说明。

9.2　网站权限设计

9.2.1　概述

如今大多数的网站,尤其是信息管理系统网站,都要求用户登录后才能继续操作。因此,网站的权限判断是一个非常普遍的需求,它既保证了系统的安全性,又能满足对各类用户提供不同的业务操作。例如,当用户上一次登录系统并收藏记录下了某个页面的 URL 地址,若不采用权限的授权管理机制,那么,今后该用户可在无须再次登录的情况下,随意地访问操作管理系统;反之,会进行授权判断重定向到登录界面,让用户重新登录,从而保证了网站的安全性和可靠性。

ASP. NET MVC 为人们提供了一种解决方案。其基本原理是通过 MVC Action Filters 中的 Authori-zation filters 来控制权限管理。这个过滤器实现了 IAuthorizationFilter 接口的属性。其中 Authorize 属性可对控制器操作进行声明性的授权检查。该属性可限制特定角色中的用户的操作。当创建只允许给某类角色中的用户操作时,可使用此属性。默认使用的 ASP. NET Membership 服务,如果不使用

ASP. NET 的 Membership 服务,可继承 AuthorizeAttribute,重写实现。本系统就是通过第二种方法实现的。

9.2.2　代码编写说明

代码编写说明见表9.2。

表9.2　网站权限设计代码编写说明

文件名称	类型	实现功能
HomeController	Controller	首页授权登录
userAuthAttribute	Model	授权用户类型

9.2.3　实现过程

首先从网站根目录下 App_Start 文件的路由文件 RouteConfig. cs 中可看到以下代码:

```
namespace cquSport
{
public class RouteConfig
{
  public static void RegisterRoutes(RouteCollection routes)
  {
    routes. IgnoreRoute("{resource}. axd/{*pathInfo}");
    routes. MapRoute(
      name:"Default",
      url:"{controller}/{action}/{id}",
      defaults:new { controller = "Home", action = "Index", id = UrlParameter. Optional }
    );
  }
}
}
```

以上部分的代码关键部分在于 defaults:new { controller = "Home", action = "Index", id = UrlParameter. Optional }。从这语句中,不难分析出整个项目系统的运行入口点是 HomeController 中的 Index 方法。接下来,再来分析 HomeController 的代码。

```
public class HomeController : Controller
{
private sportsEntities db = new sportsEntities();//数据库实体类
[userAuth("student", "teacher", "admin")]//用户授权
public ActionResult Index()
{
  //此处代码省略,完整代码请扫描二维码
}

public ActionResult Login()
{
```

```
        LoginModel theModel  =  new LoginModel( ) ;
        HttpCookie cookie  =  Request. Cookies[ "CookieUserId" ] ;
        if ( cookie !  =  null )
        {
          theModel. userid  =  cookie. Value ;
          return View( theModel) ;
        }
        else
        {
          return View( theModel) ;
        }
    }
```

//以下代码省略
}

其中,[userAuth("student" , "teacher" , "admin")]的代码实现如下:

```
namespace cquSport. Models
{
  public class userAuthAttribute: AuthorizeAttribute
  {
    private string[ ] allowedRole ;
    public userAuthAttribute( params string[ ] roles)
    {
      allowedRole  =  roles ;
    }
    protected override bool AuthorizeCore( HttpContextBase httpContext)
    {
      if ( httpContext. Session[ "usertype" ]  ==  null || httpContext. Session [ "userid" ]  ==  null)
      {
        return false ;
      }
      string roleName  =  httpContext. Session[ "usertype" ]. ToString( ) ;
      if ( allowedRole. Contains( roleName) )
      {
        return true ;
      }
      else
      {
        return false ;
      }
    }
  }
}
```

userAuthAttribute 类继承 AuthorizeAttribute 类,用来检查用户是否登录和用户权限。其中,成员属性 allowedRole 表示授予权限的用户角色,构造函数给成员初始化授予权限。在这里只对 AuthorizeAttribute 类中的 AuthorizeCore 方法进行了重写。实际上,该 AuthorizeAttribute 类一共有 4 个虚方法:第一个就是我们正需要重写的 AuthorizeCore 方法,通过它提供一个入口点用于进行自定义授权检查。参数 httpContext 表示 HTTP 上下文,它封装有关单个 HTTP 请求的所有 HTTP 特定的信息。如果用户已经过授权,则为返回 true;否则返回 false。第二个是 HandleUnauthorizedRequest 方法,用来处理未能授权的 HTTP 请求。其中,参数 filterContext 封装有关使用 System. Web. Mvc. AuthorizeAttribute 的信息。filterContext 对象包括控制器、HTTP 上下文、请求上下文、操作结果和路由数据。第三个是 OnAuthorization 方法,在过程请求授权时调用。参数 filterContext 筛选器上下文,它封装有关使用 System. Web. Mvc. AuthorizeAttribute 的信息。第四个是 OnCacheAuthorization 方法,在缓存模块请求授权时调用。参数 httpContext 表示 HTTP 上下文,它封装有关单个 HTTP 请求的所有 HTTP 特定的信息,返回对验证状态的引用。

前 3 个方法的执行顺序 OnAuthorization --> AuthorizeCore --> HandleUnauthorizedRequest。如果 AuthorizeCore 返回 false 时,才会执行 HandleUnauthorizedRequest 方法,并且 Request. StausCode 会返回 401,401 错误又对应了 Web. config 中的以下代码:

< authentication mode = " Forms " >

< forms loginUrl = " ~/Home/Login " timeout = "2880" / >

</ authentication >

当 AuthorizeCore == false 时,都会跳转到 web. config 中定义的 loginUrl = " ~/Home/ Login"。AuthorizeAttribute 的 OnAuthorization 方法内部调用了 AuthorizeCore 方法。这个方法是实现验证和授权逻辑的地方。如果这个方法返回 true,则表示授权成功;如果返回 false,则表示授权失败,会给上下文设置一个 HttpUnauthorizedResult,这个 ActionResult 执行的结果是向浏览器返回一个 401 状态码(未授权)。但是,返回状态码没有实际意义,通常是跳转到 web. config 中的登录页面。

那么,重写的 AuthorizeCore 中实现的业务逻辑,就是当在 Session 中获取不到当前登录的用户类型和用户名的时候,返回 false 跳转到 web. config 中定义的登录页面;反之,获取到了当前用户类型,那么,把它和预先定义的授权列表用户类别相匹配。如果属于授权队列中的用户类型,则授权成功,否则,则授权失败,重新跳转到登录界面。

因此,HomeController 中的[userAuth("student", "teacher", "admin")]表示授权 3 种用户角色的权限,它们都可通过访问 HomeController 的 Index 方法获取登录界面的公告信息和相应的模块功能(系统用户模块的权限是通过数据库的用户组 ID 实现)。例如,mimamanage,CZmima,getSubList 方法上面都加了[userAuth("admin")]这个注解语句,表示只有用户角色是 admin 时,才能访问显示密码管理模块、重置密码模块、获取所有用户信息列表模块。

9.3 预约模块

9.3.1 概述

本节主要介绍公共体育课管理系统中预约操作模块的开发。预约操作分为预约学习和预约测试。其中,预约学习就是学生的选课操作,包括了检查开课时间、选课人数是否到达该课设置上限人数、选课学生可以选择的科目列表及保存学生的选课信息。预约测试即预约一门课的考试时间。通过查询该课可选的考试时间,预约一个适合学生自己的时间来完成该门课程的考试。在这两个模块中,使用 OrderLearnController,OrderTestController,OrderTestModel,以及两个 Controller 相关联的 Index

页面来完成预约选课的操作。最终,完成预约选课的系统界面,如图9.2所示。

图9.2 预约选课界面

完成预约测试的系统界面如图9.3所示。

图9.3 预约测试界面

9.3.2 代码编写说明

代码编写说明见表9.3。

表9.3 预约模块代码编写说明

文件名称	类型	实现功能
OrderLearnController	Controller	学生选课模块的主要功能以及相应的辅助功能
OrderTestController	Controller	学生预约测试模块的主要功能以及相应的辅助功能
OrderTestModel	Model	提供预约测试的相关数据操作
OrderLearn > Index	View	学生预约学习操作界面
OrderTest > Index	View	学生预约测试操作界面

9.3.3　实现过程

在预约学习操作模块中,暂时不需要 Model,所有的数据均可直接从表中取得。因此,首先新建一个名为 OrderLearnController 的控制器,然后在预约操作中涉及的所有功能都可直接在这个控制器中的方法里完成。现来分析在预约界面中需要涉及的数据。在预约学习的界面中,需要预先知道学生已经选好的课程信息,以避免选到时间段冲突的课程。因此,可将学生信息从 action 中传入 index 页面,在 OrderLearnController 的 Index 方法中。具体代码如下:

```
string userid = Session[ "userid" ]. ToString( );
string temp = db. TB_studentInfo. Find( userid). Dqnj;
String texnp3 = ( int. Parse( db. TB_termRuntime. First( ). Learn_xn) -3). ToString( );
string texnp2 = ( int. Parse( db. TB_termRuntime. First( ). Learn_xn) -2). ToString( );
string texnp1 = ( int. Parse( db. TB_termRuntime. First( ). Learn_xn) -1). ToString( );
string texnp = ( int. Parse( db. TB_termRuntime. First( ). Learn_xn)). ToString( );
int xueqi = db. TB_termRuntime. Single( ). Learn_xq_id;
 if ( xueqi ! = 1)
{
    return RedirectToAction( "TimeError" );
}
if ( temp == texnp)
{
    var theTimeInfo = from mm in db. TB_TimeNode
                      where mm. timetype == "D1XX"
                      select mm;
    ViewBag. startTime = theTimeInfo. SingleOrDefault( ). startdate;
    ViewBag. endTime = theTimeInfo. SingleOrDefault( ). enddate;
}
if ( temp == texnp1)
{
    var theTimeInfo = from mm in db. TB_TimeNode
                      where mm. timetype == "D2XX"
                      select mm;
    ViewBag. startTime = theTimeInfo. SingleOrDefault( ). startdate;
    ViewBag. endTime = theTimeInfo. SingleOrDefault( ). enddate;
}
if ( temp == texnp2)
{
    var theTimeInfo = from mm in db. TB_TimeNode
                      where mm. timetype == "D3XX"
                      select mm;
    ViewBag. startTime = theTimeInfo. SingleOrDefault( ). startdate;
    ViewBag. endTime = theTimeInfo. SingleOrDefault( ). enddate;
}
```

```
        if ( temp == texnp3 )
        {
            var theTimeInfo = from mm in db. TB_TimeNode
                              where mm. timetype == "D4XX"
                              select mm;
            ViewBag. startTime = theTimeInfo. SingleOrDefault( ). startdate;
            ViewBag. endTime = theTimeInfo. SingleOrDefault( ). enddate;
        }
    return View( new TB_orderLearn( ) );
```

在将学生信息传过去之后,需要在界面的表格中显示学生信息,并且在当前学生课表中空白的位置显示选课按钮,以便学生选课。上述代码中,还使用了 ViewBag 的方式传递选课学年的开始时间和结束时间,以便判断在学年期限内开设的有哪些课程。

在 Index 方法对应的 Index 页面中,先设计实现课程的表格,其中的数据使用 js 方式填充。因此,只需先编写好一个带表头的表格即可。其代码如下:

```html
< div style = "margin: 0 auto; margin-top: 5px; width: 80%; text-align: center;" >
< table class = "table table-hover" border = "1" style = "border-color:#C0C0C0" >
< caption >
< h4 style = "color:#820000; font-weight:bold;" >预约学习操作界面
</h4 >
< div style = "text-align: left; text-align: center; height: 20px; line-height: 20px; font-size: 13px;" >
< span >(预约学习开始时间为:< font style = "color:#a30000" >@ string. Format( "{0:F}", @ ViewBag. startTime)    </font >结束时间为:< font style = "color:#a30000" >@ string. Format( "{0:F}", @ ViewBag. endTime) ) </font > </span > </div >
< div style = "text-align: left; border: 1px #c1c1c1 solid; border-bottom: 0px; padding-left: 20px; height: 45px; line-height: 35px; padding-top: 10px; margin-top: 10px; font-size: 13px;" >
    < span class = "no1fontstyle" >姓名:</span >@ Session[ "username"];
    < span class = "no1fontstyle" >学号:</span >@ Session[ "userid"];
    < span class = "no1fontstyle" >选择上课校区:</span > @ Html. DropDownListFor( m = > m. campusName, new[ ] {new SelectListItem( ) { Text = "D 校区", Value = "D 校区" }, new SelectListItem( ) { Text = "A/B 校区", Value = "A/B 校区" }
    }, "请选择...")@ Html. ValidationMessageFor( m = > m. campusName)
    < span class = "no1fontstyle" >自选项目:</span >
        < select id = "sportId" name = "sportId" >
            < option value = "" >请选择...</option >
        </select >
    </div >
</caption >
< thead >
    < tr >
        < th style = "text-align: center;" > </th >
        < th style = "text-align: center;" >星期一 </th >
```

```
          < th style = "text-align：center；" >星期二</th >
          < th style = "text-align：center；" >星期三</th >
          < th style = "text-align：center；" >星期四</th >
          < th style = "text-align：center；" >星期五</th >
      </tr >
    </thead >
    < tbody >
      < tr >
          < td class = "span2" style = "text-align：center；height：45px；padding-top：10px；" >第一大
节< br / >
              < span id = "no1ClassTime" style = "color：#b70000；" ></span >
          </td >
          < td class = "span2" id = "K11" style = "text-align：center；" ></td >
          < td class = "span2" id = "K21" style = "text-align：center；" ></td >
          < td class = "span2" id = "K31" style = "text-align：center；" ></td >
          < td class = "span2" id = "K41" style = "text-align：center；" ></td >
          < td class = "span2" id = "K51" style = "text-align：center；" ></td >
      </tr >
      <！—此处布局省略，完整代码请查看扫描二维码查看→
    </tbody >
    </table >
</div >
```

上面的代码写在 Index 页面的 body 中，这样就得到了一个只带表头的表格。但是，其中的数据需要后面用 js 来实现，并且在表格上面还有一个显示选课时间段的提示信息，包括学生的基本信息，学生选课的地点和选课的项目。表格中的选课，指的是学生所选的上课时间。

下面需要用 js 先来完成学生已经选课的信息。可新建一个 getSelectClassInfo 方法，以供页面 Ajax 得到学生已经选好课的信息。该方法返回的对象对应的是 Ajax 请求的 json 类型，故需要返回 JsonResult 类型。在方法中编写以下的代码：

```
string userid = Session["userid"].ToString();
string xn = db.TB_termRuntime.Select(m => m.Learn_xn).SingleOrDefault();
int xq_id = db.TB_termRuntime.Select(m => m.Learn_xq_id).SingleOrDefault();
var baseSelectInfo = from aa in db.TB_basicSelectInfo
                where aa.XH == userid && aa.xn == xn && aa.xq_id == xq_id
                select aa;
List < TB_basicSelectInfo > tempSelectInfo = new List < TB_basicSelectInfo > ();
foreach (var item in baseSelectInfo)
{
  if (item.t_js == 4)
  {
    tempSelectInfo.Add(item);
    TB_basicSelectInfo addItem = new TB_basicSelectInfo();
    addItem.kcmc = item.kcmc; addItem.jcinfo = item.jcinfo; addItem.jcz = item.jcz.Substring
```

```
(0, 2) + (Convert. ToInt32(item. jcz. Substring(2, 1)) + 1);
        addItem. t_js = 2; addItem. stimezc = item. stimezc;
        tempSelectInfo. Add(addItem);
    }
    else
    {
        tempSelectInfo. Add(item);
    }
}
var theReturn = from aa in tempSelectInfo
                select new { kcmc = aa. kcmc, jcinfo = aa. jcinfo,
jcz = aa. jcz, t_js = aa. t_js, stimezc = aa. stimezc };
return Json(theReturn, JsonRequestBehavior. AllowGet);
```

该方法返回的是一个 json 类型的数据,数据内容是已选理论课的信息,用来填满课表,然后空余部分才可用来再选课。

接下来,新建一个名为 isOrder 的方法,用来查询已排课或者预约课的信息,已经排好的课可以让学生选择。该方式同样是以 Ajax 的方式提供查询的,因此,要返回的对象是 JsonResult 类型。isOrder 方法的代码如下:

```
string userid = Session["userid"]. ToString();
string learn_xn = Session["Learn_xn"]. ToString();
int learn_xq_id = Convert. ToInt32( Session["Learn_xq_id"]);
    if (db. TB_orderLearn. Where(m => m. XH == userid && m. xn == learn_xn && m. xq_id == learn_xq_id). Count() == 0)
    {
        //还没有预约
        return Json(new { d = 1 }, JsonRequestBehavior. AllowGet);
    }
    else
    {
        if (db. TB_arrangeClass. Where(m => m. XH == userid && m. xn == learn_xn && m. xq_id == learn_xq_id). Count() == 0)
        {
        //预约了,但还没有排课
        var orderInfo = from aa in db. TB_orderLearn
        where aa. XH == userid && aa. xn == learn_xn && aa. xq_id == learn_xq_id
        select new {
          campusName = aa. campusName,
          k = aa. jcz, sportName = aa. TB_sportSub. sportName,
          sportId = aa. sportId};
        return Json(new { d = 2, orderInfo = orderInfo. SingleOrDefault() }, JsonRequestBehavior. AllowGet);
```

```
        }
        else
        {
            //已经排课了
            var arrangeInfo = from aa in db.TB_arrangeClass
                where aa.XH == userid && aa.xn == learn_xn && aa.xq_id == learn_xq_id
                        select new { campusName = aa.campusName,
                            k = aa.jcz, sportName = aa.TB_sportSub.sportName ,
                            teacher = aa.TB_teacherInfo.XM, place = aa.place};
            return Json(new { d = 3, arrangeInfo = arrangeInfo.SingleOrDefault()}, JsonRequestBe-
havior.AllowGet);
        }
    }
```

这样，就返回了排课的信息，需要把这些信息放在学生课表的空余处，以便让学生自己选择上课，故需要在 Index 页面中添加以下一段 js 代码：

```
$.ajax({
    type: "POST",
    url: '@Url.Action("getSelectClassInfo", "OrderLearn")',
    data: '{"campusName":"' + $(this).val() + '"}',
    contentType: "application/json; charset=utf-8",
    dataType: "json",
    success: function (msg) {
    for (var i = 0; i < msg.length; i++) {
        var selectID = "#" + msg[i].jcz;
        $(selectID).append('<div class="tabInner">' + "第" + msg[i].stimezc + "周: " +
'</br>' + '    <span class="tabInner2">' + msg[i].kcmc + '</span
>' + '</div>');
        $(selectID).css("backgroundColor", "#fbffaf");
    }
    //给空表格添加按钮或显示预约信息
    $.ajax({
        type: "POST",
        url: '@Url.Action("isOrder", "OrderLearn")',
        data: '{}',
        contentType: "application/json; charset=utf-8",
        dataType: "json",
        success: function (msg) {
        if (msg.d == 1) {
        //没有预约
        //给空表格添加按钮
        //此处代码省略
        }
```

```
if (msg. d == 2) {
//预约了,但还没有排课
//此处代码省略
}
if (msg. d == 3) {
//已经排课了
//此处代码省略
}
},
error: function () {
    alert("数据库操作失败,请与管理员联系!");
}
});
},
error: function () {
    alert("数据库操作失败,请与管理员联系!");
}
});
```

到这里,预约学习功能就已经初具模型了。选课学生单击预约选课操作之后,可查看自己的课表和空余时间能否进行选课、选课的人数和排课情况等基本信息,剩下的就是在学生单击预约选课之后保存选课的信息。

接下来,需要实现预约测试功能。在预约测试模块中,需要用到 OrderTestModel,它的作用是封装预约测试界面所需要的数据,这些数据分散在不同的数据库表中。本模块的前后台数据交换不能通过某一张表实现,需要多张表的数据时,常用 Model 来作为前后台数据交换的介质。

首先创建一个 Model,也就是一个类,将其命名为 OrderTestModel;然后在类中添加以下代码:

```
public int Id { get; set; }
public string XH { get; set; }
public string xm { get; set; }
public string xn { get; set; }
public int xq_id { get; set; }
public string campusName { get; set; }
public string sport { get; set; }
public string testDate { get; set; }
public string zhouci { get; set; }
public string jieci { get; set; }
public string testing { get; set; }
```

以上代码中所定义的属性,就是在预约测试模块需要用到的前后数据交换的字段。

Model 创建完成后,就可开始 Controller 的编写工作。首先创建名为 OrderTestController 的 Controller。由于预约测试模块中课程、时间等信息是通过用户单击按钮后触发 Ajax 取得的数据,故在 Controller 的 Index 方法中,只需向 Index 页面传入最基本的数据,也就是系统设置的预约时间段的信息。因此,在 Index 方法中添加以下代码:

```
var theTimeInfo = from mm in db. TB_TimeNode
```

```
                    where mm. timetype == "YYCS"
                    select mm;
ViewBag. startTime = theTimeInfo. SingleOrDefault( ). startdate;
ViewBag. endTime = theTimeInfo. SingleOrDefault( ). enddate;
return View( new TB_orderTest( ) );
```

再在预约测试页面建好一个空的表格,用来存放预约测试的信息。在 OrderTest 的 Index 页面中,添加以下代码到 body 标签内:

```
< div style = "margin: 0 auto; margin-top: 5px; width: 90%; text-align: center;" >
    < table class = " table table-hover" border = "1" style = "border-color: #C0C0C0" >
    < caption >
    < h4 style = "color: #820000; font-weight: bold;" > 预约测试操作界面 </h4 >
    < div style = "text-align: left;    text-align: center; height: 20px; line-height: 20px;    font-size: 13px;" >
        < span > (预约测试开始时间为: < font style = "color:#a30000" > @ string. Format ( "{0: D}", @ ViewBag. startTime) 0 时    </font > 结束时间为: < font style = "color:#a30000" > @ string. Format( "{0:D}", @ ViewBag. endTime) 24 时) nbsp; </font > </span >
    </div >
    < div style = "text-align: left; border: 1px #c1c1c1 solid; border-bottom: 0px; padding-left: 20px; height: 45px; line-height: 35px; padding-top: 10px; margin-top:10px; font-size: 13px;" >
        < span class = "no1fontstyle" > 姓名: </span > @ Session[ "username" ];
        < span class = "no1fontstyle" > 学号: </span > @ Session[ "userid" ];
        < span class = "no1fontstyle" > 选择测试校区: </span > @ Html. DropDownListFor( m => m. campusName, new[] {
            new SelectListItem( ) { Text = "D 校区测试", Value = "D 校区" },
            new SelectListItem( ) { Text = "A/B 校区测试", Value = "A/B 校区" }
            }, "请选择...")@ Html. ValidationMessageFor( m = > m. campusName)  
        < span class = "no1fontstyle" > 选择测试项目: </span >
        < select id = "sportId" name = "sportId" >
            < option value = "" > 请选择... </option >
        </select >
    </div >
    </caption >
    < thead >
    < tr >
        < th style = "text-align: center;" > </th >
        < th style = "text-align: center;" > 星期一 </th >
        < th style = "text-align: center;" > 星期二 </th >
        < th style = "text-align: center;" > 星期三 </th >
        < th style = "text-align: center;" > 星期四 </th >
        < th style = "text-align: center;" > 星期五 </th >
        < th style = "text-align: center;" > 星期六 </th >
```

```
            < th style = "text-align: center;" > 星期天 </th >
        </tr >
    </thead >
    <tbody >
        <tr >
            < td class = "span2" style = "text-align: center; height: 45px; padding-top: 10px;" > 上午 <
br / >
                < span id = "no1ClassTime" style = "color: #b70000;" ></span >
            </td >
            < td class = "span2" id = "K1 上" style = "text-align: center;" ></td >
            < td class = "span2" id = "K2 上" style = "text-align: center;" ></td >
            < td class = "span2" id = "K3 上" style = "text-align: center;" ></td >
            < td class = "span2" id = "K4 上" style = "text-align: center;" ></td >
            < td class = "span2" id = "K5 上" style = "text-align: center;" ></td >
            < td class = "span2" id = "K6 上" style = "text-align: center;" ></td >
            < td class = "span2" id = "K7 上" style = "text-align: center;" ></td >
        </tr >
        <tr >
            < td style = "text-align: center; height: 45px; padding-top: 10px;" > 下午 < br / >
                < span id = "no2ClassTime" style = "color: #b70000;" > </span >
            </td >
            < td id = "K1 下" style = "text-align: center;" > </td >
            < td id = "K2 下" style = "text-align: center;" > </td >
            < td id = "K3 下" style = "text-align: center;" > </td >
            < td id = "K4 下" style = "text-align: center;" > </td >
            < td id = "K5 下" style = "text-align: center;" > </td >
            < td id = "K6 下" style = "text-align: center;" > </td >
            < td id = "K7 下" style = "text-align: center;" > </td >
        </tr >
    </tbody >
    </table >
</div >
< div style = "margin: 0 auto; margin-top: 0px; width: 90%; text-align: center;" >
    < div style = "text-align:left; border: 1px #c1c1c1 solid; height: 45px; line-height: 35px; pad-
ding-top: 10px; margin-top:10px; font-size: 13px;" >
        < span    style = " padding-left: 20px;" > 选 择 测 试 日 期: </span >  @ Html. TextBox
("testdate")  
        < span > 选择测试时间: </span >@ Html. DropDownListFor( jc = > jc. testTimeId, new[ ] {
        new SelectListItem( ) { Text = "上午", Value = "上午" },
            new SelectListItem( ) { Text = "下午", Value = "下午" }},
            "请选择...") @ Html. ValidationMessageFor( jc = > jc. campusName )
    </div >
```

176

```
</div>
< div style = "margin: 0 auto; margin-top: 0px; width: 90%; text-align: center;" >
    < div style = "text-align: left; width: 100%; border-bottom: 0px; height: 45px; line-height: 35px; padding-top: 10px; margin-top:10px; font-size: 13px;" >
        < input type = "button" id = "bookceshi" value = "保存预约测试信息" class = "btn btn-info" / >
 
        @ Html. ActionLink("查看已预约测试信息", "ListTest", new { }, new{@ class = "btn btn-success"} )
    </div>
</div>
< div id = "errorjc" >@ TempData["errorjc"] </div > < div id = "errordata" > @ TempData["errordata"] </div >
<! -- 顶部提示框 -->
< div id = "topBarMessage" style = "display: none;" > </div >
< div class = "ui-layout-south" >
    < div id = "southContainer" style = "bottom: 0px; position: fixed; width: 100%; height: 30px; background-color:#efefef; line-height:30px; font-size:13px;" >
        < marquee style = "height:30px;" direction = "left" behavior = "scroll" scrollamount = "3" scrolldelay = "50" border = "0" onmouseover = "this. stop()" onmouseout = "this. start()" >
            提示:每周二公布本周的测试安排情况,请周二再登录系统进入菜单"课表和测试查询"里查看测试安排信息。
        </marquee >
    </div >
</div >
```

至此,一个空的表格就写好了。之后就需要在用户单击页面上的按钮时触发 Ajax 请求,从后台取得预约测试的相关数据。在刚才建好的 OrderTestController 中定义 getClassTime 函数,此函数返回类型为 JsonResult,需要接收一个 string 类型的参数,不妨命名为 campusName,其作用是接收学生选择校区的信息。getClassTime 函数根据校区的信息向页面返回所有测试时间列表信息。在 getClassTime 函数中添加以下代码:

```
string camname = campusName + "测试";
string no1TimeS = db. TB_classNo. Where(m => m. campusName == camname &&m. classNo == 1). Select(m => m. sartTime). SingleOrDefault();
string no1TimeE = db. TB_classNo. Where(m => m. campusName == camname && m. classNo == 1). Select(m => m. endTime). SingleOrDefault();
string no2TimeS = db. TB_classNo. Where(m => m. campusName == camname && m. classNo == 2). Select(m => m. sartTime). SingleOrDefault();
string no2TimeE = db. TB_classNo. Where(m => m. campusName == camname && m. classNo == 2). Select(m => m. endTime). SingleOrDefault();
var timeInfo = new { no1 = no1TimeS + "开始", no2 = no2TimeS + "开始"};
return Json(timeInfo, JsonRequestBehavior. AllowGet);
```

随后,再定义一个 getSubList 函数,返回类型同样为 JsonResult,也同样接收一个 string 类型的参数,命名为 campusName。其作用是根据学生选取的校区信息,返回可选项目列表信息。在函数中添

加以下代码:

```
var theReturn = from aa in db. TB_sportSub
                where aa. campusName == campusName
                select new { Id = aa. Id, sportName = aa. sportName };
return Json(theReturn, JsonRequestBehavior. AllowGet);
```

此外,还需要定义一个 getTestTime 函数,返回类型为 JsonResult,也需要一个 string 类型的 campus-Name 参数。其作用是返回可以预约测试的时间列表。在函数中添加以下代码:

```
var theReturn = from aa in db. TB_testTime
                where aa. campusName == campusName
                select new { Id = aa. Id, jcz = aa. jcz };
return Json(theReturn, JsonRequestBehavior. AllowGet);
```

最后,需要新建一个保存信息的函数 saveTestSelectInfo。这里需要一个 string 类型的参数 campus-Name,一个 int 类型的参数 sportId,一个 string 类型的参数 djjc 和一个 DateTime 类型的参数 testdate。其作用是将学生预约测试的信息保存到数据库。在函数中添加以下代码:

```
string jc = "", zc = "", Jcz = "";
string orderis = Session["userid"]. ToString();
//判断时间是否超过预期,本周是否预约,是否已经合格,以及控制单次测试人数
//此处判断代码省略,完整代码请扫描二维码

var isorder = from mm in db. TB_orderTest
              where mm. XH == orderis && mm. testDate >= testdate
              select mm;
var isorder3 = from mm in db. TB_arrangeText
               where mm. XH == orderis && mm. sportId == sportId && mm. testDate ! = testdate
&& mm. score ! = null&&mm. score! = "作废"
               select mm;
string camNa = "";
int ceshi =0;
int ceshinew = db. TB_arrangeText. Where(m => m. campusName == campusName && m. XH ==
orderis && m. testDate ! = testdate && m. sportId == sportId && m. score ! = null && m. score ! = "
作废"). Count();
if (campusName == "D 校区")
{
  camNa = "A/B 校区";
  string  sportname = db. TB_sportSub. Find(sportId). sportName;
  var idsport = db. TB_sportSub. Where(m => m. sportName == sportname && m. campusName
== camNa);
  if (idsport. Count() > 0)
  {
    int sportidcam = idsport. First(). Id;
    ceshi = db. TB_arrangeText. Where(m => m. campusName == camNa && m. XH == orderis
&& m. testDate ! = testdate && m. sportId == sportidcam && m. score ! = null && m. score ! = "作
```

```
废").Count();
        ceshinew = ceshinew + ceshi;
    }
}

if(campusName == "A/B 校区")
{
    camNa = "D 校区";
    string sportname = db.TB_sportSub.Find(sportId).sportName;
    var idsport = db.TB_sportSub.Where(m => m.sportName == sportname && m.campusName
== camNa);
    if(idsport.Count() > 0)
    {
        int sportidcam = idsport.First().Id;
        ceshi = db.TB_arrangeText.Where(m => m.campusName == camNa && m.XH == orderis
&& m.testDate != testdate && m.sportId == sportidcam && m.score != null && m.score != "作
废").Count();
        ceshinew = ceshinew + ceshi;
    }
}
var isorder4 = from mm in db.TB_arrangeText
            where mm.XH == orderis && !order.Contains(mm.sportId) && mm.testDate != 
testdate&&mm.score! = null&&mm.score! ="作废"
                select mm;
var isorderteshu = from mm in db.TB_arrangeText
                where mm.XH == orderis && mm.sportId == 1 && mm.score =="不合格"
&&mm.campusName == "0"
                select mm;
//判断考试次数,是否可以预约
//判断 Monday 周一 Tuesday 周二 Wednesday 周三 Thursday 周四 Friday  周五 Saturday 周六
Sunday  周日,获取周次以及上下午时间,最终获得对应的时间 id
//此处代码省略
    if(tid.Count() ==0)
    {
        TempData["errorjc"] = "jc";//用来验证节次;
        return RedirectToAction("Index");
    }
    string xn = Session["Test_xn"].ToString();  //学年;
    int xq_id = Convert.ToInt32(Session["Test_xq_id"].ToString());//学期编号,0 第一学期,
1 第二学期;
    foreach (var item in tid)
    {
        //保存数据
```

```
            TB_orderTest orderTest = new TB_orderTest();
            timeid = item. Id;
            orderTest. sportId = sportId;
            orderTest. campusName = campusName;
            orderTest. testDate = testdate;
            orderTest. XH = Session["userid"]. ToString();
            orderTest. xn = xn;
            orderTest. xq_id = xq_id;
            orderTest. testTimeId = timeid;
            db. TB_orderTest. Add(orderTest);
        }
    try
        {
            db. SaveChanges();
        }
    catch
        {
            TempData["errordata"] = "data"; //用来验证数据库;
            return RedirectToAction("Index");
        }
    TempData. Clear();
    return RedirectToAction("ListTest");
```

添加之后,预约测试模块的后台代码函数就全部编写完成了。然后返回到 OrderTest 的 Index 页面,在页面的 head 标签之间添加以下 js 代码,即可保证预约测试模块的主要功能正常运行:

```
    $(function ()
    {
    //选择校区下拉框事件处理
    $("#campusName"). bind("keyup change", function ()
    {
    if ($(this). val() == "")
    {
        $("#no1ClassTime"). text(""); $("#no2ClassTime"). text(""); $("#no3ClassTime"). text
("") ; $("#no4ClassTime"). text("");
        $("#sportId"). find('option'). remove(). end(). append('<option value="">请选择...</
option>'). val("");
        $(". bookButton"). tooltipster('destroy');
    }
    else
    {
    //开始发送 Ajax 请求。获取测试时间节点
    $. ajax({
        type: "POST",
```

```
            url：'@ Url. Action("getClassTime"，"OrderTest")'，
            data：'{"campusName"："' + $(this). val() + '"}'，
            //此处代码省略
        });
        //初始化项目列表
        $. ajax({
            type："POST"，
            url："'@ Url. Action("getSubList"，"OrderTest")'，
            data："'{"campusName"："' + $(this). val() + '"}'，
            //此处代码省略
        });
        //初始化可预约测试时间
        $. ajax({
            type："POST"，
            url："'@ Url. Action("getTestTime"，"OrderTest")'，
            data："'{"campusName"："' + $(this). val() + '"}'，
            //此处代码省略
        });
    }
});
//选择日期
$("#testdate"). addClass("Wdate"). click(function ()
{
    var today = new Date();
    var id = today. getDay();
    if(id == '6')
        WdatePicker({ isShowOK：false，isShowToday：false，readOnly：true，minDate：'%y - %
M - {%d + 2}'，maxDate：'%y - %M - {%d + 8}'});
    //此处代码省略
    //保存测试按钮 单击事件
    $('body'). on('click'，'#bookceshi'，function ()
    {
        var thBtn = $(this);
        //测试项目、日期、校区等为空时的处理，完成代码请扫描二维码查看

        window. location. href = "/OrderTest/saveTestSelectInfo? campusName = " + $("#campus-
Name"). val() + "&&sportId = " + $("#sportId"). val() + "&&djjc = " + $("#testTimeId").
val() + "&&testdate = " + $("#testdate"). val();

    });
});
```

至此，预约测试模块就大功告成了。用户可在单击校区后得到该校区的预约测试开放总体时间，单

击测试项目后可得到可预约该项目的具体时间,然后单击选择测试日期,保存后即可完成预约测试。

9.4　教务管理模块

9.4.1　概述

本节内容中,将重点介绍排课管理以及安排测试模块的实现。排课管理是系统管理员根据学生选课情况进行排课,安排测试是管理员根据学生预约测试的情况来安排测试。系统的排课管理界面以及安排测试界面分别如图9.4、图9.5所示。

图9.4　系统排课管理界面

图9.5　系统安排测试界面

在排课管理模块中,使用 ArrangeClassController. cs,ArrangeClassModel. cs 来实现排课情况显示、排课以及重新排课等基本功能。同时,使用 ArrangeTestController. cs 以及 ArrangeTestModel. cs 来实现安排测试模块的测试情况显示、安排测试等基本功能。

9.4.2　代码编写说明

表9.4　教务管理模块代码编写说明

文件名称	类型	实现功能
ArrangeClassController	Controller	根据校区以及运动项目获取排课信息,实现排课、重新排课、更新排课教师信息等排课功能

续表

文件名称	类型	实现功能
ArrangeClassModel	Model	定义了排课信息、教师组信息、教师课程信息、排课教师信息、排课教师组信息、运动项目组信息、选课学生信息列表、选课学生信息
Index	View	排课操作主界面
FindArrangeTeacherInfo	View	按校区查看已排课信息界面
FindArrangeTeacher	View	按老师查看已排课信息界面
FindArrangeTeacherClass	View	按节次查看已排课信息界面
Insert	View	排课操作界面
CheckTheStudentsInfo	View	查看选课班级学生信息列表
SelectArrangeClass	View	已排好课信息界面
ArrangeTestController	Controller	根据校区以及运动项目获取测试安排信息，实现了安排测试、重新安排等基本功能
ArrangeTestModel	Model	定义了安排测试信息以及测试教师组信息
Index	View	安排测试主界面
CheckTest	View	查看当前已安排的测试信息的界面
arrange	View	安排测试界面
CheckArrange	View	以安排好的测试信息界面

9.4.3　实现过程

首先，实现排课管理功能。创建 ArrangeClassController. cs，添加 Domain，Model 的引用，并初始化实体对象。其代码如下：

```
using System;
using System. Collections. Generic;
using System. Linq;
using System. Web;
using System. Web. Mvc;
using sportDomain;
using cquSport. Models;
using System. IO;
using NPOI. HSSF. UserModel;
using NPOI. HPSF;
using NPOI. POIFS. FileSystem;
using NPOI. SS. UserModel;
using System. Data;

namespace cquSport. Controllers
```

```
    {
        public class ArrangeClassController : Controller
        {
            //创建数据对象的连接
            private sportsEntities db = new sportsEntities();
            //
            // GET: /ArrangeClass/
            [userAuth("admin")]
            public ActionResult Index()
            {
                return View();
            }
        }
    }
```

要使排课信息显示在排课主界面中,需要排课信息的数据模型。在 Models 文件夹中,创建 ArrangeClassModel. cs,在其中添加排课信息的数据模型代码。其代码如下:

```
using System;
using System. Collections. Generic;
using System. ComponentModel. DataAnnotations;
using System. Linq;
using System. Web;
using System. Web. Mvc;
using sportDomain;

namespace cquSport. Models
{
    public class ArrangeClassModel
    {
        public List < TB_teacherInfo > teachersList { get; set; }
        public List < TB_groundInfo > groundInfoList { get; set; }
        public List < TB_studentInfo > studentList { get; set; }
        public List < TB_arrangeClass > arrangeList { get; set; }
        public string campusName { get; set; }
        public string jcz { get; set; }
        public int sportId { get; set; }
        public string sportName { get; set; }
        public string teacherId { get; set; }
        public int currentSelectNum { get; set; }
        public int classNum { get; set; }
    }
}
```

接下来,添加 Index 页面,在 Index 界面中,将会以表格形式显示排课信息以及课程的报名人数。

但是,首先需要选择校区和项目。除此之外,还可根据校区查看排课信息、根据老师查看排课信息、根据节次查看排课信息。在页面中添加以下代码:

```
< div style = " margin：0 auto；margin-top：5px；width：780px；text-align：center；" >
    @ if（Model！ = null && Model.sportId！ = 0）
        ｛
            < input value = "@ Model.sportId" id = "sportId1" type = "hidden" >
        ｝
    < table class = " table table-hover" border = "1" style = "border-color：#C0C0C0" >
        < caption >
        < h4 style = "color：#820000；font-weight：bold；" >排课操作界面 </h4 >
        < div style = "text-align：left；border：1px #c1c1c1 solid；border-bottom：0px；pad-
ding-left：20px；height：45px；line-height：35px；padding-top：10px；margin-top：10px；font-size：
13px；" >
            < span class = "no1fontstyle" >选择校区：</span > @ Html.DropDownListFor（m =
> m.campusName，new［］｛
                new SelectListItem（）｛Text = "D 校区"，Value = "D 校区"｝,
                new SelectListItem（）｛Text = "A/B 校区"，Value = "A/B 校区"｝
                ｝，"请选择..."）
    @ Html.ValidationMessageFor（m => m.campusName）
            < span class = "no1fontstyle" >项目名称：</span >
            < select id = "sportId" name = "sportId" >
            @ if（Model！ = null && Model.sportId！ = 0）
            ｛
            < option value = "@ Model.sportId" >@ Model.TB_sportSub.sportName
    </option >
                ｝else｛
            < option value = "" >请选择... </option >
                ｝
            </select >
            < input type = "button" value = "按校区查看信息" id = "0" class = " clickbutton btn
btn-small btn-info" / >
            < input type = "button" value = "按老师查看信息" id = "1" class = " clickbutton btn
btn-small btn-info" / >
            < input type = "button" value = "按节次查看信息" id = "2" class = " clickbutton btn
btn-small btn-info" / >
        </div >
        </caption >
        < thead >
        < tr >
            < th style = "text-align：center；" ></th >
            < th style = "text-align：center；" >星期一 </th >
            < th style = "text-align：center；" >星期二 </th >
```

```
                    < th style = "text-align：center;" >星期三 </th >
                    < th style = "text-align：center;" >星期四 </th >
                    < th style = "text-align：center;" >星期五 </th >
                </tr >
            </thead >
            < tbody >
                < tr >
                    < td class = "span2" style = "text-align：center；height：45px；padding-top：10px;" >
第一大节 < br / >
                        < span id = "no1ClassTime" style = "color：#b70000;" > </span >
                    </td >
                    < td class = "span2" id = "K11" style = "text-align：center;" > </td >
                    < td class = "span2" id = "K21" style = "text-align：center;" > </td >
                    < td class = "span2" id = "K31" style = "text-align：center;" > </td >
                    < td class = "span2" id = "K41" style = "text-align：center;" > </td >
                    < td class = "span2" id = "K51" style = "text-align：center;" > </td >
                </tr >

            <! 一第二大节至第四大节以及晚上的页面布局代码与第一大节类似,此处省略,
完整代码请扫描二维码查看一>
            </tbody >
        </table >
    </div >
```

当从其他页面返回主页面时,需要保存校区信息以及项目信息,避免用户重复操作。修改 Index 方法的代码如下:

```
[userAuth("admin")]
public ActionResult Index(string campusName, int sportId = 0)
{
    if (campusName ! = null && campusName ! = "")
    {
    TB_arrangeClass arrangeClass = new TB_arrangeClass();
    arrangeClass. campusName = campusName;
    arrangeClass. sportId = sportId;
    arrangeClass. TB_sportSub = db. TB_sportSub. Find(sportId);
    return View(arrangeClass);
    }
    return View(new TB_arrangeClass());
}
```

在 Index 页面中,选择了校区之后,页面将会刷新当前的上课时间以及项目列表。页面中,通过 ajax 方法获取上课时间数据以及运动项目数据,获取时间的方法为 ToolController 中的 getClassTime 方法。其代码如下:

// 备注:根据校区名称,返回相应的上课时间

```
public JsonResult getClassTime( string campusName)
{
    string no1TimeS = db. TB_classNo. Where( m => m. campusName == campusName && m. classNo == 1). Select( m => m. sartTime). SingleOrDefault( );
    string no1TimeE = db. TB_classNo. Where( m => m. campusName == campusName && m. classNo == 1). Select( m => m. endTime). SingleOrDefault( );
    string no2TimeS = db. TB_classNo. Where( m => m. campusName == campusName && m. classNo == 2). Select( m => m. sartTime). SingleOrDefault( );
    string no2TimeE = db. TB_classNo. Where( m => m. campusName == campusName && m. classNo == 2). Select( m => m. endTime). SingleOrDefault( );
    string no3TimeS = db. TB_classNo. Where( m => m. campusName == campusName && m. classNo == 3). Select( m => m. sartTime). SingleOrDefault( );
    string no3TimeE = db. TB_classNo. Where( m => m. campusName == campusName && m. classNo == 3). Select( m => m. endTime). SingleOrDefault( );
    string no4TimeS = db. TB_classNo. Where( m => m. campusName == campusName && m. classNo == 4). Select( m => m. sartTime). SingleOrDefault( );
    string no4TimeE = db. TB_classNo. Where( m => m. campusName == campusName && m. classNo == 4). Select( m => m. endTime). SingleOrDefault( );
    string no5TimeS = db. TB_classNo. Where( m => m. campusName == campusName && m. classNo == 5). Select( m => m. sartTime). SingleOrDefault( );
    string no5TimeE = db. TB_classNo. Where( m => m. campusName == campusName && m. classNo ==5). Select( m => m. endTime). SingleOrDefault( );

    var timeInfo = new { no1 = no1TimeS + " - " + no1TimeE, no2 = no2TimeS + " - " + no2TimeE, no3 = no3TimeS + " - " + no3TimeE, no4 = no4TimeS + " - " + no4TimeE, no5 = no5TimeS + " - " + no5TimeE };
    return Json( timeInfo, JsonRequestBehavior. AllowGet);
}
```

根据校区,获取可选项目列表的方法为 ArrangeClassController 中的 getSubList 方法。其代码如下:

```
public JsonResult getSubList( string campusName)
{
    var theReturn = from aa in db. TB_sportSub
        where aa. campusName == campusName && aa. bookOK == true
        select new { Id = aa. Id, sportName = aa. sportName };
    return Json( theReturn, JsonRequestBehavior. AllowGet);
}
```

在页面中添加以下代码,以便在页面初始化时可根据校区以及项目获取排课数据:

```
//初始化,如果有条件,就进行查询
if ($( "#campusName"). val( ) ! = "")
{
    //开始发送 Ajax 请求
    $. ajax({
        type:"POST",
        url:'@ Url. Action( "getClassTime", "Tool")',
```

```
        data：'｛"campusName"："' + $("#campusName").val() + '"｝',
            contentType："application/json; charset = utf-8",
            dataType："json",
            //根据校区获取时间节点
        ｝);

    if ($("#sportId").val() ！ = 0 && $("#sportId").val() ！ = "")
    ｛
        $(". bookButton").tooltipster('destroy');
        $('. bookButton').tooltipster(｛
        functionInit：function (origin, content, continueInit)
        ｛
        $. ajax(｛
            type：'POST',
            url：'@ Url. Action("getTheSubByK", "ArrangeClass")',
            data：'｛"sportId"："' + $("#sportId").val() + '","campusName"："' + $("#campus-
Name").val() + '","jcz"："' + origin. closest("td"). attr('id') + '"｝',
            contentType："application/json; charset = utf-8",
            dataType："json",
            success：function (data)
            ｛
            //获取排课信息并显示
            ｝
        ｝
    ｝
    //初始化项目列表
    $. ajax(｛
        type："POST",
        url：'@ Url. Action("getSubList", "ArrangeClass")',
        data：'｛"campusName"："' + $("#campusName").val() + '"｝',
        contentType："application/json; charset = utf-8",
        //初始化项目列表
        ｝);
｝
```

在页面中添加 js 代码,给选择校区下拉框绑定选择事件。其代码如下：
```
//选择校区下拉框事件处理
$("#campusName"). bind("keyup change", function () ｛
    if ($(this). val() == "") ｛
    $("#no1ClassTime"). text("");
    $("#no2ClassTime"). text("");
    $("#no3ClassTime"). text(""); $("#no4ClassTime"). text("");
        $("#sportId"). find('option'). remove(). end(). append('< option value = "" > 请选择. . . </
option >'). val("");
```

```
        $(".bookButton").tooltipster('destroy');
    }
    else {
//开始发送 Ajax 请求
    $.ajax({
        type: "POST",
        url: '@Url.Action("getClassTime","Tool")',
        data: '{"campusName":"' + $(this).val() + '"}',
            contentType: "application/json;charset=utf-8",
             dataType: "json",
            success: function (msg) {
                $("#no1ClassTime").text(msg.no1);
                $("#no2ClassTime").text(msg.no2);
                $("#no3ClassTime").text(msg.no3);
                $("#no4ClassTime").text(msg.no4);
                $("#no5ClassTime").text(msg.no5);
                },
            error: function () {
                alert("数据库操作失败,请与管理员联系!");
                }
            });
    //初始化项目列表
    $.ajax({
        type: "POST",
        url: '@Url.Action("getSubList","ArrangeClass")',
        data: '{"campusName":"' + $(this).val() + '"}',
        contentType: "application/json;charset=utf-8",
        dataType: "json",
        success: function (msg) {
            $("#sportId").find('option').remove().end().append('<option value="">请选
择...</option>');
            for (var i = 0; i < msg.length; i++) {
            $("#sportId").append("<option value='" + msg[i].Id + "'>" + msg[i].sport-
Name + "</option>");
            }
            $("#sportId").val("");
            $(".bookButton").tooltipster('destroy');
            },
        error: function () {
            alert("数据库操作失败,请与管理员联系!");
            }
        });
```

```
        }
    } );
```

选择了运动项目时,页面上将会显示所有的已排课信息以及未排课的报名人数信息。根据校区以及运动项目,获取报名人数的方法如下:

```
//根据项目名称、校区信息、上课时间,查看报名人数
[userAuth("admin")]
public JsonResult getTheSubByK(int sportId, string campusName, string jcz)
{
    string xn = Session["Arrange_xn"].ToString();  //学年;
    int xq_id = Convert.ToInt32(Session["Arrange_xq_id"].ToString()); //学期编号,0 第一学
期,1 第二学期
    //当前报名总人数
    int currentSelectNum = db.TB_orderLearn.Where(m => m.sportId == sportId && m.jcz == jcz
&& m.xn == xn && m.xq_id == xq_id && m.campusName == campusName).Count();
    //已经排课的信息
    int currentArrangeNum = db.TB_arrangeTeacher.Where(m => m.sportId == sportId && m.jcz
== jcz && m.xn == xn && m.xq_id == xq_id && m.campusName == campusName
    &&m.IsNewStu == null).Count();
    return Json(new { currentArrangeNum = currentArrangeNum, numbers = currentSelectNum },
JsonRequestBehavior.AllowGet);
}
```

在页面中添加 js 代码,为选择运动项目下拉框绑定选择事件。其代码如下:

```
$("#sportId").bind("keyup change", function () {
    if ($("#campusName").val() == "") {
        showTopMessage('请先选择排课校区。', "#b50000", 5000);
        $(this).val("");
        return;
    }
    if ($(this).val() == "") {
        $(".bookButton").tooltipster('destroy');
    }
    else {
        if ($("#campusName").val() != "") {
        $(".bookButton").tooltipster('destroy');
        $('.bookButton').tooltipster({
            functionInit: function (origin, content, continueInit) {
                $.ajax({
                type: 'POST',
                url: '@Url.Action("getTheSubByK", "ArrangeClass")',
                data: '{"sportId":"' + $("#sportId").val() + '","campusName":"' + $("#campus-
Name").val() + '","jcz":"' + origin.closest("td").attr('id') + '"}',
                contentType: "application/json; charset = utf-8",
```

```
dataType: "json",
success: function (data) {
    if (data.numbers == 0) {
    origin.attr("disabled", "disabled");
    origin.attr("style", "display:none");
    origin.val("无人报名");
    }
        else {
    if (data.currentArrangeNum == 0) {
    origin.removeAttr('disabled');
    origin.attr("style", "display:normal");
    var resultshow;
    var tishiNum = 20;
    if ($("#sportId").val() == 7 || $("#sportId").val() == 8 || $("#sportId").val()
== 10 || $("#sportId").val() == 30 || $("#sportId").val() == 31 || $("#sportId").val() ==
32) {
            tishiNum = 15;
        }
    if (data.numbers < tishiNum) {
    resultshow = "人数小于" + tishiNum + "人!";
    origin.attr("class", 'bookButton btn btn-small btn-warning');
    }
            else {
    resultshow = "单击排课!";
    origin.attr("class", 'bookButton btn btn-small btn-success');
    }
    origin.val("报名人数为:" + data.numbers);
    origin.tooltipster('update', resultshow);
    }
            else {
            origin.attr("style", "display:normal");
    origin.removeAttr('disabled');
    origin.attr("class", 'bookButton btn btn-small btn-primary');
    origin.val("已排课信息");
    var resultshow;
    resultshow = "单击查看详细信息!";
    origin.tooltipster('update', resultshow);
        }
        }
    }
});
}
```

```
    });
  }
  }
});
```

在 Index 页面中,可根据校区查看信息、根据老师查看信息、根据节次查看信息,需要定义课程的信息的数据模型。在 ArrangeClassModel. cs 文件中添加以下代码:

```
public class ArrangeTeacherModel
{
    public TB_arrangeTeacher arrTeacher { get; set; }
    public TB_sportSub sportInfo { get; set; }
    public TB_teacherInfo teacherInfo { get; set; }
}
```

在选择按校区查看信息时,还需要定义运动项目、课程分班信息以及运动项目组的数据模型。在 ArrangeClassModel. cs 文件中添加以下代码:

```
public class ArrangeTeacherGroupModel
{
    public string campusName { get; set; }
    public List < SportIdGroupModel > sportIdGroup { get; set; }
    public int colspanNum { get; set; }
}
public class JczGroupModel
{
    public string jczInfo { get; set; }
    public List < ArrangeTeacherModel > list { get; set; }
}
public class SportIdGroupModel
{
    public int sportIdInfo { get; set; }
    public string   sportIdName { get; set; }
    public List < JczGroupModel > jczgroup { get; set; }
    public int colspanNum { get; set; }
}
```

获取排课信息数据的方法如下:

```
//查看已经排课的项目及教师信息
public ActionResult FindArrangeTeacherInfo( string campusName, string sportId, string jcz, int flag = 0)
{
    ViewBag. campusName = campusName;
    ViewBag. sportId = sportId;
    ViewBag. jcz = jcz;
    string xn = Session[ "Arrange_xn" ]. ToString( );   //学年;
    int xq_id = Convert. ToInt32( Session[ "Arrange_xq_id" ]. ToString( )); //学期编号,0 第一学
```

期,1 第二学期

```
if (flag == 0)
{
    var tcList = (from tt in db.TB_arrangeTeacher
    where tt.xn == xn && tt.xq_id == xq_id&&tt.IsNewStu == null
    group tt by tt.campusName into namegroup
    select new
    {
    campusName = namegroup.Key,
    sportIdGroup = (from t2 in namegroup
    group t2 by t2.sportId into sportIdgroup
    select new
        {
        sportIdInfo = sportIdgroup.Key,
        jczgroup = (from t3 in sportIdgroup
        group t3 by t3.jcz into jczs
        select new
        {
            jczInfo = jczs.Key,
            list = (from t4 in jczs
                join ss in db.TB_sportSub on t4.sportId equals ss.Id
                join ee in db.TB_teacherInfo on t4.ZGH equals ee.ZGH
                orderby t4.campusName, t4.sportId, t4.jcz
                select new ArrangeTeacherModel
                {
                    arrTeacher = t4,
                    sportInfo = ss,
                    teacherInfo = ee
                })
        })
        })
    });
    //已经排课的教师列表信息
    List < TeacherGroupModel > atgmL = new List < TeacherGroupModel > ();
    foreach (var item1 in tcList)
    {
        ArrangeTeacherGroupModel atgm = new ArrangeTeacherGroupModel();
        atgm.campusName = item1.campusName;
        List < SportIdGroupModel > sgmL = new List < SportIdGroupModel > ();
        int numb = 0;
    foreach (var item2 in item1.sportIdGroup)
    {
```

```
            SportIdGroupModel sgm = new SportIdGroupModel();
            sgm. sportIdInfo = Convert. ToInt32(item2. sportIdInfo);
            List < JczGroupModel > jgmL = new List < JczGroupModel > ();
            foreach (var item3 in item2. jczgroup)
            {
                JczGroupModel jgm = new JczGroupModel();
                jgm. jczInfo = item3. jczInfo;
                jgm. list = item3. list. ToList();
                jgmL. Add(jgm);
            }
            sgm. jczgroup = jgmL;
            sgm. colspanNum = item2. jczgroup. Count();
            sgm. sportIdName = db. TB_sportSub. Where (m => m. Id == item2. sportIdInfo). Select
(m => m. sportName). SingleOrDefault();
            numb = numb + item2. jczgroup. Count();
            sgmL. Add(sgm);
        }
        atgm. sportIdGroup = sgmL;
        atgm. colspanNum = numb;
        atgmL. Add(atgm);
    }
    return View(atgmL);
}
else if (flag == 1)
{
    List < ArrangeTeacherModel > arrangeTeacher = (from aa in db. TB_arrangeTeacher
        join tt in db. TB_teacherInfo on aa. ZGH equals tt. ZGH
        join ss in db. TB_sportSub on aa. sportId equals ss. Id
        where aa. xn == xn && aa. xq_id == xq_id&&aa. IsNewStu == null
        orderby aa. ZGH, aa. jcz, aa. campusName
        select new ArrangeTeacherModel
        {
            arrTeacher = aa,
            sportInfo = ss,
            teacherInfo = tt
        }). ToList();

    return View("FindArrangeTeacher", arrangeTeacher);
}
else
{
    List < ArrangeTeacherModel > arrangeTeacher = (from aa in db. TB_arrangeTeacher
```

```
join tt in db. TB_teacherInfo on aa. ZGH equals tt. ZGH
join ss in db. TB_sportSub on aa. sportId equals ss. Id
where aa. xn == xn && aa. xq_id == xq_id&&aa. IsNewStu == null
orderby aa. jcz, aa. campusName, aa. sportId
select new ArrangeTeacherModel
{
    arrTeacher = aa,
    sportInfo = ss,
    teacherInfo = tt
} ). ToList( );

return View( "FindArrangeTeacherClass", arrangeTeacher);
    }
}
```

在 Index 页面中,添加以下代码来为按校区查看信息、按老师查看信息、按节次查看信息绑定点击事件:

```
$( 'body'). on( 'click', '. clickbutton', function( ) {
    var thBtn = $( this);
    var hrefInfo = thBtn. closest( "input"). attr( 'id');
    window. location. href = "/ArrangeClass/FindArrangeTeacherInfo? campusName = " + $( "#cam-
pusName"). val( ) + "&&sportId = " + $( "#sportId"). val( ) + "&&flag = " + hrefInfo;
});
```

同时,需要添加按校区查看信息、按老师查看信息、按节次查看信息的页面,添加以下 3 个页面,FindArrangeTeacherInfo,FindArrangeTeacher,FindArrangeTeacherClass。页面代码如下:

(1)FindArrangeTeacherInfo. cshtml

```
< div style = "margin: 0 auto; margin-top: 5px; width: 780px; text-align: center;" >
    < table class = " table table-hover" border = "1" style = "border-color: #C0C0C0" >
        < caption >
        < h4 style = "color: #820000; font-weight: bold;" >已排课信息列表</h4 >
        @ Html. ActionLink( "返回", "Index", new { campusName = ViewBag. campusName,
sportId = ViewBag. sportId, jcz = ViewBag. jcz}, new { @ class = "btn btn-small btn-info" })
        </caption >
        < thead >
        < tr >
            < th style = "text-align: center;" >序号</th >
            < th style = "text-align: center;" >校区</th >
            < th style = "text-align: center;" >项目</th >
            < th style = "text-align: center;" >时间</th >
            < th style = "text-align: center;" >教师-人数-场地</th >
        </tr >
        </thead >
        < tbody >
```

```
@ if (Model. Count( ) ! = 0)
{
    int a = 0;
    foreach (var item in Model)
    {
        a = a + 1;
        @ : < tr >
        < td   class = "span1" rowspan = "@ item. colspanNum" style = "text-align: center;" >
        @ a
        </td >
        < td class = " span1. 5" rowspan = " @ item. colspanNum"   style = " text-align:
center;" >
        @ Html. DisplayFor( modelItem => item. campusName)
        </td >
        foreach (var item1 in item. sportIdGroup)
        {
            < td class = " span1. 5" rowspan = " @ item1. colspanNum"   style = " text-
align: center;" >
            @ Html. DisplayFor( modelItem => item1. sportIdName) </td >
            foreach (var item2 in item1. jczgroup)
            {
                < td class = " span1"   style = " text-align: center;" >
                @ Html. DisplayFor( modelItem => item2. jczInfo) </td >
                < td class = " span1. 5" style = " text-align: center;" >
                @ foreach (var item3 in item2. list)
                {
                    @ Html. DisplayFor( modelItem => item3. teacherInfo. XM)
                    @ Html. DisplayFor( modelItem => item3. arrTeacher. studentNum)
                    @ Html. DisplayFor( modelItem => item3. arrTeacher. place)
                }
                </td >
                @ : </tr >
            }
        }
    }
}
</tbody >
</table >
</div >
```

(2) FindArrangeTeacher. cshtml

```
< div style = " margin: 0 auto; margin-top: 5px; width: 780px; text-align: center;" >
    < table class = " table table-hover" border = "1" style = " border-color: #C0C0C0" >
```

```
< caption >
    < h4 style = "color：#820000；font-weight：bold；" >已排课教师信息列表 </h4 >
    @ Html. ActionLink（"返回"，"Index"，new ｛campusName = ViewBag. campusName,
sportId = ViewBag. sportId, jcz = ViewBag. jcz｝, new ｛ @ class = "btn btn-small btn-info"｝）
</caption >
<thead >
<tr >
    < th style = "text-align：center;" >序号 </th >
    < th style = "text-align：center;" >教师 </th >
    < th style = "text-align：center;" >校区 </th >
    < th style = "text-align：center;" >项目 </th >
    < th style = "text-align：center;" >时间 </th >
    < th style = "text-align：center;" >人数 </th >
    < th style = "text-align：center;" >场地 </th >
</tr >
</thead >
<tbody >
@ if（Model. Count（）！ = 0）
｛
    int a = 0;
    foreach（var item in Model）
    ｛
        a = a + 1;
<tr >
    < td　class = "span1" style = "text-align：center;" >
        @ a
    </td >
    < td class = "span1.5"  style = "text-align：center;" >
        @ Html. DisplayFor（modelItem => item. teacherInfo. XM）</td >
    < td class = "span1.5"  style = "text-align：center;" >
        @ Html. DisplayFor（modelItem => item. arrTeacher. campusName）</td >
    < td class = "span1.5"  style = "text-align：center;" >
        @ Html. DisplayFor（modelItem => item. sportInfo. sportName）</td >
    < td class = "span1"  style = "text-align：center;" >
        @ Html. DisplayFor（modelItem => item. arrTeacher. jcz）</td >
    < td class = "span1" style = "text-align：center;" >
        @ Html. DisplayFor（modelItem => item. arrTeacher. studentNum）</td >
    < td class = "span3" style = "text-align：center;" >
        @ Html. DisplayFor（modelItem => item. arrTeacher. place）</td >
</tr >
        ｝
    ｝
```

```
        </tbody >
      </table >
    </div >


（3）FindArrangeTeacherClass. cshtml
    < div style = "margin：0 auto；margin-top：5px；width：780px；text-align：center；" >
      < table class = " table table-hover" border = "1" style = "border-color：#C0C0C0" >
        < caption >
          < h4 style = "color：#820000；font-weight：bold；" >已排课节次信息列表 </h4 >

            
   
          @ Html. ActionLink（"返回"，"Index"，new ｛campusName = ViewBag. campusName，
sportId = ViewBag. sportId，jcz = ViewBag. jcz｝，new ｛ @ class = "btn btn-small btn-info"  ｝）
        </caption >
        < thead >
          < tr >
            < th style = "text-align：center；" >序号 </th >
            < th style = "text-align：center；" >时间 </th >
            < th style = "text-align：center；" >校区 </th >
            < th style = "text-align：center；" >项目 </th >
            < th style = "text-align：center；" >教师 </th >
            < th style = "text-align：center；" >人数 </th >
            < th style = "text-align：center；" >场地 </th >
          </tr >
        </thead >
        < tbody >
          @ if（Model. Count（）！ = 0）
          ｛
            int a = 0；
            string jc = "first"；
            foreach（var item in Model）
            ｛
              a = a + 1；
          < tr >
            < td   class = "span1"style = "text-align：center；" >
              @ a
            </td >
            < td class = "span1"   style = "text-align：center；" >
              @ if（jc！ = item. arrTeacher. jcz）｛
                @ Html. DisplayFor（modelItem => item. arrTeacher. jcz）
                jc = item. arrTeacher. jcz；
```

```
            } else {
            }
        </td >
        < td class = "span1.5"  style = "text-align：center;" >
            @ Html. DisplayFor( modelItem  =>  item. arrTeacher. campusName) </td >
        < td class = "span1.5"  style = "text-align：center;" >
            @ Html. DisplayFor( modelItem  =>  item. sportInfo. sportName) </td >
        < td class = "span1.5" style = "text-align：center;" >
            @ Html. DisplayFor( modelItem  =>  item. teacherInfo. XM) </td >
        < td class = "span1" style = "text-align：center;" >
            @ Html. DisplayFor( modelItem  =>  item. arrTeacher. studentNum) </td >
        < td class = "span3" style = "text-align：center;" >
            @ Html. DisplayFor( modelItem  =>  item. arrTeacher. place) </td >
    </ tr >
        }
    }
    </ tbody >
    </ table >
</ div >
```

当单击安排课程按钮时,页面将会跳转到排课界面。此时,将会显示校区信息、项目信息、节次信息以及学生信息等。如果当前课程未被安排,页面跳转到排课界面 Insert 页面;如果当前课程已安排,页面跳转到课程详细信息界面 SaveArrangeClass 页面。这里的 SaveArrangeClass 页面将在后面进行讲解,这里着重于 Insert 页面。Insert 页面获取数据的方法如下:

```
//根据项目名称、校区信息、上课时间,进行排课
[ userAuth( "admin" ) ]
public ActionResult Insert( int sportId, string campusName, string jcz)
{
    //通过 Session 获取当前学年学期 id
    //判断当前课程是否已经排过
    //已经排课的信息
    int currentArrangeNum = db. TB_arrangeTeacher. Where( m => m. sportId  ==  sportId && m. jcz
    == jcz && m. xn == xn && m. xq_id  ==  xq_id && m. campusName  ==  campusName
        &&m. IsNewStu == null). Count( );
    if ( currentArrangeNum > 0)
    {
    List < TB_arrangeTeacher > teacherList = db. TB_arrangeTeacher. Where( m  =>  m. sportId  ==
sportId && m. jcz == jcz && m. xn == xn && m. xq_id  ==  xq_id && m. campusName == campusName
        &&m. IsNewStu == null). ToList( );
    string teacherId = teacherList[0]. ZGH;
    string place = teacherList[0]. place;
    ArrangeClassModel arrangeClassModel = new ArrangeClassModel( );
    arrangeClassModel. arrangeList = ( from aa in db. TB_arrangeClass
```

```
          where aa. sportId  ==  sportId && aa. campusName  ==  campusName
       && aa. jcz  ==  jcz && aa. xn  ==  xn && aa. xq_id  ==  xq_id && aa. ZGH  ==  teacherId && aa.
place == place&&aa. IsNewStu == null
          select aa). ToList();
```

//设置 arrangeClassModel 的其他属性值, sportId、campusName、sportName、jcz、currentSelect-
Num、classNum 等,此处代码省略

```
     //任课老师信息查询列表
     List < SelectListItem > selectteacherList1  =  new List < SelectListItem > ();
     foreach (var item in teacherList)
     {
         if (item. ZGH  ==  teacherId && item. place == place)
     {
         selectteacherList1. Add(new SelectListItem()
       {
         Text  =  db. TB_teacherInfo. Find(item. ZGH). XM  +  " --- "  +  item. place,
         Value  =  item. ZGH  +  "e"  +  item. place,
         Selected  =  true
       });
     }
     else
     {
         selectteacherList1. Add(new SelectListItem()
       {
         Text  =  db. TB_teacherInfo. Find(item. ZGH). XM  +  " --- "  +  item. place,
         Value  =  item. ZGH  +  "e"  +  item. place
       });
     }
   }
   this. ViewData["teacherId"]  =  selectteacherList1;
   //获取场地列表以及教师列表,完整代码请扫描二维码查看
   return View("SaveArrangeClass",  arrangeClassModel);
 }
   //返回一些基本信息,例如校区、项目名称、上课时间
   TB_arrangeClass arrangeClassInfo  =  new TB_arrangeClass();
   //此处代码省略
   //当前报名总人数
   int currentSelectNum = db. TB_orderLearn. Where(m  =>  m. sportId  ==  sportId && m. jcz  ==
jcz && m. xn  ==  xn && m. xq_id  ==  xq_id && m. campusName  ==  campusName). Count();

   //查询报名学生信息
```

```
var studerList = from ss in db. TB_studentInfo
    join oo in db. TB_orderLearn on ss. XH equals oo. XH
    where oo. sportId == sportId && oo. jcz == jcz && oo. xq_id == xq_id && oo. campusName
== campusName && oo. xn == xn
    orderby ss. XH
    select ss;
```
//查询老师信息
```
List < TB_teacherInfo > teachersList = db. TB_teacherInfo. OrderBy ( m => m. CampusName).
ToList < TB_teacherInfo > ( );
    string sportNames = db. TB_sportSub. Find ( sportId ). sportName;
```
//查询场地信息
```
List < TB_groundInfo > groundInfoList = db. TB_groundInfo. Where ( m => m. campusName ==
campusName && ( m. sportName == sportNames || m. sportName == "其他")). ToList ( );
    ArrangeClassModel arrangClassModel = new ArrangeClassModel ( );
```
//设置 arrangClassModel 的 sportId、campusName、sportName、jcz、studentList、teachersList、currentSelectNum、currentSelectNum

//此处代码省略

//任课老师信息查询列表
```
List < SelectListItem > selectteacherList = new List < SelectListItem > ( );
    selectteacherList. Add ( new SelectListItem ( )
    {
        Text = "选择任课老师",
        Value = "0"
    });
    foreach ( var item in teachersList)
    {
        selectteacherList. Add ( new SelectListItem ( )
        {
        Text = item. XM + " -- " + item. CampusName,
        Value = item. ZGH
        });
    }
    this. ViewData[ "teacherId" ] = selectteacherList;
```
//获取场地信息列表,并传递到 ViewData 中,此处省略,完整代码请扫描二维码查看
```
    return View ( arrangClassModel);
}
```

接下来,在 Index 页面中添加代码,为安排课表按钮绑定单击事件。其代码如下:
//排课按钮单击事件
```
$( 'body'). on ( 'click', '. bookButton', function ( )
{
var thBtn = $( this);
```

```
if ($("#campusName").val() == "")
{
showTopMessage('请选择上课校区!', "#b50000", 5000);
return;
}
if ($("#sportId").val() == "")
{
showTopMessage('请选择要排课的体育项目!', "#b50000", 5000);
return;
}
var url = "/ArrangeClass/Insert? campusName=" + $("#campusName").val() + "&&sportId
=" + $("#sportId").val() + "&&jcz=" + thBtn.closest("td").attr('id');
window.location.href = url;
});
```

添加 Insert 页面,页面中展示校区信息、运动项目信息、节次信息等。页面代码如下:

```
@using (Html.BeginForm("SaveArrangeClass", "ArrangeClass", FormMethod.Post))
{
@Html.ValidationSummary(true)
<div style="margin: 0 auto; margin-top: 5px; width: 800px; text-align: center;">
<a href="#showTeacherInfo" id="clickshowTeacherInfo" data-toggle="modal"></a>
<table class="table table-hover" border="1" style="border-color: #C0C0C0">
<caption>
<h4 style="color: #820000; font-weight: bold;">排课操作界面</h4>
<input type="hidden" name="campusName" id="campusName" value="@Model.campusName"/>
<input type="hidden" name="jcz" id="jczInfo" value="@Model.jcz"/>
<input type="hidden" name="sportId" id="sportId" value="@Model.sportId"/>
<input type="hidden" name="sportName" value="@Model.sportName"/>
<div style="text-align: left; border: 1px #c1c1c1 solid; border-bottom: 0px; padding-left: 20px; height: 90px; line-height: 35px; padding-top: 10px; margin-top:10px; font-size: 13px;">
<span class="no1fontstyle">校区:</span>@Model.campusName
<span class="no1fontstyle">项目名称:</span>@Model.sportName
<span class="no1fontstyle">上课时间:</span>@Model.jcz
<span>报名总人数:</span>@Model.currentSelectNum
        <br />
<span class="no1fontstyle">选择分班数量:</span><select id="classNum" name="classNum">
@for (int i = 1; i <= 10; i++)
{<option value="@i">@i</option>}</select>
```

```
            < input type = "hidden" name = "countgroundInfo" id = "countgroundInfo" value = ""/ >
      
        @ Html. ActionLink("返回", "Index", new {campusName = Model. campusName, sportId =
Model. sportId,jcz = Model. jcz},
        new { @ class = "btn btn-small btn-info"   })
            </div >
        </caption >
        < tbody id = "tbody1" >
        < tr id = "teacher0" >
            < td class = "span2" style = "text-align：left;" >
            < span class = "no1fontstyle" >选择任课老师：</span >
                @ Html. DropDownList("teacherId")
        < span id = "no1Class" style = "color：#b70000;" > </span >
        </td >
        < td class = "span2" style = "text-align：left;" >
            < span class = "no1fontstyle" >选择场地信息：</span >
            < input id = "groundId" name = "groundId" / >
            < a data-toggle = "modal" href = "#userzpfInfo" class = "btn btn-success" >选
择</a >
            </td >
        </tr >
        </tbody >
        < tfoot >
        < tr > < td colspan = "2" >
            < input type = "submit" value = "单击保存" class = "savebutton btn btn-small btn-prima-
ry" style = "margin-left:48% ;"/ >
            </td > </tr >
        </tfoot >
    </table >
    </div >
    }

    <! -- 顶部提示框以及选择场地模态框布局代码此处省略,完整代码请扫描二维码查
看 -->

    }
            < div id = "showTeacherInfo" >
    < div class = "modal-dialog" >
        < div class = "modal-content" >
        < div class = "modal-header" >
        < button class = "close" aria-hidden = "true" data-dismiss = "modal" type = "button" > × </
button >
            < h4 class = "modal-title" > < span id = "teacherName" style = "color：#b70000;" > </span
```

```
> </h4>
                </div>
                <div class = "modal-body"    style = "height:300px;">
                <table class = " table table-hover" border = "1" style = "border-color: #C0C0C0">
                    <thead>
                    <tr>
                        <th style = "text-align: center;"></th>
                        <th style = "text-align: center;">星期一</th>
                        <th style = "text-align: center;">星期二</th>
                        <th style = "text-align: center;">星期三</th>
                        <th style = "text-align: center;">星期四</th>
                        <th style = "text-align: center;">星期五</th>
                    </tr>
                    </thead>
                    <tbody>
                    <tr>
                        <td class = "span2" style = "text-align: center; height: 45px; padding-top: 10px;">第
一大节<br/>
                            <span id = "no1ClassTime" style = "color: #b70000;"></span>
                        </td>
                        <td class = "span2" id = "K11" style = "text-align: center;"></td>
                        <td class = "span2" id = "K21" style = "text-align: center;"></td>
                        <td class = "span2" id = "K31" style = "text-align: center;"></td>
                        <td class = "span2" id = "K41" style = "text-align: center;"></td>
                        <td class = "span2" id = "K51" style = "text-align: center;"></td>
                    </tr>
                    <!—第二大节至第四大节以及晚上的页面布局与第一大节类似,此处省略,完整代码
请扫描二维码查看 -->

                    </tbody>
                </table>
                </div>
                <div class = "modal-footer"    style = "height:20px;">
                    <button class = "btn btn-success" data-dismiss = "modal" type = "button">关闭</button>
                </div>
            </div> <!-- /.modal-content -->
        </div> <!-- /.modal-dialog -->
    </div> <!-- /.modal -->
```

在 Insert 页面中,可选择分班数量。需要在页面中添加以下代码来绑定选择分班数量下拉框的选择事件:

```
$("#classNum").change(function() {
```

```
for( var j = 1 ; j < 10 ; j ++ ) {
$( "#teacher" + j ) . remove( ) ;
 }
var num = $( this ) ;
var tdhtml = $( "#teacher0" ) . html( ) ;
for ( var i = 1 ; i < num. val( ) ; i ++ ) {
  var k = i – 1 ;
  var tdhtml1 = tdhtml. replace( /teacherId/g, "list[ " + k + " ] . teacherId" ) ;
  var tdhtml2 = tdhtml1. replace( /groundId/g, "list[ " + k + " ] . groundId" ) ;
  var tdhtml3 = tdhtml2. replace( /no1Class/g, "no1Class" + k ) ;
  var tdhtml4 = tdhtml3. replace( /userzpfInfo/g, "userzpfInfo_" + k ) ;
  var tdhtml5 = tdhtml4. replace( / < select /, " < select onChange = 'selectTeacherId( this )' " ) ;
  var trhtml = " < tr id = 'teacher" + i + "' >" + tdhtml5 + " </tr >" ;
  if ( i ! = 1 ) {
    $( "#teacher" + k ) . after( trhtml ) ;
   }
   else {
  $( "#teacher0" ) . after( trhtml ) ;
   }
 }
} ) ;
```

如果选择分多个班级,可查看每个班级的学生信息。首先,需要定义分班学生的数据模型。在 ArrangeClassModel 中添加以下代码:

```
public class CheckTheClassStusModel
{
    public string campusName { get; set; }
    public string jcz { get; set; }
    public int sportId { get; set; }
    public string sportName { get; set; }
    public int currentSelectNum { get; set; }
    public int classNum { get; set; }
    public List < CheckTheClassStuModel > checkStudents { get; set; }
}

public class CheckTheClassStuModel
{
    public string classNo { get; set; }
    public List < TB_studentInfo > list { get; set; }
}
```

获取学生信息的方法如下:

```
[ userAuth( "admin" ) ]
public ActionResult CheckTheStudentsInfo( int sportId, string campusName, string jcz, int classNum )
{
```

```
string xn = Session["Arrange_xn"].ToString();  //学年;
int xq_id = Convert.ToInt32(Session["Arrange_xq_id"].ToString()); //学期编号,0 第一学期,1 第二学期
//查询报名学生信息
var studerList = from ss in db.TB_studentInfo
 join oo in db.TB_orderLearn on ss.XH equals oo.XH
 where oo.sportId == sportId && oo.jcz == jcz && oo.xq_id == xq_id && oo.campusName == campusName && oo.xn == xn
 orderby ss.XH
 select ss;
List < TB_studentInfo > studentListInfo;
int avgNum = studerList.Count() / classNum;
int yushu = studerList.Count() % classNum;
int takeNum = 0;
List < CheckTheClassStuModel > checkTheCLassStu = new List < CheckTheClassStuModel > ();
for (int i = 0; i < classNum; i ++)
{
  CheckTheClassStuModel checkTCS = new CheckTheClassStuModel();
  checkTCS.classNo = (i + 1) + "班";
  if (yushu > 0)
  {
    studentListInfo = List.Skip(takeNum).Take((avgNum + 1)).ToList();
    yushu = yushu - 1;
    takeNum = takeNum + avgNum + 1;
  }
  else
  {
    studentListInfo = studerList.Skip(takeNum).Take(avgNum).ToList();
    takeNum = takeNum + avgNum;

  }
  checkTCS.list = studentListInfo;
  checkTheCLassStu.Add(checkTCS);
}
CheckTheClassStusModel checkStu = new CheckTheClassStusModel();
checkStu.sportId = sportId;
checkStu.campusName = campusName;
checkStu.jcz = jcz;
checkStu.currentSelectNum = studerList.Count();
checkStu.sportName = db.TB_sportSub.Find(sportId).sportName;
checkStu.classNum = classNum;
checkStu.checkStudents = checkTheCLassStu;
```

```
        return View(checkStu);
}
```

在 Insert 页面中添加以下 js 代码,可实现查看班级学生按钮的点击事件:

```
function checkTheStudentsInfo() {
        var classNum = $("#classNum").val();
        window.location.href = "/ArrangeClass/CheckTheStudentsInfo? campusName = " + $("#campus-
Name").val() + "&&sportId = " + $("#sportId").val() + "&&jcz = " + $("#jczInfo").val() + "
&&classNum = " + $("#classNum").val();
}
```

为了查看学生信息,需要添加 CheckTheStudentsInfo 页面:

```
@ model cquSport.Models.CheckTheClassStusModel
@ {
    Layout = null;
}
<! DOCTYPE html >
< html >
< head >
    < meta name = "viewport" content = "width = device-width" / >
    < title > 预约排课 </ title >
    < link href = "./Content/bootstrap/css/bootstrap.css" rel = "stylesheet" / >
    < style type = "text/css" >
    . no1fontstyle
    {
    color: #5b0000;
    font-size: 14px;
    }
    #campusName
    {
     width: 120px;
    }
    #sportId
    {
     width: 120px;
    }
    . tabInner
    {
     font-size: 12px;
     text-align: left;
     color: #5a0000;
    }
    . tabInner2
    {
```

```
    color：#4b4b4b；
    }
    </style >
    < link href = " ~/Content/css/tooltipster. css" rel = "stylesheet" / >
    <! --[if lte IE 6] >
    < link href = ". /Content/bootstrap/css/bootstrap. css" rel = "stylesheet" / >
    <! [endif] -->
    <! --[if lte IE 7] >
    < link href = ". ./. ./Content/bootstrap/css/ie. css" rel = "stylesheet" / >
    <! [endif] -->
    < link href = ". ./. ./Content/easyuiTheme/bootstrap/easyui. css" rel = "stylesheet" / >
    < link href = " ~/Content/easyTheme/bootstrap/tabs. css" rel = "stylesheet" / >
    < link href = ". ./. ./Content/easyuiTheme/icon. css" rel = "stylesheet" / >
< script src = " ~/Scripts/JQuery-1. 10. 2. min. js" > </script >
    < script src = " ~/Scripts/JQuery. tooltipster. min. js" > </script >
    < script src = ". ./. ./Content/bootstrap/js/bootstrap. min. js" > </script >
    < script src = " ~/Scripts/JQuery. easyui. min. js" > </script >
    <! --[if lte IE 6] >
    < script src = ". ./. ./Content/bootstrap/js/bootstrap-ie. js" > </script >
    <! [endif] -->
    < script src = ". ./. ./Scripts/juery. topbar. js" > </script >
    < script type = "text/javascript" >
    function showTopMessage( message, backgroundColor, closeTime) {
        $("#topBarMessage"). text( message);
        $ ( " # topBarMessage " ). showTopbarMessage ({ background： backgroundColor, close：
closeTime });
    }
    </script >
    < script type = "text/javascript" >

    $( function ( ) {
        //选择教师下拉框事件处理
        $("#teacherId"). bind("keyup change", function ( ) {
        //   alert($(this). val( ));
    $("form"). submit( );
        });
    });
    </script >
</head >
< body >
    < div style = "margin：0 auto; margin-top：5px; width：780px; text-align：center;" >
    < h4 style = "color：#820000; font-weight：bold;" >查看预排课操作界面 </h4 >
```

```
< div style = "text-align：left；border：1px #c1c1c1 solid；border-bottom：0px；padding-left：20px；
height：90px；line-height：35px；padding-top：10px；margin-top：10px；font-size：13px；" >

    < input type = "hidden"  name = "campusName"  value = "@Model.campusName"/ >
    < input type = "hidden"  name = "jcz"    value = "@Model.jcz"/ >
    < input type = "hidden"  name = "sportId"   value = "@Model.sportId"/ >
    < input type = "hidden"  name = "classNum"   value = "@Model.classNum"/ >
    < input type = "hidden"  name = "Select"   value = "@Model.currentSelectNum"/ >
    < span class = "no1fontstyle" >校区：</ span >@Model.campusName
     < span class = "no1fontstyle" >项目名称：</ span >@Model.sportName
      < span class = "no1fontstyle" >上课时间：</ span >@Model.jcz
       < span class = "no1fontstyle" >报名总人数：</ span >@Model.currentSelectNum
        < span class = "no1fontstyle" >共分班级数：</ span >@Model.classNum
       
    @Html.ActionLink("返回"，"Insert"，new { campusName = Model.campusName，sportId =
Model.sportId，jcz = Model.jcz}，
     new { @class = "btn btn-small btn-info"  })
</ div >
< div class = "easyui-tabs"  style = "width：780px；height：700px" >
  @foreach( var item in Model.checkStudents){
    < div title = "@item.classNo" style = "padding：10px" >
      < table class = " table table-hover" border = "1" style = "border-color：#C0C0C0" >
      < tr >
< th style = "text-align：center；" >序号</ th >
< th style = "text-align：center；" >姓名</ th >
< th style = "text-align：center；" >学号</ th >
< th style = "text-align：center；" >专业</ th >
< th style = "text-align：center；" >所属学院</ th >
       </ tr >
     @if (item.list.Count() ！= 0)
{
    int a = 0;
    foreach (var item1 in item.list)
    {
     a = a + 1;
     < tr >
      < td style = "text-align：center；" >
      @a
       </ td >
       < td class = "span2"   style = "text-align：center；" >
       @Html.DisplayFor(modelItem => item1.XM) </ td >
        < td class = "span2"   style = "text-align：center；" >
```

209

```
@ Html. DisplayFor( modelItem => item1. XH) </td >
    < td class = "span3"  style = "text-align: center;" >
@ Html. DisplayFor( modelItem => item1. Major_nam) </td >
    < td class = "span3" style = "text-align: center;" >
@ Html. DisplayFor( modelItem => item1. Dept_nam) </td >
    </tr >
}
}
</table >
</div >
}
</div >
</div >
<! -- 顶部提示框  -->
< div id = "topBarMessage" style = "display: none;" > </div >
</body >
</html >
```

在 Insert 页面中,选择教师。选择教师时,会弹出界面显示该教师的课程信息,辅助完成排课操作。首先需要定义教师模型,并在 ArrangeClassModel. cs 中添加以下代码:

```
public class TeacherClassModle
{
    public string zjcName { get; set; }
    public string placeName { get; set; }
    public string campusName { get; set; }
    public string sportName { get; set; }
}
```

根据教师 ID 获取课程信息的方法如下:

```
//根据老师 ID 查看老师的上课信息表
[ userAuth( "admin" ) ]
public JsonResult getTheTeacherClass( string teacherId)
{
    string xn = Session[ "Arrange_xn" ]. ToString( );  //学年;
    int xq_id = Convert. ToInt32( Session[ "Arrange_xq_id" ]. ToString( ));//学期编号,0 第一学期,1 第二学期
    //已经排课的教师列表信息
    List < TB_arrangeTeacher > teacherClassList = db. TB_arrangeTeacher. Where( m => m. xn == xn && m. xq_id == xq_id && m. ZGH == teacherId
    ). ToList( );
    List < ClassModle > ClassModelList = new List < ClassModle >( );
    for ( int i = 0; i < teacherClassList. Count( );i ++ )
    {
        TeacherClassModle teacherClassModel = new TeacherClassModle( );
```

```
//teacherClassModel. arrangeTeacher = teacherClassList[i];
    teacherClassModel. campusName = teacherClassList[i]. campusName;
    teacherClassModel. zjcName = teacherClassList[i]. jcz;
    teacherClassModel. placeName = teacherClassList[i]. place;
    teacherClassModel. sportName
    db. TB_sportSub. Find(teacherClassList[i]. sportId). sportName;
    teacherClassModelList. Add(teacherClassModel);
}
    string teacherName = db. TB_teacherInfo. Find(teacherId). XM;
    return Json(new { teacherClassModelList = teacherClassModelList, num = teacherClassModelList.
Count(), teacherName = teacherName }, JsonRequestBehavior. AllowGet);
}
```

在页面中添加 js 代码,为选择教师下拉框绑定选择事件。其代码如下:

```
//选择教师下拉框事件处理
$("#teacherId"). bind("keyup change", function () {
    for (var i = 1; i < 6; i++) {
    for (var j = 1; j < 5; j++) {
    $("#K" + i + "" + j). text("");
    }
    }
    if ($(this). val() ! = 0 && $(this). val() ! = "") {
    //开始发送 Ajax 请求
    $. ajax({
    type: "POST",
    url: '@ Url. Action("getTheTeacherClass", "ArrangeClass")',
    data: '{"teacherId":"' + $(this). val() + '"}',
    contentType: "application/json; charset = utf-8",
    dataType: "json",
    success: function (msg) {
    var mssg = "";
    for (var i = 0; i < msg. num; i++) {
    mssg = msg. teacherClassModelList[i]. campusName + " -- " +
        msg. teacherClassModelList[i]. sportName + " -- " +
        msg. teacherClassModelList[i]. placeName;
    $("#" + msg. teacherClassModelList[i]. zjcName). text(mssg);
    }
    $("#teacherName"). text(msg. teacherName + " 排课信息");
    var jczInfo = $("#jczInfo"). val();
    $("#" + jczInfo). css("backgroundColor", "#b70000");
    $("#clickshowTeacherInfo"). click();
    },
    error: function () {
```

```
        alert("数据库操作失败,请与管理员联系!");
        }
        });
    }});
```

还需要添加 js 方法 selectTeacherId 的代码如下:

```
function selectTeacherId(id) {
    for (var i = 1; i < 6; i ++) {
        for (var j = 1; j < 5; j ++) {
    $("#K" + i + "" + j).text("");
    }
    }
    if (id. value ! = 0 && id. value ! = "") {
    //开始发送 Ajax 请求
        $. ajax({
type: "POST",
url: '@ Url. Action("getTheTeacherClass", "ArrangeClass")',
data: '{"teacherId":"' + id. value + '"}',
contentType: "application/json; charset = utf-8",
dataType: "json",
success: function (msg) {
var mssg = "";
for (var i = 0; i < msg. num; i ++) {
 mssg = msg. teacherClassModelList[i]. campusName + " -- " +
 msg. teacherClassModelList[i]. sportName + " -- " +
 msg. teacherClassModelList[i]. placeName;
 $("#" + msg. teacherClassModelList[i]. zjcName). text(mssg);
 }
$("#teacherName"). text(msg. teacherName + " 排课信息");
var jczInfo = $("#jczInfo"). val();
$("#" + jczInfo). css("backgroundColor", "#b70000");
$("#clickshowTeacherInfo"). click();
},
error: function () {
    alert("数据库操作失败,请与管理员联系!");
}
});
}
}
```

在 Insert 页面中,可选择场地信息、保存场地信息。添加以下 js 代码,可实现保存场地信息的
函数:

```
function savegroundInfo(numbers) {
    var input = document. getElementsByTagName("input");
```

```javascript
var count = 0;
if (numbers != null) {
  var name1 = "list[" + numbers + "].groundId";
  document.getElementById(name1).value = ""
  var txt1 = document.getElementById(name1);
  var name2 = "groundlist_" + numbers;
  var r = document.getElementsByName(name2);
  for (var i = 0; i < input.length; i++) {
    if (input[i].type == "checkbox" && input[i].name.indexOf(name2) != -1)
    {
        if (input[i].checked) {
//这个地方是获取你选定了的 checkbox 的 Value
txt1.value = txt1.value + input[i].value + ";";
count++;
        }
      }
    }
  } else {
document.getElementById("groundId").value = ""
var txt1 = document.getElementById("groundId");
var r = document.getElementsByName("groundlist");
for (var i = 0; i < input.length; i++) {
if (input[i].type == "checkbox" && input[i].name.indexOf("groundlists") != -1) {
if (input[i].checked) {
    //这个地方是获取你选定了的 checkbox 的 Value
    txt1.value = txt1.value + input[i].value + ";";
    count++;
        }
      }
    }
  }
}
```

在选择了分班信息、教师信息以及场地之后,可单击"保存"按钮进行排课操作。保存排课时,可能会选择多个分班多个教师,需要先定义教师组的数据模型,在 ArrangeClassModel.cs 中添加以下代码:

```csharp
public class TeacherGroundModle
{
    public string teacherId { get; set; }
    public string groundId { get; set; }
}
```

保存排课信息代码如下:

```
// 保存排课信息列表
```

```
public ActionResult SaveArrangeClass(List < TeacherGroundModle > list, int sportId, string campus-
Name, string jcz, int classNum, string teacherId, string groundId)
    {
        string xn = Session["Arrange_xn"]. ToString();    //学年;
        int xq_id = Convert. ToInt32(Session["Arrange_xq_id"]. ToString()); //学期编
号,0 第一学期,1 第二学期

        //查询报名学生信息
        var studerList = from ss in db. TB_studentInfo
            join oo in db. TB_orderLearn on ss. XH equals oo. XH
            where oo. sportId == sportId && oo. jcz == jcz && oo. xq_id == xq_id && oo. campusName
== campusName && oo. xn == xn
            orderby ss. Dqnj, ss. Dept_nam, ss. XH
            select ss;
        try
        {
            if(className ! = 1 && classNum < studerList. Count())
        {
                //判断选择的分班数目,按照分班数目来排课
                int avgNum = studerList. Count() / classNum;
                int yushu = studerList. Count() % classNum;
                int takeNum = 0;
                for(int i = 0; i < classNum; i ++)
                {
                    List < TB_studentInfo > studentListInfo = new List < TB_studentInfo >();
                    if(yushu >0){
                        studentListInfo = studerList. Skip(takeNum). Take((avgNum + 1)). ToList();
                        yushu = yushu - 1;
                        takeNum = takeNum + avgNum + 1;
            }    else{
                    studentListInfo
studerList. Skip(takeNum). Take(avgNum). ToList();
                    takeNum = takeNum + avgNum;
            }
            if(i == 0)
            {
                //获取任课教师信息并插入教师课表中
                TB_arrangeTeacher arrangeTeacher = new TB_arrangeTeacher();
                arrangeTeacher. sportId = sportId;
                arrangeTeacher. campusName = campusName;
                arrangeTeacher. jcz = jcz;
                arrangeTeacher. ZGH = teacherId;
```

```
arrangeTeacher. place = groundId;
arrangeTeacher. studentNum = studentListInfo. Count();
arrangeTeacher. xn = xn;
arrangeTeacher. xq_id = xq_id;
arrangeTeacher. IsNewStu = null;
db. TB_arrangeTeacher. Add( arrangeTeacher);
db. SaveChanges();
for ( int j = 0; j < studentListInfo. Count(); j ++ )
{
    //获取学生信息等,插入排课记录表中
    TB_arrangeClass arrangeClassInfo = new TB_arrangeClass();
    arrangeClassInfo. sportId = sportId;
    arrangeClassInfo. campusName = campusName;
    arrangeClassInfo. jcz = jcz;
    arrangeClassInfo. ZGH = teacherId;
    arrangeClassInfo. place = groundId;
    arrangeClassInfo. XH = studentListInfo[ j]. XH;
    arrangeClassInfo. xn = xn;
    arrangeClassInfo. xq_id = xq_id;
    arrangeClassInfo. IsNewStu = null;
    db. TB_arrangeClass. Add( arrangeClassInfo);
    db. SaveChanges();
}
}
else
{
    TB_arrangeTeacher arrangeTeacher = new TB_arrangeTeacher();
    //获取任课教师信息并插入教师课表中,此处代码省略
    db. SaveChanges();
    for ( int j = 0; j < studentListInfo. Count(); j ++ )
    {
    //获取学生信息并插入排课表中,此处代码省略
    }
}
}
}
else if ( classNum == 1 )
{
//只有一个班,记录教师信息以及学生信息,此处代码省略,完整代码请扫描二维码查看
}
//根据老师进行分组查询,用于显示到前台页面
var arrangeClassList = ( from aa in db. TB_arrangeTeacher
```

```
        where aa. sportId == sportId && aa. campusName == campusName
        && aa. jcz == jcz && aa. xn == xn && aa. xq_id == xq_id&&aa. IsNewStu == null
        select new { ZGH = aa. ZGH, place = aa. place } ). Distinct( );

        //将任课教师、场地信息等传递到页面,此处代码省略,完整代码请扫描二维码查看

        return View( arrangeClassModel );
    }
    catch ( Exception )
    {
        throw;
    }
}
```

保存排课成功之后,页面将会跳转到显示排课的详细信息,添加页面 SaveArrangeClass。页面代码如下:

```
< div style = " margin: 0 auto; margin-top: 5px; width: 780px; text-align: center; " >
    < table class = " table table-hover" border = "1" style = "border-color: #C0C0C0" >
    < caption >
    < h4 style = " color: #820000; font-weight: bold; " >排课操作界面 </h4 >
     < div style = " text-align: left; border: 1px #c1c1c1 solid; border-bottom: 0px; padding-left: 20px; height: 80px; line-height: 35px; padding-top: 10px; margin-top:10px; font-size: 13px; " >
    @ using ( Html. BeginForm( "SelectArrange", "Arrange", FormMethod. Post) )
     {
    @ Html. ValidationSummary( true)
        < input type = "hidden" name = "campusName" id = "campusName" value = "@ Model. campusName"/ >
        < input type = "hidden" name = "jcz" id = "jcz" value = "@ Model. jcz"/ >
        < input type = "hidden" name = "spId" id = "spId" value = "@ Model. sportId"/ >
        < input type = "hidden" name = "Num" id = "Num" value = "@ Model. classNum"/ >
        < input type = " hidden" name = "SelectNum" id = " SelectNum" value = "@ Model. SelectNum"/ >
        < input type = "hidden" name = "groundId" id = "groundId" value = ""/ >
        < span class = "no1fontstyle" >校区: </span > @ Model. campusName
     < text >            </text >
    < span class = "no1fontstyle" >项目名称: </span > @ Model. sportName
     < text >            </text >
    < span class = "no1fontstyle" >上课时间: </span > @ Model. jcz
     < text >            </text >
    < span class = "no1fontstyle" >报名总人数: </span > @ Model. currentSelectNum
    < text >            </text >
    < span class = "no1fontstyle" >共分班级数: </span > @ Model. classNum < br/ >
    < span class = "no1fontstyle" >任课老师及场地信息: </span > @ Html. DropDownList( "teach-
```

erId"）

```
        <input type = "button" onclick = "deleteButton( )" class = "btn btn-small btn-danger" value =
"重新排课" / >
    <text >    
        <a data-toggle = "modal" href = "#showTeacher" class = "btn btn-success" >修改教师 </a>
    @ * <input type = "button" onclick = "updateButton( )" class = "btn btn-small btn-danger"
value = "修改教师" / > * @   </text >
    @ Html. ActionLink（"返回"，"Index"，new {campusName = Model. campusName，sportId =
Model. sportId，jcz = Model. jcz}，
    new { @ class = "btn btn-small btn-info"  }）
    }
    </div >
</caption >
<thead >
<tr >
<th style = "text-align: center;" >序号 </th >
<th style = "text-align: center;" >姓名 </th >
<th style = "text-align: center;" >学号 </th >
<th style = "text-align: center;" >专业 </th >
<th style = "text-align: center;" >所属学院 </th >
</tr >
</thead >
<tbody >
@ if（Model. arrangeList. Count( )! = 0）
{
int a = 0;
foreach（var item in Model. arrangeList）
{
a = a + 1;
<tr >
<td style = "text-align: center;" >
@ a
</td >
<td class = "span2" style = "text-align: center;" >
@ Html. DisplayFor( modelItem => item. TB_studentInfo. XM) </td >
<td class = "span2" style = "text-align: center;" >
@ Html. DisplayFor( modelItem => item. TB_studentInfo. XH) </td >
<td class = "span3" style = "text-align: center;" >
@ Html. DisplayFor( modelItem => item. TB_studentInfo. Major_nam) </td >
<td class = "span3" style = "text-align: center;" >
@ Html. DisplayFor( modelItem => item. TB_studentInfo. Dept_nam) </td >
```

```
            </tr>
        }
    }
        </tbody>
        </table>
        </div>
    <div id = "showTeacherInfo2" class = "modal fade" aria-hidden = "true" aria-labelledby =
"$myModalLabel" role = "dialog" tabindex = "-1" style = "display：none；top：10px；">
        <div class = "modal-dialog">
        <div class = "modal-content">
        <div class = "modal-header">
        <button class = "close" aria-hidden = "true" data-dismiss = "modal" type = "button"> ×
</button>
        <h4 class = "modal-title"> <span id = "teacherName" style = "color：#b70000；"> </span>
</h4>
        </div>
        <div class = "modal-body"    style = "height：300px；">
        选择老师：@ Html. DropDownList("teacherList") <br / >
        @ if (Model. groundInfoList. Count() ！ = 0)
        {
        int a = 1；
        foreach (var item in Model. groundInfoList)
        {
        <input type = "checkbox" name = "groundlist" value = "@ item. groundNo"/ > @ Html. Display-
For(modelItem => item. groundNo)
        <text>  ； ； ； ； ； </text>
        if (a > 4 && a % 5 == 0)
        {
        <br / >
        }
        a = a + 1；
        }
        }
        <br / >
        <button class = "btn btn-success"  type = "button"  data-dismiss = "modal"  onmousedown =
"saveChangeInfo()"> 保存 </button>
        </div>
        <div class = "modal-footer"   style = "height：20px；">
        <button class = "btn btn-success" data-dismiss = "modal" type = "button"> 关闭 </button>
        </div>
        </div> <！ -- /. modal-content -->
        </div> <！ -- /. modal-dialog -->
```

218

```
</div><!-- /.modal -->
```

在该页面中,可重新排课。重新排课的方法如下:

```
//根据项目名称、校区信息、上课时间,重新排课
[userAuth("admin")]
public ActionResult Delete(int sportId, string campusName, string jcz)
{
string xn = Session["Arrange_xn"].ToString();  //学年;
int xq_id = Convert.ToInt32(Session["Arrange_xq_id"].ToString()); //学期编号,0 第一学期,1
第二学期
    List < TB_arrangeClass > arrangeList = (from aa in db.TB_arrangeClass
        where aa.sportId == sportId && aa.campusName == campusName
        && aa.jcz == jcz && aa.xn == xn && aa.xq_id == xq_id
        &&aa.IsNewStu == null
        select aa).ToList();
    if(arrangeList.Count() >0)
    {
    foreach(var item in arrangeList)
     {
    db.TB_arrangeClass.Remove(item);
    db.SaveChanges();
     }
     }

    //已经排课的教师列表信息
    List < TB_arrangeTeacher > teacherClassList = db.TB_arrangeTeacher.Where(m => m.sportId
== sportId && m.campusName == campusName
    &&m.IsNewStu == null && m.jcz == jcz &&  m.xn == xn && m.xq_id == xq_id).ToList();
    if (teacherClassList.Count() > 0)
    {
    foreach (var item in teacherClassList)
     {
    db.TB_arrangeTeacher.Remove(item);
    db.SaveChanges();
     }
     }

     return RedirectToAction("Insert", new { sportId = sportId, campusName = campusName, jcz =
jcz });
     }
```

需要在 SaveArrangeClass 页面中添加以下代码:

```
function deleteButton()
{
    var r = confirm("确认重新排课吗?");
```

```
            if (r == true)
            {
                window. location. href = "/Arrange/Delete? campusName =" + $("#Name"). val()
                + "&&sportId =" + $("#sportId"). val() + "&&jcz =" + $("#jcz"). val();
            }
            else
            {
            }
        }
```

在 SaveArrangeClass 页面中,修改教师和场地信息。其实现方法如下:

```
//根据已经排课信息进行教师的修改
[userAuth("admin")]
public ActionResult updateArrangeClass(int sportId, string campusName, string jcz, string teacherId,
int classNum, int currentSelectNum, string newteacher, string groundId)
{
    string xn = Session["Arrange_xn"]. ToString();   //学年;
    int xq_id = Convert. ToInt32(Session["Arrange_xq_id"]. ToString()); //学期编号,0 第一学
期,1 第二学期
    string[] teacherandplace = teacherId. Split('e');
    string teacher = teacherandplace[0];
    string place = teacherandplace[1];
    //查看下 Old 的排课信息
    var oldArrangeClass = (from aa in db. TB_arrangeClass
        where aa. sportId == sportId && aa. campusName == campusName&& aa. jcz == jcz && aa. xn
== xn && aa. xq_id == xq_id && aa. ZGH == teacher && aa. place == place &&aa. IsNewStu == null
        select aa). ToList();
    foreach (var arrange in oldArrangeClass)
    {
        TB_arrangeClass oldarrange = new TB_arrangeClass();
        oldarrange = arrange;
        oldarrange. ZGH = newteacher;
        if (groundId ! = null && groundId ! = "")
        {
            oldarrange. place = groundId;
        }
        db. TB_arrangeClass. Attach(oldarrange);
        db. Entry(oldarrange). State = EntityState. Modified;
        db. SaveChanges();
    }
    //根据老师排课表查询当前的分班情况
    var arrangeTeacher = (from aa in db. TB_arrangeTeacher
```

where aa. sportId == sportId && aa. campusName == campusName&& aa. jcz == jcz && aa. xn == xn && aa. xq_id == xq_id && aa. ZGH == teacher && aa. place == place&&aa. IsNewStu == null

select aa) ;

//修改 TB_arrangeTeacher 信息,将 ZGH 的信息改为新的教师信息

TB_arrangeTeacher oldarrangeTeacher = arrangeTeacher. SingleOrDefault( ) ;

oldarrangeTeacher. ZGH = newteacher;

if (groundId ! = null && groundId ! = " ")

{

　　oldarrangeTeacher. place = groundId;

}

db. TB_arrangeTeacher. Attach(oldarrangeTeacher) ;

db. Entry(oldarrangeTeacher) . State = EntityState. Modified;

db. SaveChanges( ) ;

string teacheraplace = newteacher + "e" + oldarrangeTeacher. place;

return RedirectToAction ("SelectArrangeClass", new { sportId = sportId, campusName = campus-Name, jcz = jcz, teacherId = teacheraplace, classNum = classNum, currentSelectNum = currentSelect-Num }) ;

}

在 SaveArrangeClass 页面中添加以下代码:

```
function saveChangeInfo( ) {
    var r = confirm( "确认修改教师吗?" ) ;
    if ( r == true ) {
        var input = document. getElementsByTagName( "input" ) ;
        var txt1 = document. getElementById( "groundId" ) ;
        txt1. value = "" ;
        for ( var i = 0; i < input. length; i + + ) {
            if ( input[ i] . checked) {
//这个地方是获取你选定了的 checkbox 的 Value
txt1. value = txt1. value + input[ i] . value + ";" ;
            }
        }
        window. location. href = "/ArrangeClass/updateArrangeClass? campusName =" + $( "#campus-Name" ) . val( )
+ "&&sportId =" + $( "#sportId" ) . val( ) + "&&jcz =" + $( "#jcz" ) . val( ) +
"&&teacherId =" + $( "#teacherId" ) . val( ) + "&&classNum =" + $( "#classNum" ) . val( )
+ "&&currentSelectNum =" + $( "#currentSelectNum" ) . val( ) + "&&newteacher =" + $( "#teacherList" ) . val( ) + "&&groundId =" + $( "#groundId" ) . val( ) + "&&oldgroundId =" + $( "#old-groundId" ) . val( ) ;
    }
}
```

在 SaveArrangeClass 页面中,如果有多个分班,还可查看不同分班的学生信息,获取分班的学生信

息的方法如下：

```
public ActionResult SelectArrangeClass(int sportId, string campusName, string jcz, string teacherId,
int classNum, int currentSelectNum)
{
    string xn = Session["Arrange_xn"].ToString();  //学年;
    int xq_id = Convert.ToInt32(Session["Arrange_xq_id"].ToString()); //学期编号,0 第一学
期,1 第二学期;
    string[] teacherandplace = teacherId.Split('e');
    string teacher = teacherandplace[0];
    string place = teacherandplace[1];
    ArrangeClassModel arrangeClassModel = new ArrangeClassModel();
    arrangeClassModel.arrangeList = (from aa in db.TB_arrangeClass
        where aa.sportId == sportId && aa.campusName == campusName
    && aa.jcz == jcz && aa.xn == xn && aa.xq_id == xq_id && aa.ZGH == teacher && aa.
place == place
    && aa.IsNewStu == null
        select aa).ToList();
    arrangeClassModel.sportId = sportId;
    arrangeClassModel.campusName = campusName;
    arrangeClassModel.sportName = db.TB_sportSub.Find(sportId).sportName;
    arrangeClassModel.jcz = jcz;
    arrangeClassModel.classNum = classNum;
    arrangeClassModel.currentSelectNum = currentSelectNum;
    //任课老师信息查询列表
    List < SelectListItem > selectteacherList = new List < SelectListItem > ();
    //根据老师进行分组查询,用于显示到前台页面
    var arrangeClassList = (from aa in db.TB_arrangeTeacher
        where aa.sportId == sportId && aa.campusName == campusName
        && aa.jcz == jcz && aa.xn == xn && aa.xq_id == xq_id&&aa.IsNewStu == null
        select new { ZGH = aa.ZGH, place = aa.place }).Distinct();
    foreach (var item in arrangeClassList)
    {
        if (item.ZGH == teacher && item.place == place)
        {
        selectteacherList.Add(new SelectListItem()
        {
            Text = db.TB_teacherInfo.Find(item.ZGH).XM + " - - -" + item.place,
            Value = item.ZGH + "e" + item.place,
        Selected = true
        });
        } else {
        selectteacherList.Add(new SelectListItem()
```

```
            {
              Text = db. TB_teacherInfo. Find( item. ZGH) . XM + " - - -" + item. place,
              Value = item. ZGH + "e" + item. place
            });
        }
    this. ViewData["teacherId"] = selectteacherList;
    //任课老师信息查询列表
    //查询老师信息
    List < TB_teacherInfo > teachersList = db. TB_teacherInfo. OrderBy( m => m. CampusName).
ToList < TB_teacherInfo > ();
    List < SelectListItem > teacherList = new List < SelectListItem > ();
    foreach ( var item in teachersList)
        {
    teacherList. Add( new SelectListItem( )
        {
          Text = item. XM + " - -" + item. CampusName,
          Value = item. ZGH
        });
        }
    //查询场地信息
    string sportNames = db. TB_sportSub. Find( sportId). sportName;
    List < TB_groundInfo > groundInfoList = db. TB_groundInfo. Where( m => m. campusName ==
campusName && ( m. sportName == sportNames || m. sportName == "其他")). ToList();
    arrangeClassModel. groundInfoList = groundInfoList;
    this. ViewData["teacherList"] = teacherList;
    return View("SaveArrangeClass", arrangeClassModel);
        }
```

到目前为止,排课管理模块已经实现。接下来,开始介绍安排测试的实现。首先添加 ArrangeTest-Controller. cs 文件,然后添加对 Model 以及 Domain 的引用,初始化实体对象。其代码如下:

```
using System;
using System. Collections. Generic;
using System. Linq;
using System. Web;
using System. Web. Mvc;
using sportDomain;
using cquSport. Models;
using System. IO;
using NPOI. HSSF. UserModel;
using NPOI. HPSF;
using NPOI. POIFS. FileSystem;
using NPOI. SS. UserModel;
using System. Data;
```

```
using Webdiyer;
using Webdiyer. WebControls. Mvc;

namespace cquSport. Controllers
{
    [userAuth("admin")]
    public class ArrangeTestController : Controller
    {
        private sportsEntities db = new sportsEntities();
        //
        // GET: /ArrangeTest/
        public ActionResult Index()
        {
            return View();
        }
    }
}
```

将预约测试以及已安排的测试信息显示在页面中,需要定义安排的测试的数据模型,新建 ArrangeTestModel. cs文件,添加测试的数据模型。其代码如下:

```
using System;
using System. Collections. Generic;
using System. ComponentModel. DataAnnotations;
using System. Linq;
using System. Web;
using System. Web. Mvc;
using sportDomain;
namespace cquSport. Models
{
    public class ArrangeTestModel
    {
        public List < TB_teacherInfo > teachersList { get; set; }
        public List < TB_groundInfo > groundInfoList { get; set; }
        public List < TB_studentInfo > studentList { get; set; }
        public List < TB_arrangeText > arrangeList { get; set; }
        public string campusName { get; set; }
        public int sportId { get; set; }
        public string sportName { get; set; }
        public string teacherId { get; set; }
        public int currentSelectNum { get; set; }
        public int classNum { get; set; }
        public string TestDate { set; get; }
        public string TestTime { set; get; }
```

```
    }
}
```

接下来,需要创建 Index 界面,以表格形式展示测试信息。其代码如下:

```
< div style = "margin: 0 auto; margin-top: 5px; width:95%; text-align: center;" >
  @ if ( Model ! = null && Model. sportId ! = 0)
  {
    < input value = "@ Model. sportId" id = "sportId1" type = "hidden" >
  }
  < table class = " table table-hover" border = "1" style = "border-color: #C0C0C0" >
  < caption >
  < h4 style = "color: #820000; font-weight: bold;" >安排测试操作界面 </h4 >
  < div style = " text-align: left; border: 1px #c1c1c1 solid; border-bottom: 0px; padding-left:
20px; height: 45px; line-height: 35px; padding-top: 10px; margin-top:10px; font-size: 13px;" >
  < span class = "no1fontstyle" >选择安排测试校区: </span >@ Html. DropDownListFor ( m =>
m. campusName, new[ ] {
      new SelectListItem( ) { Text = "虎溪校区", Value = "虎溪校区" },
      new SelectListItem( ) { Text = "A/B 校区", Value = "A/B 校区" }
      }, "请选择...")@ Html. ValidationMessageFor( m => m. campusName)
         
  < span class = "no1fontstyle" >项目名称: </span >
  < select id = "sportId" name = "sportId" >
  @ if ( Model ! = null && Model. sportId ! = 0)
  {
    < option value = "@ Model. sportId" >@ Model. TB_sportSub. sportName </option >
  } else {
    < option value = "" >请选择... </option >
  }
  </select >
  < div style = "text-align:right;margin-top:-42px;padding-right:10px" >
  @ Html. ActionLink("查看当前已安排测试信息", "CheckTest",new{}, new{@ class = "btn
btn-info"})
  </div >
  </div >
  </caption >
  < thead >
  < tr >
  < th style = "text-align: center;" > </th >
  < th style = "text-align: center;" >星期一 </th >
  < th style = "text-align: center;" >星期二 </th >
  < th style = "text-align: center;" >星期三 </th >
  < th style = "text-align: center;" >星期四 </th >
  < th style = "text-align: center;" >星期五 </th >
```

```html
< th style = "text-align： center;" >星期六 </th >
< th style = "text-align： center;" >星期天 </th >
</tr >
</thead >
< tbody >
< tr >
< td class = " span2" style = " text-align： center; height： 45px; padding-top： 10px;" > 上
午 < br / >
< span id = "no1ClassTime" style = "color： #b70000;" > </span >
</td >
< td class = "span2" id = "K1 上" style = "text-align：center;" > </td >
< td class = "span2" id = "K2 上" style = "text-align：center;" > </td >
< td class = "span2" id = "K3 上" style = "text-align：center;" > </td >
< td class = "span2" id = "K4 上" style = "text-align：center;" > </td >
< td class = "span2" id = "K5 上" style = "text-align：center;" > </td >
< td class = "span2" id = "K6 上" style = "text-align：center;" > </td >
< td class = "span2" id = "K7 上" style = "text-align：center;" > </td >
</tr >
< tr >
< td style = "text-align：center; height：45px; padding-top：10px;" >下午 < br / >
< span id = "no2ClassTime" style = "color： #b70000;" > </span >
</td >
< td id = "K1 下" style = "text-align：center;" > </td >
< td id = "K2 下" style = "text-align：center;" > </td >
< td id = "K3 下" style = "text-align：center;" > </td >
< td id = "K4 下" style = "text-align：center;" > </td >
< td id = "K5 下" style = "text-align：center;" > </td >
< td id = "K6 下" style = "text-align：center;" > </td >
< td id = "K7 下" style = "text-align：center;" > </td >
</tr >
</tbody >
</table >
</div >
```

从其他页面返回主页面时,需要记录校区和项目的信息,避免用户的重复操作。需要修改 Index
方法,代码如下：

```csharp
public ActionResult Index( string campusName, int sportId =0)
{
    if ( campusName ！ = null && campusName ！ = "")
    {
    TB_arrangeText arrangeClass = new TB_arrangeText();
    arrangeClass. campusName = campusName;
    arrangeClass. sportId = sportId;
```

226

```
        arrangeClass. TB_sportSub = db. TB_sportSub. Find( sportId) ;
        return View( arrangeClass) ;
            }
        return View( new TB_arrangeText( ) ) ;
    }
```

在页面中,选择校区。选择后,页面中的测试时间刷新,可选的项目也会刷新。根据校区获取测试时间以及可选项目的方法如下:

```
//返回测试时间
[ userAuth( "admin" ) ]
public JsonResult getClassTime( string campusName)
    {
        string camname = campusName + "测试";
        string no1TimeS = db. TB_classNo. Where( m => m. campusName == camname && m. classNo
== 1). Select( m => m. sartTime). SingleOrDefault( ) ;
        string no1TimeE = db. TB_classNo. Where( m => m. campusName == camname && m. classNo
== 1). Select( m => m. endTime). SingleOrDefault( ) ;
        string no2TimeS = db. TB_classNo. Where( m => m. campusName == camname && m. classNo
== 2). Select( m => m. sartTime). SingleOrDefault( ) ;
        string no2TimeE = db. TB_classNo. Where( m => m. campusName == camname && m. classNo
== 2). Select( m => m. endTime). SingleOrDefault( ) ;
        var timeInfo = new { no1 = no1TimeS + "开始", no2 = no2TimeS + "开始" } ;
         return Json( timeInfo, JsonRequestBehavior. AllowGet) ;
    }

    //根据所选校区,返回可选项目列表信息
[ userAuth( "admin" ) ]
public JsonResult getSubList( string campusName)
    {
      var theReturn = from aa in db. TB_sportSub
          where aa. campusName == campusName
          select new { Id = aa. Id, sportName = aa. sportName } ;
        return Json( theReturn, JsonRequestBehavior. AllowGet) ;
    }
```

在页面中添加 js 代码,为选择校区下拉框绑定选择事件。其代码如下:

```
//选择校区下拉框事件处理
$( "#campusName" ). bind( "keyup change", function ( ) {
    if ($( this). val( ) == "" ) {
    $( "#no1ClassTime" ). text( "" ) ;
    $( "#no2ClassTime" ). text( "" ) ;
    $( "#no3ClassTime" ). text( "" ) ;
    $( "#no4ClassTime" ). text( "" ) ;
    $( "#sportId" ). find ( 'option'). remove ( ). end ( ). append ( '< option value = "" > 请选择...
</option >'). val( "" ) ;
```

```
$( ". bookButton" ). tooltipster( 'destroy' );
}
else {
//开始发送 Ajax 请求
$. ajax( {
type："POST" ,
url：'@ Url. Action( "getClassTime" , "ArrangeTest" )' ,
data：'{ "campusName" :" ' + $( this ). val( ) + '" }' ,
contentType："application/json; charset = utf-8" ,
dataType："json" ,
success：function ( msg) {
$( "#no1ClassTime" ). text( msg. no1 );
$( "#no2ClassTime" ). text( msg. no2 );
} ,
error：function ( ) {
alert( "数据库操作失败,请与管理员联系!" );
}
} );
//初始化项目列表
$. ajax( {
type："POST" ,
url：'@ Url. Action( "getSubList" , "ArrangeTest" )' ,
data：'{ "campusName" :" ' + $( this ). val( ) + '" }' ,
contentType："application/json; charset = utf-8" ,
dataType："json" ,
success：function ( msg) {
$( "#sportId" ). find( 'option' ). remove( ). end( ). append( ' < option value = " " > 请选择...
</option >' );
for ( var i = 0; i < msg. length; i ++ ) {
$( "#sportId" ). append( " < option value = ' " + msg[i]. Id + " ' >" + msg[i]. sportName +
" </option >" );
}
$( "#sportId" ). val( "" );
$( ". bookButton" ). tooltipster( 'destroy' );
} ,
error：function ( ) {
alert( "数据库操作失败,请与管理员联系!" );
}
} );
}
} );
```

在 Index 页面中选择项目之后,页面会刷新,显示测试信息。根据校区、项目以及时间获取测试信息的方法如下：

```
//根据项目名称、校区信息、上课时间,查看报名人数
[userAuth("admin")]
public JsonResult getTheSubByK(int sportId, string campusName, string jcz)
{
    string xn = Session["Test_xn"].ToString();   //学年;
    int xq_id = Convert.ToInt32(Session["Test_xq_id"].ToString()); //学期编号,0 第一学期,
1 第二学期
    var jieci = from aa in db.TB_testTime
    where aa.campusName == campusName && aa.jcz == jcz
    select aa;
    int currentSelectNum = 0;
    int currentArrangeNum = 0;
    DateTime today = DateTime.Now;
    today.Date.ToString();//如 2005-11-5 0:00:00
    var ida = today.Date.DayOfWeek.ToString();
    var minDate = "";
    var maxDate = "";
    int i = 23;
    if (ida == "Monday")
    {
minDate = today.Date.AddDays(-1).AddHours(i).ToString();
maxDate = today.Date.AddDays(6).AddHours(i).ToString();
    }
    if (ida == "Tuesday")
    {
minDate = today.Date.AddDays(-2).AddHours(i).ToString();
maxDate = today.Date.AddDays(5).AddHours(i).ToString();
    }
    if (ida == "Wednesday")
    {
minDate = today.Date.AddDays(-3).AddHours(i).ToString();
maxDate = today.Date.AddDays(4).AddHours(i).ToString();
    }
    if (ida == "Thursday")
    {
minDate = today.Date.AddDays(-4).AddHours(i).ToString();
maxDate = today.Date.AddDays(3).AddHours(i).ToString();
    }
    if (ida == "Friday")
    {
minDate = today.Date.AddDays(-5).AddHours(i).ToString();
```

```
            maxDate = today. Date. AddDays(2). AddHours(i). ToString();
          }
          if (ida == "Saturday")
          {
            minDate = today. Date. AddDays(-6). AddHours(i). ToString();
            maxDate = today. Date. AddDays(1). AddHours(i). ToString();
          }
          if (ida == "Sunday")
          {
            minDate = today. Date. AddDays(-7). AddHours(i). ToString();
            maxDate = today. Date. AddDays(0). AddHours(i). ToString();
          }
          DateTime min = new DateTime();
          DateTime max = new DateTime();
          min = Convert. ToDateTime(minDate);
          max = Convert. ToDateTime(maxDate);
          foreach (var item in jieci)
          {
```

//当前报名总人数

```
          currentSelectNum = db. TB_orderTest. Where(m => m. sportId == sportId && m. testTimeId ==
item. Id &&
            m. xn == xn && m. xq_id == xq_id && m. campusName == campusName&&m. testDate < max
            &&m. testDate > min). Count();
```

//查询已安排测试表

```
          currentArrangeNum = db. TB_arrangeText. Where(m => m. sportId == sportId &&m. score ==
null &&
            m. testTimeId == item. Id && m. xn == xn && m. xq_id == xq_id && m. campusName =
= campusName
            && m. testDate < max&& m. testDate > min). Count();
          }
          return Json(new {currentArrangeNum = currentArrangeNum, numbers = currentSelectNum },
JsonRequestBehavior. AllowGet);
        }
```

在页面中添加 js 代码,为项目下拉框绑定选择事件。其代码如下:

```
//项目下拉框事件
$("#sportId"). bind("keyup change", function ()
{
  if ($("#campusName"). val() == "")
  {
    showTopMessage('请先选择排课校区。', "#b50000", 5000);
    $(this). val("");
    return;
```

```
            }
            if ($(this).val() == "")
            {
$(".bookButton").tooltipster('destroy');
            }
            else
            {
            if ($("#campusName").val() != "")
            {
                $(".bookButton").tooltipster('destroy');
                $('.bookButton').tooltipster({
                functionInit: function (origin, content, continueInit)
                {
            $.ajax({
            type: 'POST',
            url: '@Url.Action("getTheSubByK", "ArrangeTest")',
            data: '{"sportId":"' + $("#sportId").val() + '","campusName":"' + $("#campus-
Name").val() + '","jcz":"' + origin.closest("td").attr('id') + '"}',
            contentType: "application/json; charset=utf-8",
            dataType: "json",
            success: function (data)
            {
                if (data.numbers == 0)
                {
                origin.attr("disabled", "disabled");
                origin.attr("style", "display:none");
                origin.val("无人预约");
                }
            else
            {
                if (data.currentArrangeNum == 0)
                {
                    origin.removeAttr('disabled');
                    origin.attr("style", "display:normal");
                    origin.val("安排测试");
                    var resultshow;
                    resultshow = "预约测试人数为:" + data.numbers;
                    origin.tooltipster('update', resultshow);
                }
                else
                {
                    origin.removeAttr('disabled');
```

```
            origin. attr("style", "display:normal");
            origin. val("已安排测试信息");
            origin. tooltipster('update', "查看已安排测试信息");   }
        });
        }
      }
});
```

同时,添加 js 代码,当页面传入校区信息以及项目信息时,可刷新页面。其代码如下:

```
//初始化,如果有条件,就进行查询
if ($("#campusName"). val() ! = "")
{
    //开始发送 Ajax 请求
    $. ajax
    ({
    type: "POST",
    url: '@ Url. Action("getClassTime", "ArrangeTest")',
    data: '{"campusName":"' + $("#campusName"). val() + '"}',
    contentType: "application/json; charset = utf-8",
    dataType: "json",
    success: function (msg)
    {
        $("#no1ClassTime"). text(msg. no1);
        $("#no2ClassTime"). text(msg. no2);
        $("#no3ClassTime"). text(msg. no3);
        $("#no4ClassTime"). text(msg. no4);
    },
    error: function ()
    {
        alert("数据库操作失败,请与管理员联系!");
    }
    });
    if ($("#sportId"). val() ! = 0 && $("#sportId"). val() ! = "")
    {
    $(". bookButton"). tooltipster('destroy');
    $('. bookButton'). tooltipster
    ({
    functionInit: function (origin, content, continueInit)
    {
    $. ajax
    ({
    type: 'POST',
```

```
url：'@ Url. Action("getTheSubByK", "ArrangeTest")',
data：'{"sportId":"' + $("#sportId"). val() + '","campusName":"' + $("#campus-
Name"). val() + '","jcz":"' + origin. closest("td"). attr('id') + '"}',
contentType："application/json; charset = utf-8",
dataType："json",
success：function (data)
{
    if (data. numbers == 0)
    {
        origin. attr("disabled", "disabled");
        rigin. attr("style", "display:none");
        origin. val("无人报名");
    }
    else
    {
        if (data. currentArrangeNum == 0)
        {
    origin. removeAttr('disabled');
    origin. attr("style", "display:normal");
    var resultshow;
    var tishiNum = 20;
    if ($("#sportId"). val() == 7 || $("#sportId"). val() == 8 || $("#sportId"). val() == 10
|| $("#sportId"). val() == 30 || $("#sportId"). val() == 31 || $("#sportId"). val() == 32)
    {
    tishiNum = 15;
    }
    if (data. numbers < tishiNum)
        {
    resultshow = "人数小于" + tishiNum + "人!";
    origin. attr("class", 'bookButton btn btn-small btn-warning');
        }
    else
    {
        resultshow = "单击排课!";
        origin. attr("class", 'bookButton btn btn-small btn-success');
    }
        origin. val("报名人数为:" + data. numbers);
        origin. tooltipster('update', resultshow);
    }
    else
    {
```

```
                origin. attr("style", "display:normal");
                origin. removeAttr('disabled');
                origin. attr("class", 'bookButton btn btn-small btn-primary');
                origin. val("已安排测试信息");
                origin. tooltipster('update', "查看已安排测试信息");
            }
        }
    }
    });
    }
});
}

//初始化项目列表
$. ajax
({
    type: "POST",
    url: '@ Url. Action("getSubList", "ArrangeTest")',
    data: '{"campusName":"' + $("#campusName"). val() + '"}',
    contentType: "application/json; charset = utf-8",
    dataType: "json",
    success: function (msg)
    {
$("#sportId"). find('option'). remove(). end(). append('< option value = "" > 请选择...
</option >');
    for (var i = 0; i < msg. length; i + +)
        {
        if ($("#sportId1"). val() == msg[i]. Id)
            {
        $("#sportId"). append("< option value ='" + msg[i]. Id + "' selected >" + msg[i]. sport-
Name + " </option >");
        }
    else
    {
        $("#sportId"). append("< option value ='" + msg[i]. Id + "' >" + msg[i]. sportName +
" </option >");
        }
    }
        // $("#sportId"). val("");
        $(". bookButton"). tooltipster('destroy');
        },
    error: function ()
    {
```

234

```
        alert("数据库操作失败,请与管理员联系!");
        }
    });
}
```

在 Index 页面中,还可查看已安排的测试信息。获取数据的方法如下:

```
public ActionResult CheckTest()
{
    DateTime today = DateTime.Now;
    today.Date.ToString();//如 2005-11-5  0:00:00
    var ida = today.Date.DayOfWeek.ToString();
    var minDate = "";
    var maxDate = "";
    int i = 23;
    if (ida == "Monday")
    {
        minDate = today.Date.AddDays(-1).AddHours(i).ToString();
        maxDate = today.Date.AddDays(6).AddHours(i).ToString();
    }
    if (ida == "Tuesday")
    {
        minDate = today.Date.AddDays(-2).AddHours(i).ToString();
        maxDate = today.Date.AddDays(5).AddHours(i).ToString();
    }
    if (ida == "Wednesday")
    {
        minDate = today.Date.AddDays(-3).AddHours(i).ToString();
        maxDate = today.Date.AddDays(4).AddHours(i).ToString();
    }
    if (ida == "Thursday")
    {
        minDate = today.Date.AddDays(-4).AddHours(i).ToString();
        maxDate = today.Date.AddDays(3).AddHours(i).ToString();
    }
    if (ida == "Friday")
    {
        minDate = today.Date.AddDays(-5).AddHours(i).ToString();
        maxDate = today.Date.AddDays(2).AddHours(i).ToString();
    }
    if (ida == "Saturday")
    {
        minDate = today.Date.AddDays(-6).AddHours(i).ToString();
        maxDate = today.Date.AddDays(1).AddHours(i).ToString();
```

```
        }
    if（ida == "Sunday"）
        {
    minDate = today. Date. AddDays（-7）. AddHours（i）. ToString（）；
    maxDate = today. Date. AddDays（0）. AddHours（i）. ToString（）；
        }
    DateTime min = new DateTime（）；
    DateTime max = new DateTime（）；
    min = Convert. ToDateTime（minDate）；
    max = Convert. ToDateTime（maxDate）；
    string xn = Session["Test_xn"]. ToString（）；   //学年；
    int xq_id = Convert. ToInt32（Session["Test_xq_id"]. ToString（））；//学期编号,0 第一学期,1
第二学期
    List < CheckTestModel > temp = new List < CheckTestModel >（）；
    var stu = from aa in db. TB_TestTeacher
    orderby aa. jcz,aa. campusName,aa. sportId
    where aa. TestDate < max&& aa. TestDate > min&&aa. xn == xn&&aa. xq_id == xq_id
    select aa；
    foreach（ var item in stu）
        {
    CheckTestModel tem = new CheckTestModel（）；
    tem. campusName = item. campusName；
    tem. jcz = item. jcz；
    tem. place = item. place；

    tem. sportname = db. TB_sportSub. Where（m => m. Id == item. sportId）. First（）. sportName；
    tem. studentNum = Convert. ToInt16（item. studentNum）；
    tem. teacher = db. TB_teacherInfo. Where（m => m. ZGH == item. ZGH）. First（）. XM；
    tem. xn = xn；
    tem. xq_id = xq_id；
    tem. timeID = item. TestTime；
    tem. Date = Convert. ToDateTime（item. TestDate）. ToShortDateString（）；
    temp. Add（tem）；
        }
    return View（temp）；
}
```

添加 CheckTest 页面,页面代码如下:

```
@ model List < cquSport. Models. CheckTestModel >
@ {
    Layout = null；
}
<! DOCTYPE html >
```

```html
< html >
  < head >
  < meta name = " viewport" content = " width = device-width" / >
  < title >查看测试信息 </title >
  < style type = " text/css" >
  . no1fontstyle
  {
    color：#5b0000；
    font-size：14px；
  }

  #campusName
  {

    width：120px；

  }

  #sportId
  {

    width：120px；

  }

  . tabInner
  {

    font-size：12px；
    text-align：left；
    color：#5a0000；

  }

  . tabInner2
  {

    color：#4b4b4b；

  }
  </style >
  < link href = " ~ /Content/css/tooltipster. css" rel = " stylesheet" / >
  < link href = ". /Content/bootstrap/css/bootstrap. css" rel = " stylesheet" / >
  < link href = " ~ /Content/bootstrap/css/bootstrap. css" rel = " stylesheet" / >
  < link href = " ~ /Content/Site. css" rel = " stylesheet" / >
  < ! -- [ if lte IE 6 ] >
  < link href = "../../Content/bootstrap/css/bootstrap-ie6. min. css" rel = " stylesheet" / >
  < ! [ endif] -->
  < ! -- [ if lte IE 7 ] >
  < link href = "../../Content/bootstrap/css/ie. css" rel = " stylesheet" / >
  < ! [ endif] -->
  < script src = " ~ /Scripts/JQuery-1. 10. 2. min. js" > </script >
  < script src = " ~ /Content/datepicker/WdatePicker. js" > </script >
  < script src = "../../Content/bootstrap/js/bootstrap. min. js" > </script >
```

237

```
< script src = " ~/Scripts/JQuery. tooltipster. min. js" > </script >
<! --[if lte IE 6] >
< script src = "../../Content/bootstrap/js/bootstrap-ie. js" > </script >
<! [endif] -->
< script src = "../../Scripts/juery. topbar. js" > </script >
</head >
< body >
< table class = " table table-hover" border = "1" style = "border-color:#C0C0C0" >
    < caption >
    < h4 style = "color:#820000;font-weight:bold;" >查看已安排测试 </h4 >
    < div style = "text-align:left;padding-bottom:5px;" >
    </div >
    </caption >
    < thead >
  < tr >
    < th style = "text-align:center;width:20%" >测试时间 </th >
    < th style = "text-align:center;width:20%" >校区 </th >
    < th style = "text-align:center;width:20%" >体育项目 </th >
    < th style = "text-align:center;" >教师 -- 人数 -- 场地 </th >
  </tr >
    </thead >
    < tbody >
@ if (Model. Count! =0)
{
    foreach (var item in Model)
    {
     < tr >
     < td   style = "text-align:center;" >
     @ Html. DisplayFor(modelItem => item. Date)
     @ Html. DisplayFor(modelItem => item. jcz)
       
     @ Html. DisplayFor(modelItem => item. timeID)
     </td >
      < td    style = "text-align:center;" >
      @ Html. DisplayFor(modelItem => item. campusName) </td >
      < td   style = "text-align:center;" >
     @ Html. DisplayFor(modelItem => item. sportname) </td >
     < td class = "span3" style = "text-align:center;" >
     @ Html. DisplayFor(modelItem => item. teacher) --
     @ Html. DisplayFor(modelItem => item. studentNum) --
     @ Html. DisplayFor(modelItem => item. place)
     </td >
```

```
        </tr>
      }
   }
   </tbody>
   </table>
   <div　style="border-top:hidden;border:1px solid #C0C0C0;margin-top:-21px;"></div>
   </div>
   </body>
   </html>
```

在 Index 页面中,安排测试,单击按钮可跳转到安排测试界面。获取被安排测试数据的方法如下:

```
[userAuth("admin")]
public ActionResult anarrge(string campusName, string sportId, string jcz)
{
    string xn = Session["Test_xn"].ToString();  //学年;
    int xq_id = Convert.ToInt32(Session["Test_xq_id"].ToString()); //学期编号,0
第一学期,1 第二学期
    int timeID = db.TB_testTime.Where(m => m.jcz == jcz && m.campusName == campus-
Name).First().Id;
    int sportid = int.Parse(sportId);
    string sponame = db.TB_sportSub.Where(m => m.Id == sportid).First().sportName;
    DateTime today = DateTime.Now;
    today.Date.ToString();//如 2005-11-5  0:00:00
    var ida = today.Date.DayOfWeek.ToString();
    var minDate = "";
    var maxDate = "";
    //根据当前星期几设置查询时间范围,此处代码省略
    DateTime min = new DateTime();
    DateTime max = new DateTime();
    min = Convert.ToDateTime(minDate);
    max = Convert.ToDateTime(maxDate);
    string datetime = Convert.ToDateTime(db.TB_orderTest.Where(m => m.campusName == cam-
pusName && m.sportId == sportid && m.testTimeId == timeID&&m.testDate < max&&m.testDate >
min).First().testDate).ToShortDateString();
    //判断当前课程是否已经排过
    //已经排课的信息
    int currentArrangeNum = db.TB_TestTeacher.Where(m => m.sportId == sportid && m.jcz ==
jcz && m.xn == xn && m.xq_id == xq_id
&& m.campusName == campusName && m.TestDate < max && m.TestDate > min).Count();
    if (currentArrangeNum > 0)
    {
```

```
//已经安排,查出安排的测试信息
List < TB_TestTeacher > teacherList = db. TB_TestTeacher. Where( m => m. sportId == sportid
&& m. jcz == jcz && m. xn == xn && m. xq_id == xq_id && m. campusName == campusName
&& m. TestDate < max && m. TestDate > min). ToList();
string teacherId = teacherList[0]. ZGH;
ArrangeTestModel arrangeClassModel = new ArrangeTestModel();
arrangeClassModel. arrangeList = (from aa in db. TB_arrangeText
    where aa. sportId == sportid && aa. campusName == campusName
    && aa. testTimeId == timeID && aa. xn == xn && aa. xq_id == xq_id && aa. ZGH ==
teacherId
    && aa. testDate < max&&aa. testDate > min
    select aa). ToList();
arrangeClassModel. sportId = sportid;
arrangeClassModel. campusName = campusName;
arrangeClassModel. sportName = db. TB_sportSub. Find( sportid). sportName;
arrangeClassModel. TestTime = jcz;
int sumnum = 0;
for (int j = 0; j < currentArrangeNum; j ++ )
{
sumnum = sumnum + Convert. ToInt32( teacherList[j]. studentNum);
}
arrangeClassModel. currentSelectNum = sumnum;
arrangeClassModel. classNum = currentArrangeNum;
arrangeClassModel. TestDate = datetime;
//任课老师信息查询列表
List < SelectListItem > selectteacherList1 = new List < SelectListItem > ();

//查询教师信息以及场地信息,此处代码省略
this. ViewData["teacherId"] = selectteacherList1;
//任课老师信息查询列表
//查询老师信息
List < TB_teacherInfo > teachersListInfo = db. TB_teacherInfo. OrderBy( m => m. CampusName).
ToList < TB_teacherInfo > ();
List < SelectListItem > teacherListInfo = new List < SelectListItem > ();
foreach (var item in teachersListInfo)
{
    teacherListInfo. Add( new SelectListItem()
    {
Text = item. XM + " —— " + item. CampusName,
Value = item. ZGH
    });
}
```

//查询场地信息

string sportNames1 = db. TB_sportSub. Find(sportid). sportName；

List < TB_groundInfo > groundInfoList1 = db. TB_groundInfo. Where(m => m. campusName == campusName && (m. sportName == sportNames1 || m. sportName == "其他")). ToList( )；

arrangeClassModel. groundInfoList = groundInfoList1；

this. ViewData["teacherList"] = teacherListInfo；

return View("CheckAnarrge", arrangeClassModel)；

}

//返回一些基本信息，例如校区、项目名称、上课时间，当前报名总人数，查询报名学生信息，查询老师信息，查询场地信息，此处代码省略，完整代码请扫描二维码查看

ArrangeTestModel arrangClassModel = new ArrangeTestModel( )；

arrangClassModel. sportId = sportid；

arrangClassModel. campusName = campusName；

arrangClassModel. sportName = sportNames；

arrangClassModel. TestTime = jcz；

arrangClassModel. studentList = studerList. ToList( )；

arrangClassModel. teachersList = teachersList；

arrangClassModel. groundInfoList = groundInfoList；

arrangClassModel. currentSelectNum = currentSelectNum；

arrangClassModel. TestDate = datetime；

//获取测试老师列表以及场地列表，此处代码省略

return View(arrangClassModel)；

}

在 Index 页面中，需要添加以下代码，为安排测试按钮绑定点击事件：

//安排测试钮单击事件

$('body'). on('click', '. bookButton', function ( )

{

var thBtn = $(this)；

if ($("#campusName"). val( ) == "")

{

showTopMessage('请选择上课校区！', "#b50000", 5000)；

return；

}

if ($("#sportId"). val( ) == "")

{

showTopMessage('请选择要排课的体育项目！', "#b50000", 5000)；

return；

}

var url = "/ArrangeTest/anarrge? campusName = " + $("#campusName"). val( ) +

"&&sportId = " + $("#sportId"). val( ) + "&&jcz = " + thBtn. closest("td"). attr('id');
        window. location. hrcf = url;
    });
    接下来,添加 arrange 页面。页面代码如下(完整代码请扫描二维码查看):
@ using (Html. BeginForm("CheckAnarrge", "ArrangeTest", FormMethod. Post))
        {
        < div style = "margin: 0 auto; margin-top: 5px; width: 90%; text-align: center;" >
        < table class = " table table-hover" border = "1" style = "border-color: #C0C0C0" >
            < caption >
        < h4 style = "color: #820000; font-weight: bold;" >安排测试操作界面
        </h4 >
        < input name = "campusName" id = "campusName" value = "@ Model. campusName"/ >
        < input name = "TestTime" id = "TestTime"   value = "@ Model. TestTime"/ >
        < input name = "TestDate" id = "TestDate"   value = "@ Model. TestDate"/ >
        < input type = "hidden" name = "sportName"   value = "@ Model. sportName"/ >
        < input name = "currentSelectNum"   value = "@ Model. currentSelectNum"/ >
        < div style = "text-align: left; border: 1px #c1c1c1 solid; border-bottom: 0px; padding-left: 10px;
height: 90px; line-height: 35px; padding-top: 0px; margin-top:0px; font-size: 18px;" >
            < span class = "no1fontstyle" style = "font-size:16px;" > 校区: </span > @ Model. campus-
Name
            < span class = "no1fontstyle" style = "font-size:16px;" >测试项目: </span > @ Model. sport-
Name
            < span class = "no1fontstyle" style = "font-size:16px;" > 测 试 时 间: </span > @
Model. TestTime
            < span class = "no1fontstyle" style = "font-size:16px;" > 测 试 日 期: </span > @
Model. TestDate
            < span class = "no1fontstyle" style = "font-size:16px;" >测试人数: </span > @ Model. cur-
rentSelectNum
            </div >
        < div >
        < span class = "no1fontstyle" style = "font-size:18px" >选择分班数量: </span > < select id =
"classNum" name = "classNum" >
            @ for (int i = 1; i < = 5; i+ +)
            { < option id = "@ i-1" value = "@ i" >@ i </option > } </select > </div >
        < div >
            @ Html. ActionLink("返回", "Index", new { campusName = Model. campusName, sportId =
Model. sportId } ,new{ @ class = "bookButton btn btn-small btn-success" })
        </div >
        </caption >
            < thead >
        < tr >
        < th style = "text-align: left;" >选择测试老师 </th >

```
<th style = "text-align: left;" >选择测试场地信息 </th >
<th style = "text-align: left;" >选择测试时间点 </th >
</tr >
  </thead >
  <tbody id = "tbody1" >
<tr id = "teacher0" >
  <td class = "span2" style = "text-align:left;" >
  @ Html. DropDownList("teacherId")
   <span id = "no1Class" style = "color: #b70000;" > </span >
  </td >
   <td class = "span2" style = "text-align:left;" >
   <input id = "groundId" name = "groundId" / >
 <a data-toggle = "modal" href = "#userzpfInfo" class = "btn btn-success" >选择 </a >
   </td >
   <td class = "span2" style = "text-align:left;" >
   <select id = "timeid" name = "timeid" >
   <option  id = "11" value = "" >请选择… </option >
   <option id = "21"  value = "上午 8:30" >上午 8:30 </option >
   <! —可供选择的时间节点,此处省略 -->
   </select >
   </td >
</tr >
  </tbody >
</table >
</div >
  <div style = "text-align:center" > <input type = "submit" id = "save" name = "save" value =
"单击保存" class = "savebutton btn btn-small btn-primary" / > </div >
  }
  <! —顶部提示框以及选择场地模态框,此处代码省略 -->
  }
```

在 arrange 页面中,选择分班数量。选择之后,页面将会刷新。其代码如下:

```
$("#classNum"). change(function()
{
  for(var j = 1; j < 10; j ++)
  {
  $("#teacher" + j). remove();
  }
  var num = $(this);
  var tdhtml = $("#teacher0"). html();
  for(var i = 1; i < num. val(); i ++)
  {
  var k = i - 1;
```

```
var tdhtml1 = tdhtml. replace(/teacherId/g, "list[" + k + "]. teacherId");
var tdhtml2 = tdhtml1. replace(/groundId/g, "list[" + k + "]. groundId");
var tdhtml3 = tdhtml2. replace(/timeid/g, "list[" + k + "]. timeid");
var tdhtml4 = tdhtml3. replace(/no1Class/g, "no1Class" + k);
var tdhtml5 = tdhtml4. replace(/userzpfInfo/g, "userzpfInfo_" + k);
var tdhtml6 = tdhtml5. replace(/ < select /, " < select onChange = 'selectTeacherId(this)' ");
var trhtml = " < tr id = 'teacher" + i + "' >" + tdhtml5 + " </tr >";
if ( i ! = 1 )
{
    $("#teacher" + k). after(trhtml);
}
else
{
    $("#teacher0"). after(trhtml);
}
}
});
```

在 arrange 页面中，添加以下代码，实现保存场地信息：

```
function savegroundInfo(numbers)
{
    var input = document. getElementsByTagName("input");
    var count = 0;
    if (numbers ! = null)
    {
    var name1 = "list[" + numbers + "]. groundId";
    document. getElementById(name1). value = ""
    var txt1 = document. getElementById(name1);
    var name2 = "groundlist_" + numbers;
    var r = document. getElementsByName(name2);
    for (var i = 0; i < input. length; i ++)
    {
    if (input[i]. type == "checkbox" && input[i]. name. indexOf(name2) ! = -1)
{
    if (input[i]. checked)
    {
        //这个地方是获取你选定了的 checkbox 的 Value
    txt1. value = txt1. value + input[i]. value + ";";
    count ++;
    }
    }
    }
    }
```

```
        else
        {
    document.getElementById("groundId").value = ""
    var txt1 = document.getElementById("groundId");
    var r = document.getElementsByName("groundlist");
    for (var i = 0; i < input.length; i++)
    {
if (input[i].type == "checkbox" && input[i].name.indexOf("groundlists") ! = -1)
{
    if (input[i].checked)
    {
//这个地方是获取你选定了的 checkbox 的 Value
txt1.value = txt1.value + input[i].value + ";";
count++;
    }
    }
    }
}
```

选择了分班、教师以及场地之后,可单击"保存"按钮,保存测试信息。保存测试信息时,可能需要保存多个教师,需要定义教师数据模型。在 ArrangeTestModel.cs 中添加以下代码:

```
public class TeacherGroundTestModle
{
    public string teacherId { get; set; }
    public string groundId { get; set; }
    public string timeid { get; set; }
}
```

保存测试方法代码如下(完整代码请扫描二维码查看):

```
//单击保存测试功能
[userAuth("admin")]
[HttpPost]
public ActionResult CheckAnarrge(List < TeacherGroundTestModle > list, string campus-
Name, string TestTime, string TestDate, string sportName, int classNum, string teacherId, string groundId,
string timeid)
{
    DateTime today = DateTime.Now;
    today.Date.ToString();//如 2005-11-5  0:00:00
    var ida = today.Date.DayOfWeek.ToString();
    var minDate = "";
    var maxDate = "";
    int ii = 23;
//获取查询的起止时间,此处代码省略
```

```
DateTime min = new DateTime();
DateTime max = new DateTime();
min = Convert.ToDateTime(minDate);
max = Convert.ToDateTime(maxDate);
string xn = Session["Test_xn"].ToString();   //学年;
int xq_id = Convert.ToInt32(Session["Test_xq_id"].ToString()); //学期编号,0 第一学期,1
第二学期
int testtimeid = db.TB_testTime.Where(m => m.jcz == TestTime && m.campusName == cam-
pusName).First().Id;
int sportid = db.TB_sportSub.Where(m => m.sportName == sportName && m.campusName ==
campusName).First().Id;
//查询报名学生信息
var studerList = from ss in db.TB_studentInfo
    join oo in db.TB_orderTest on ss.XH equals oo.XH
    where oo.sportId == sportid && oo.testTimeId == testtimeid && oo.xq_id == xq_id &&
    oo.campusName == campusName && oo.xn == xn
    && oo.testDate < max&& oo.testDate > min
    orderby ss.XH
    select ss;
try
 {
 if(classNum != 1 && classNum < studerList.Count())
 {
    //判断分班数量
    int avgNum = studerList.Count() / classNum;
    int yushu = studerList.Count() % classNum;
    int takeNum = 0;
    for(int i = 0; i < classNum; i++)
    {
List<TB_studentInfo> studentListInfo = new List<TB_studentInfo>();
if(yushu > 0)
{
studentListInfo = studerList.Skip(takeNum).Take((avgNum + 1)).ToList();
yushu = yushu - 1;
takeNum = takeNum + avgNum + 1;
}
else
{
studentListInfo = studerList.Skip(takeNum).Take(avgNum).ToList();
takeNum = takeNum + avgNum;
}
if(i == 0)
```

```
        }
        //向教师测试数据表中插入数据
        TB_TestTeacher arrangeTeacher = new TB_TestTeacher();
        arrangeTeacher.sportId = sportid;
        arrangeTeacher.campusName = campusName;
        arrangeTeacher.jcz = TestTime;
        arrangeTeacher.ZGH = teacherId;
        arrangeTeacher.place = groundId;
        arrangeTeacher.studentNum = studentListInfo.Count();
        arrangeTeacher.xn = xn;
        arrangeTeacher.xq_id = xq_id;
        arrangeTeacher.TestDate = Convert.ToDateTime(TestDate);
        arrangeTeacher.gradeUp = "no";
        arrangeTeacher.TestTime = timeid;
        db.TB_TestTeacher.Add(arrangeTeacher);
        db.SaveChanges();
        for (int j = 0; j < studentListInfo.Count(); j++)
        {
            //向学生测试表中插入数据
            TB_arrangeText arrangeClassInfo = new TB_arrangeText();
            arrangeClassInfo.sportId = sportid;
            arrangeClassInfo.campusName = campusName;
            arrangeClassInfo.testTimeId = testtimeid;
            arrangeClassInfo.ZGH = teacherId;
            arrangeClassInfo.place = groundId;
            string stuxh = studerList.ToList()[j].XH;
            arrangeClassInfo.XH = stuxh;
            arrangeClassInfo.xn = xn;
            arrangeClassInfo.xq_id = xq_id;
            arrangeClassInfo.testtime = timeid;
            arrangeClassInfo.testDate = Convert.ToDateTime(TestDate);
            var tempsa = db.TB_arrangeClass.Where(m => m.campusName == campusName && m.
sportId == sportid && m.XH == stuxh);
            if (tempsa.Count() > 0)
            {
        string classtea = tempsa.OrderByDescending(m => m.xn).OrderByDescending(m => m.xq_
id).FirstOrDefault().ZGH;//默认为最近的任课老师
        arrangeClassInfo.ClassTeacher = db.TB_teacherInfo.Where(m => m.ZGH == classtea).Single-
OrDefault().XM;
            }
            else
        arrangeClassInfo.ClassTeacher = "";
```

```
        db. TB_arrangeText. Add( arrangeClassInfo) ;
        db. SaveChanges( ) ;
    }
}
else
{
TB_TestTeacher arrangeTeacher  =  new TB_TestTeacher( ) ;
//插入教师测试记录,此处省略
for ( int j  =  0 ; j  <  studentListInfo. Count( ) ; j + + )
{
    TB_arrangeText arrangeClassInfo  =  new TB_arrangeText( ) ;
    //插入学生测试安排记录,此处省略
}


    }
}
else if ( classNum  ==  1)
{
    TB_TestTeacher arrangeTeacher  =  new TB_TestTeacher( ) ;
    //插入教师测试记录,此处省略
    for ( int j  =  0 ; j  <  studerList. Count( ) ; j + + )
    {
TB_arrangeText arrangeClassInfo  =  new TB_arrangeText( ) ;
//插入学生测试安排记录,此处省略
    }
}
//根据老师进行分组查询,用于显示到前台页面
var arrangeClassList  =  ( from aa in db. TB_TestTeacher
    where aa. sportId  ==  sportid && aa. campusName  ==  campusName
    && aa. jcz  ==  TestTime && aa. xn  ==  xn && aa. xq_id  ==  xq_id
    && aa. TestDate  <  max && aa. TestDate  >  min
    select new { ZGH  =  aa. ZGH, place  =  aa. place, timeId = aa. TestTime } ). Distinct( ) ;

//任课老师信息查询列表
 List < SelectListItem >  selectteacherList  =  new List < SelectListItem > ( ) ;

////场地信息列表
//List < SelectListItem >  selectgroundList  =  new List < SelectListItem > ( ) ;
 foreach ( var item in arrangeClassList)
    {
if ( item. timeId  ==  " " || item. timeId  ==  " " || item. timeId  ==  null)
```

248

```
                }
    selectteacherList. Add( new SelectListItem( )
        {
    Text = db. TB_teacherInfo. Find( item. ZGH). XM + " - - - " + item. place,
    Value = item. ZGH
    });
        }
    else
    {
    selectteacherList. Add( new SelectListItem( )
        {
        Text = db. TB_teacherInfo. Find( item. ZGH). XM + " - " + item. place + " - " + item. time-
Id,
        Value = item. ZGH
        });
    }


    }
    this. ViewData[ "teacherId" ] = selectteacherList;
    //查询教师列表以及场地列表,此处代码省略
    ArrangeTestModel arrangeClassModel = new ArrangeTestModel( );
    //查询出安排信息并显示,此处代码省略
    return View( arrangeClassModel);
    }
    catch ( Exception)
    {
        throw;
    }
}
```

保存完成后,页面将会跳转显示测试的详细信息,需要添加 CheckArrange 页面。页面代码如下
(完整代码请扫描二维码查看):

```
< div style = " margin: 0 auto; margin-top: 5px; width: 780px; text-align: center;" >
    < table class = " table table-hover" border = "1" style = " border-color: #C0C0C0" >
        < caption >
        < h4 style = " color: #820000; font-weight: bold;" >安排测试操作界面
        </h4 >
        < div style = " text-align: left; border: 1px #c1c1c1 solid; border-bottom: 0px; pad-
ding-left: 20px; height: 120px; line-height: 35px; padding-top: 10px; margin-top: 10px; font-size:
13px;" >

        @ using ( Html. BeginForm( "SelectArrangeClass", "ArrangeTest", FormMethod. Post))
        {
```

```
@ Html. ValidationSummary(true)
    < input type = "hidden" name = "campusName"  id = "campusName" value = "@ Model.
campusName"/ >
    < input type = "hidden" name = "jcz" id = "jcz" value = "@ Model. TestTime"/ >
    < input name = "sportId"  id = "sportId" value = "@ Model. sportId"/ >
    < input name = "classNum" id = "classNum" value = "@ Model. classNum"/ >
    < input name = "SelectNum"  id = "SelectNum" value = "@ ModelSelectNum"/ >
    < input type = "hidden" name = "groundId"  id = "groundId" value = ""/ >
    < span class = "no1fontstyle" > 校区: </span >@ Model. campusName
   < text >            </text >
  < span class = "no1fontstyle" > 项目名称: </span >@ Model. sportName
  < text >            </text >
  < span class = "no1fontstyle" > 测试时间: </span > @ Model. TestDate  < span style = "width:
10px;" > - - - </span >@ Model. TestTime
    < text >            </text > < br / >
  < span class = "no1fontstyle" > 报名总人数: </span >@ Model. currentSelectNum
  < text >            </text >
  < span class = "no1fontstyle" > 共分班级数: </span >@ Model. classNum < br/ >
   < span  class = " no1fontstyle "  > 测 试 老 师 及 场 地 信 息: </span >  @ Html.
DropDownList("teacherId")
    < text >      </text >
   < input type = "button"  onclick = "deleteButton()"  class = " btn btn-small btn-danger"
value = "重新安排"/ >
    < text >   
    < a data-toggle = "modal"  href = "#showTeacherInfo" class = "btn btn-success" >修改 </a >
     </text >
  @ Html. ActionLink("返回", "Index", new {campusName = Model. campusName, sportId =
Model. sportId ,jcz = Model. TestTime}, new { @ class = "btn btn-small btn-info"  })
     }
  </div >
   </caption >
  < thead >
  < tr >
   < th style = "text-align: center;" >序号 </th >
   < th style = "text-align: center;" >姓名 </th >
   < th style = "text-align: center;" >学号 </th >
   < th style = "text-align: center;" >专业 </th >
   < th style = "text-align: center;" >所属学院 </th >
  </tr >
   </thead >
   < tbody >
 @ if (Model. arrangeList. Count() ! = 0)
```

```
{
    int a = 0;
    foreach ( var item in Model. arrangeList)
    {
    a = a + 1;
<tr>
<td style = "text-align：center;">
    @a
    </td>
    <td class = "span2"　style = "text-align：center;">
    @Html. DisplayFor( modelItem => item. TB_studentInfo. XM) </td>
    <td class = "span2"　style = "text-align：center;">
    @Html. DisplayFor( modelItem => item. TB_studentInfo. XH) </td>
    <td class = "span3"　style = "text-align：center;">
    @Html. DisplayFor( modelItem => item. TB_studentInfo. Major_nam) </td>
    <td class = "span3" style = "text-align：center;">
    @Html. DisplayFor( modelItem => item. TB_studentInfo. Dept_nam) </td>
</tr>
    }
}
    </tbody>
</table>
</div>
    <div id = "showTeacherInfo"　class = "modal fade"　aria-hidden = "true"　aria-labelledby =
"myModalLabel" role = "dialog" tabindex = " -1">
    <div class = "modal-dialog">
    <div class = "modal-content">
    <div class = "modal-header">
<button class = "close" data-dismiss = "modal" type = "button"> × </button>
<h4 class = "modal-title"> <span id = "teacherName"> </span> </h4>
</div>
<div class = "modal-body"　style = "height:300px;">
选择老师:@Html. DropDownList( "teacherList") <br />
    @if ( Model. groundInfoList. Count( ) ! = 0)
    {
    int a = 1;
    foreach ( var item in Model. groundInfoList)
    {
    <input type = "checkbox"　name = "groundlist"　value = "@item. groundNo"/> @Html. Dis-
playFor( modelItem => item. groundNo)
    <text>      </text>
    if ( a > 4 && a % 5 == 0)
```

```
            }
        < br / >
            }
        a = a + 1;
    }
    }

    < div > < span >选择时间点: < select id = "timeid" name = "timeid" >
    < option   id = "11" value = "" >请选择. . . </option >
    < option id = "21"   value = "上午 8:30" >上午 8:30 </option >
    <! —测试安排时间节点,此处布局代码省略 -->
    </select > </span >
    </div >
    < br / >
    < button class = "btn btn-success"   type = "button"   data-dismiss = "modal"   onmousedown
= "saveChangeInfo( )" >保存 </button >
    </div >
    < div class = "modal-footer"   style = "height:20px;" >
    < button class = "btn btn-success" data-dismiss = "modal" type = "button" >关闭 </button >
    </div >
    </div > <! — /. modal-content -->
    </div > <! — /. modal-dialog -->
    </div > <! — /. modal -->
```

在该页面中,通过选择教师来查看不同测试班级的学生。获取数据的方法如下(完整代码请扫描二维码查看):

```
    public ActionResult SelectArrangeClass( int sportId, string campusName, string jcz, string teacherId,
int classNum, int currentSelectNum)
    {
        DateTime today = DateTime. Now;1
        today. Date. ToString( );//如 2005-11-5   0:00:00
        var ida = today. Date. DayOfWeek. ToString( );
        var minDate = "";
        var maxDate = "";
        //设置查询起止时间节点,此处代码省略
        DateTime min = new DateTime( );
        DateTime max = new DateTime( );
        min = Convert. ToDateTime( minDate);
        max = Convert. ToDateTime( maxDate);
        string xn = Session["Test_xn"]. ToString( );   //学年;
        int xq_id = Convert. ToInt32( Session["Test_xq_id"]. ToString( ));//学期编号,0 第一学期,
1 第二学期
        int testtimeid = db. TB_testTime. Where( m => m. jcz == jcz && m. campusName == campus-
```

```
Name).First().Id;
        //int sportid = db.TB_sportSub.Where(m => m.sportName == sportName && m.campus-
Name == campusName).First().Id;
        ArrangeTestModel arrangeClassModel = new ArrangeTestModel();
        string
TestDate = db.TB_TestTeacher.Where(m => m.campusName == campusName&&m.sportId == sportId
                && m.xn == xn && m.xq_id == xq_id && m.ZGH == teacherId
                && m.TestDate < max && m.TestDate > min).First().TestDate.ToString();
        arrangeClassModel.arrangeList = (from aa in db.TB_arrangeText
            where aa.sportId == sportId && aa.campusName == campusName
            && aa.testTimeId == testtimeid && aa.xn == xn && aa.xq_id == xq_id && aa.ZGH
== teacherId
            && aa.testDate < max && aa.testDate > min
            select aa).ToList();
        arrangeClassModel.sportId = sportId;
        arrangeClassModel.campusName = campusName;
        arrangeClassModel.sportName = db.TB_sportSub.Find(sportId).sportName;
        arrangeClassModel.TestTime = jcz;
        arrangeClassModel.classNum = classNum;
        arrangeClassModel.TestDate
Convert.ToDateTime(TestDate).ToShortDateString();
        arrangeClassModel.currentSelectNum = currentSelectNum;
        //任课老师信息查询列表
        List<SelectListItem> selectteacherList = new List<SelectListItem>();
        //根据老师进行分组查询,用于显示到前台页面
        var arrangeClassList = (from aa in db.TB_TestTeacher
            where aa.sportId == sportId && aa.campusName == campusName
            && aa.jcz == jcz && aa.xn == xn && aa.xq_id == xq_id
            && aa.TestDate < max&& aa.TestDate > min
            select new { ZGH = aa.ZGH, place = aa.place,timeId = aa.TestTime }).Distinct();
        foreach (var item in arrangeClassList)
        {
        //获取排课教师以及场地信息,此处代码省略
        }
        this.ViewData["teacherId"] = selectteacherList;
        //任课老师信息查询列表
        //查询老师信息
        List<TB_teacherInfo> teachersList = db.TB_teacherInfo.OrderBy(m => m.CampusName).
ToList<TB_teacherInfo>();
        List<SelectListItem> teacherList = new List<SelectListItem>();
        foreach (var item in teachersList)
        {
```

```
teacherList. Add( new SelectListItem( )
{
    Text = item. XM + " - - " + item. CampusName,
    Value = item. ZGH
});
}
//查询场地信息
string sportNames = db. TB_sportSub. Find( sportId). sportName;
List < TB_groundInfo > groundInfoList = db. TB_groundInfo. Where( m => m. campusName ==
campusName && ( m. sportName == sportNames || m. sportName == "其他" )). ToList( );
arrangeClassModel. groundInfoList = groundInfoList;

this. ViewData[ "teacherList" ] = teacherList;
return View( "CheckAnarrge", arrangeClassModel);
}
```

在页面中添加以下 js 代码来绑定教师下拉框的选择事件：

```
//选择教师下拉框事件处理
$( "#teacherId" ). bind( "keyup change", function ( )
{
    $( "form" ). submit( );
});
```

在该页面中,重新安排测试。实现代码如下：

```
[ userAuth( "admin" ) ]
public ActionResult Delete( int sportId, string campusName, string jcz)
{
    DateTime today = DateTime. Now;
    today. Date. ToString( );//如 2005-11-5  0:00:00
    var ida = today. Date. DayOfWeek. ToString( );
    var minDate = "";
    var maxDate = "";
    int i = 23;
    if ( ida == "Monday" )
    {
    minDate = today. Date. AddDays( -1). AddHours( i). ToString( );
    maxDate = today. Date. AddDays( 6). AddHours( i). ToString( );
    }
    if ( ida == "Tuesday" )
    {
    minDate = today. Date. AddDays( -2). AddHours( i). ToString( );
    maxDate = today. Date. AddDays( 5). AddHours( i). ToString( );
    }
```

```
        if（ida  ==  "Wednesday"）
        {
minDate  =  today. Date. AddDays（-3）. AddHours（i）. ToString（）;
maxDate  =  today. Date. AddDays（4）. AddHours（i）. ToString（）;
        }
        if（ida  ==  "Thursday"）
        {
minDate  =  today. Date. AddDays（-4）. AddHours（i）. ToString（）;
maxDate  =  today. Date. AddDays（3）. AddHours（i）. ToString（）;
        }
        if（ida  ==  "Friday"）
        {
minDate  =  today. Date. AddDays（-5）. AddHours（i）. ToString（）;
maxDate  =  today. Date. AddDays（2）. AddHours（i）. ToString（）;
        }
        if（ida  ==  "Saturday"）
        {
minDate  =  today. Date. AddDays（-6）. AddHours（i）. ToString（）;
maxDate  =  today. Date. AddDays（1）. AddHours（i）. ToString（）;
        }
        if（ida  ==  "Sunday"）
        {
minDate  =  today. Date. AddDays（-7）. AddHours（i）. ToString（）;
maxDate  =  today. Date. AddDays（0）. AddHours（i）. ToString（）;
        }
        DateTime min  =  new DateTime（）;
        DateTime max  =  new DateTime（）;
        min  =  Convert. ToDateTime（minDate）;
        max  =  Convert. ToDateTime（maxDate）;
        string xn  =  Session["Test_xn"]. ToString（）;   //学年;
        int xq_id  =  Convert. ToInt32（Session["Test_xq_id"]. ToString（））; //学期编号,0 第一学期,
1 第二学期
        int testtimeid  =  db. TB_testTime. Where（m  =>  m. jcz  ==  jcz &&  m. campusName  ==  campus-
Name）. First（）. Id;
        //int sportid  =  db. TB_sportSub. Where（m  =>  m. sportName  ==  sportName &&  m. campus-
Name  ==  campusName）. First（）. Id;
        List < TB_arrangeText > arrangeList  =  （from aa in db. TB_arrangeText
            where aa. sportId  ==  sportId &&  aa. campusName  ==  campusName
            && aa. testTimeId  ==  testtimeid &&  aa. xn  ==  xn &&  aa. xq_id  ==  xq_id
            && aa. testDate  <  max&&  aa. testDate  >  min
            select aa）. ToList（）;
        if（arrangeList. Count（）  >  0）
```

```
        }
    foreach ( var item in arrangeList)
    {
        db. TB_arrangeText. Remove( item) ;
        db. SaveChanges( ) ;
    }

        }

        //已经排课的教师列表信息
        List < TB_TestTeacher > teacherClassList = db. TB_TestTeacher. Where( m => m. sportId ==
sportId && m. campusName == campusName
            && m. jcz == jcz && m. xn == xn && m. xq_id == xq_id
            && m. TestDate < max && m. TestDate > min). ToList( ) ;
        if ( teacherClassList. Count( ) > 0)
        {
    foreach ( var item in teacherClassList)
    {
        db. TB_TestTeacher. Remove( item) ;
        db. SaveChanges( ) ;
    }

        }

        return RedirectToAction ( " anarrge" , new { sportId = sportId, campusName = campusName,
jcz = jcz }) ;

        }
```

在页面中添加以下 js 代码,为重新安排按钮绑定事件:

```
function deleteButton( )
{
    var r = confirm( "确认重新安排吗?" ) ;
    if ( r == true)
    {
    window. location. href = "/ArrangeTest/Delete? campusName =" + $( "#campusName" ). val( ) +
    "&&sportId =" + $( "#sportId" ). val( ) + "&&jcz =" + $( "#jcz" ). val( ) ;
    }
    else
    {

    }
}
```

在页面中,选择修改教师信息。其代码如下(完整代码请扫描二维码查看):

```
[ userAuth( "admin" ) ]
public ActionResult updateArrangeClass( int sportId, string campusName, string jcz, string teacherId,
int classNum, int currentSelectNum, string newteacher, string groundId, string timeid)
    {
```

```
DateTime today = DateTime.Now;
today.Date.ToString();//如2005-11-5 0:00:00
var ida = today.Date.DayOfWeek.ToString();
var minDate = "";
var maxDate = "";
//设置查询的起止时间,此处代码省略
DateTime min = new DateTime();
DateTime max = new DateTime();
min = Convert.ToDateTime(minDate);
max = Convert.ToDateTime(maxDate);
string xn = Session["Test_xn"].ToString();   //学年;
int xq_id = Convert.ToInt32(Session["Test_xq_id"].ToString());//学期编号,0第一学期,
1第二学期
int testtimeid = db.TB_testTime.Where(m => m.jcz == jcz && m.campusName == campus-
Name).First().Id;
//查看下Old的排课信息
var oldArrangeClass = (from aa in db.TB_arrangeText
    where aa.sportId == sportId && aa.campusName == campusName
    && aa.testTimeId == testtimeid && aa.xn == xn && aa.xq_id == xq_id && aa.
ZGH == teacherId
    && aa.testDate < max&& aa.testDate > min
    select aa).ToList();
foreach (var arrange in oldArrangeClass)
    {
TB_arrangeText oldarrange = new TB_arrangeText();
oldarrange = arrange;
oldarrange.ZGH = newteacher;
if (groundId != null && groundId != "")
{
    oldarrange.place = groundId;
}
db.TB_arrangeText.Attach(oldarrange);
db.Entry(oldarrange).State = EntityState.Modified;
db.SaveChanges();
    }
//根据老师排课表查询当前的分班情况
var arrangeTeacher = (from aa in db.TB_TestTeacher
    where aa.sportId == sportId && aa.campusName == campusName
    && aa.jcz == jcz && aa.xn == xn && aa.xq_id == xq_id
    && aa.ZGH == teacherId && aa.TestDate < max && aa.TestDate > min
    select aa);
//修改TB_arrangeTeacher信息,将ZGH的信息改为新的教师信息
```

```
            TB_TestTeacher oldarrangeTeacher = arrangeTeacher. SingleOrDefault();
            oldarrangeTeacher. ZGH = newteacher;
            if (groundId ! = null && groundId ! = "")
            {
        oldarrangeTeacher. place = groundId;
            }
            oldarrangeTeacher. TestTime = timeid;
            db. TB_TestTeacher. Attach(oldarrangeTeacher);
            db. Entry(oldarrangeTeacher). State = EntityState. Modified;
            db. SaveChanges();
            string testdate = db. TB_arrangeText. Where(m => m. sportId == sportId && m. campusName ==
campusName
                && m. testTimeId == testtimeid && m. xn == xn && m. xq_id == xq_id && m. ZGH ==
newteacher
                && m. testDate < max && m. testDate > min). First(). testDate. ToString();
            ArrangeTestModel arrangeClassModel = new ArrangeTestModel();
            //重新查询 arrangeClass 信息
            arrangeClassModel. arrangeList = (from aa in db. TB_arrangeText
                where aa. sportId == sportId && aa. campusName == campusName
                && aa. testTimeId == testtimeid && aa. xn == xn && aa. xq_id == xq_id && aa. ZGH ==
newteacher
                && aa. testDate < max && aa. testDate > min
                    select aa). ToList();
            arrangeClassModel. sportId = sportId;
            arrangeClassModel. campusName = campusName;
            arrangeClassModel. sportName = db. TB_sportSub. Find(sportId). sportName;
            arrangeClassModel. TestTime = jcz;
            arrangeClassModel. classNum = classNum;
            arrangeClassModel. TestDate
Convert. ToDateTime(testdate). ToShortDateString();
            arrangeClassModel. currentSelectNum = currentSelectNum;
            //任课老师信息查询列表
            List < SelectListItem > selectteacherList = new List < SelectListItem > ();
            //根据老师进行分组查询,用于显示到前台页面
            var arrangeClassList = (from aa in db. TB_TestTeacher
                where aa. sportId == sportId && aa. campusName == campusName
                && aa. jcz == jcz && aa. xn == xn && aa. xq_id == xq_id
                    && aa. TestDate < max && aa. TestDate > min
                select new { ZGH = aa. ZGH, place = aa. place, timeId = aa. TestTime }). Distinct();

            foreach (var item in arrangeClassList)
            {
```

258

```
    //查询教师以及场地信息显示在下拉框中,此处代码省略
    }
    this. ViewData["teacherId"] = selectteacherList;
    //查询任课老师信息以及场地信息,此处省略
    this. ViewData["teacherList"] = teacherList;
    return View("CheckAnarrge", arrangeClassModel);
}
```

在页面中添加以下 js 代码,为修改按钮绑定事件:

```
function updateButton()
{
    var r = confirm("确认修改教师吗?");
    alert($("#teacherId"). val());
}
function saveChangeInfo()
{
    var r = confirm("确认修改教师吗?");
    if (r == true)
{
    //alert($("#teacherList"). val());
    var input = document. getElementsByTagName("input");
    var txt1 = document. getElementById("groundId");
    txt1. value = "";
    for (var i = 0; i < input. length; i++)
{
    if (input[i]. type == "checkbox" && input[i]. name. indexOf ("groundlist")! = -1)
{
if (input[i]. checked)
{
        //这个地方是获取你选定了的 checkbox 的 Value
    txt1. value = txt1. value + input[i]. value + ";";
    }
    }
    }
    alert(txt1. value);
    window. location. href = "/ArrangeTest/updateArrangeClass? campusName = " + $("#campus-
Name"). val()
    + "&&sportId = " + $("#sportId"). val() + "&&jcz = " + $("#jcz"). val() + "&&teacherId
= " + $("#teacherId"). val() + "&&classNum = " + $("#classNum"). val()
    + "&&currentSelectNum = " + $("#currentSelectNum"). val() + "&&newteacher = " + $("#
teacherList"). val() + "&&groundId = " + $("#groundId"). val() +
    "&&timeid = " + $("#timeid"). val();
    }
```

```
    else
    {

    }
}
```

9.5　教师管理模块

9.5.1　概述

本节将介绍公共体育课管理系统中的教师管理模块,主要通过"录入学生成绩"这一子模块对其进行相应的阐述,并对相关的关键代码进行说明。教师管理模块的界面如图9.6所示。

图9.6　教师管理模块界面

界面包含了录入学生成绩、学生评教结果、课表信息、查看选课学生、查看测试安排表及测试学生名册6大部分。在教师管理板块中,使用 GradeManageController.cs 来实现教师查看测试安排表、查看课表、查询成绩、录入成绩及导出成绩等功能。

9.5.2　代码编写说明

代码编写说明见表9.5。

表9.5　教师管理模块代码编写说明

文件名称	类型	实现功能
GradeManageController	Controller	成绩管理模块主要功能的实现
GradeModel	Model	提供成绩管理的相关数据操作
Index	View	学生成绩管理界面的显示
checkstudent	View	查看测试学生列表的显示

9.5.3　实现过程

首先创建控制器 GradeManageController,添加 Model 等的引用,并初始化实体对象。其代码如下:

```
using cquSport. Models;
using NPOI. HPSF;
using NPOI. HSSF. UserModel;
using NPOI. POIFS. FileSystem;
using NPOI. SS. UserModel;
using sportDomain;
using System;
using System. Collections. Generic;
using System. Data;
using System. Data. SqlClient;
using System. IO;
using System. Linq;
using System. Web;
using System. Web. Mvc;
using Webdiyer;
using Webdiyer. WebControls. Mvc;
using System. Web. UI;

namespace cquSport. Controllers
{
    public class GradeManageController : Controller
    {
        // GET: /GradeManage/
        // 成绩管理模块
        private sportsEntities db = new sportsEntities();
        [userAuth("teacher")]
        public ActionResult Index()
        {
            if (Session["Test_xq_id"] == null)
            {
                return RedirectToAction("/Home/Login");
            }
            else
            {
                TempData["xq"] = int. Parse(Session["Test_xq_id"]. ToString()) + 1;
            }
            return View();
        }
    }
}
```

```
}
```

要使成绩信息显示在录入学生成绩界面中，需要成绩信息的数据模型，在 Models 文件夹中创建 GradeModel. cs，在其中添加成绩信息的数据模型代码。其代码如下：

```
using System;
using System. Collections. Generic;
using System. Linq;
using System. Web;
using System. Data. Entity;
using System. ComponentModel. DataAnnotations;
using sportDomain;
namespace cquSport. Models
{
public class GradeModel
{
    public string XH { get; set; }
    public string XM { get; set; }
    public string XB { get; set; }
    public string Dep_nam { get; set; }
    public string Grade { get; set; }
    public string xn { get; set; }
    public int xq_id { get; set; }
    public string campusName { get; set; }
    public int sportId { get; set; }
    public string sportname { get; set; }
    public string jcz { get; set; }
    public string teachername { get; set; }
    public string ZGH { get; set; }
    public string place { get; set; }
    public string Dept_nam { get; set; }
    public DateTime date { get; set; }
}
    public class GradeModel4
    {
    public string XH { get; set; }
    public string XM { get; set; }
    public string XB { get; set; }
    public string NJ { get; set; }
    public string Dep_nam { get; set; }
    public string Gradechangpao { get; set; }
    public string Gradeyouyong { get; set; }
    public string GradeyouyongSponame { get; set; }
    public string Gradelilun { get; set; }
```

```
    public string Gradezixuan { get; set; }
    public string GradezixuanSponame { get; set; }
    }
    public class BuTieModel
    {
    public string JSDM { get; set; }
    public string JSXM { get; set; }
    public string JCZ { get; set; }
    public string PLACE { get; set; }
    public string COUNT { get; set; }
    public string ZHOUCI { get; set; }
    public string SPORTNAME { get; set; }
    public string CLASSNO { get; set; }
    }
    }
```

接下来,添加 Index 页面。在 Index 页面中,将会以表格形式显示学生在该周是否有测试项目,如图 9.7 所示。

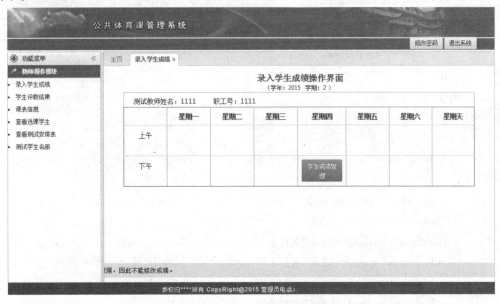

图 9.7　录入学生成绩操作界面

Index 页面代码如下:

```
< div style = "margin: 0 auto; margin-top: 5px; width: 90%; text-align: center;" >
    < table id = "daochu" class = " table table-hover" border = "1" style = " border-color: #
C0C0C0" >
        < caption >
        < h4 style = "color: #820000; font-weight: bold;" >
            录入学生成绩操作界面
        </h4 >
        < div style = "text-align: left;  text-align:center; height: 20px; line-height: 20px;  font-
```

```
size：11px；margin-top：-10px；" >
                <span>（学年：<font style = "color:#a30000；" >@Session["Test_xn"] </font>学期：
<font style = "color:#a30000" >@TempData["xq"]）</font> </span >
            </div >
            <div style = "text-align：left；border：1px #c1c1c1 solid；border-bottom：0px；padding-left：
20px；height：30px；line-height：35px；padding-top：0px；margin-top：0px；font-size：15px；" >
                <span class = "no1fontstyle" >测试教师姓名：</span >@Session["username"]
                <span class = "no1fontstyle" >职工号：</span >@Session["userid"]
            </div >
        </caption >
        <thead >
          <tr >
            <th style = "text-align：center；" > </th >
            <th style = "text-align：center；" >星期一 </th >
            <th style = "text-align：center；" >星期二 </th >
            <th style = "text-align：center；" >星期三 </th >
            <th style = "text-align：center；" >星期四 </th >
            <th style = "text-align：center；" >星期五 </th >
            <th style = "text-align：center；" >星期六 </th >
            <th style = "text-align：center；" >星期天 </th >
          </tr >
        </thead >
        <tbody >
          <tr >
            <td class = "span2" style = "text-align：center；height：45px；padding-top：10px；
" >上午 <br / >
                <span id = "no1ClassTime" style = "color：#b70000；" > </span >
            </td >
            <td class = "span2" id = "K1 上" style = "text-align：center；" > </td >
            <td class = "span2" id = "K2 上" style = "text-align：center；" > </td >
            <td class = "span2" id = "K3 上" style = "text-align：center；" > </td >
            <td class = "span2" id = "K4 上" style = "text-align：center；" > </td >
            <td class = "span2" id = "K5 上" style = "text-align：center；" > </td >
            <td class = "span2" id = "K6 上" style = "text-align：center；" > </td >
            <td class = "span2" id = "K7 上" style = "text-align：center；" > </td >
          </tr >
          <tr >
            <td style = "text-align：center；height：45px；padding-top：10px；" >下午 <br / >
                <span id = "no2ClassTime" style = "color：#b70000；" > </span >
            </td >
            <td id = "K1 下" style = "text-align：center；" > </td >
            <td id = "K2 下" style = "text-align：center；" > </td >
```

```
<td id = "K3 下" style = "text-align：center;" > </td >
<td id = "K4 下" style = "text-align：center;" > </td >
<td id = "K5 下" style = "text-align：center;" > </td >
<td id = "K6 下" style = "text-align：center;" > </td >
<td id = "K7 下" style = "text-align：center;" > </td >
</tr >
</tbody >
</table >
</div >
<！－－ 顶部提示框　－－>
<div id = "topBarMessage" style = "display：none;" > </div >
<div class = "ui-layout-south" >
<div id = "southContainer"  style = "bottom：0px；position：fixed；width：100%；height：30px；
background-color：#efefef；line-height：30px；font-size：13px;" >
<marquee style = "height：30px;"  direction = "left" behavior = "scroll" scrollamount = "3"
scrolldelay = "50" border = "0"  onmouseover = "this.stop()"  onmouseout = "this.start()" >
提示：录入成绩只有一次操作，因此教师请仔细、慎重！测试老师没有修改成绩的权限，因
此不能修改成绩。
</marquee >
</div >
</div >
```

可看到在 Index 方法对应的 Index 页面中，创建了一个录入成绩的表格。而其中的学生成绩管理，则用 ajax 带 json 数据的异步请求方法请求 GradeManage 控制器中的 studentclass 方法对应的学生测试信息。

对应的 studentclass 方法代码如下：

```
// 教师测试课表信息
[userAuth("teacher")]
public JsonResult studentclass()
{
  DateTime today = DateTime.Now;
  today.Date.ToString();//如 2005-11-5  0：00：00
  var ida = today.Date.DayOfWeek.ToString();
  var minDate = "";
  var maxDate = "";
  int i = 23;
  if (ida == "Monday")
  {
    minDate = today.Date.AddDays(-1000).AddHours(i).ToString();
    maxDate = today.Date.AddDays(61000).AddHours(i).ToString();
  }
  if (ida == "Tuesday")
  {
```

```
        minDate = today. Date. AddDays(-21000). AddHours(i). ToString();
        maxDate = today. Date. AddDays(51000). AddHours(i). ToString();
    }
    if (ida == "Wednesday")
    {
        minDate = today. Date. AddDays(-31000). AddHours(i). ToString();
        maxDate = today. Date. AddDays(41000). AddHours(i). ToString();
    }
    if (ida == "Thursday")
    {
        minDate = today. Date. AddDays(-41000). AddHours(i). ToString();
        maxDate = today. Date. AddDays(31000). AddHours(i). ToString();
    }
    if (ida == "Friday")
    {
        minDate = today. Date. AddDays(-51000). AddHours(i). ToString();
        maxDate = today. Date. AddDays(21000). AddHours(i). ToString();
    }
    if (ida == "Saturday")
    {
        minDate = today. Date. AddDays(-61000). AddHours(i). ToString();
        maxDate = today. Date. AddDays(11000). AddHours(i). ToString();
    }
    if (ida == "Sunday")
    {
        minDate = today. Date. AddDays(-71000). AddHours(i). ToString();
        maxDate = today. Date. AddDays(1000). AddHours(i). ToString();
    }
    DateTime min = new DateTime();
    DateTime max = new DateTime();
    min = Convert. ToDateTime(minDate);
    max = Convert. ToDateTime(maxDate);
    string xn = Session["Test_xn"]. ToString();    //学年;
    int xq_id = Convert. ToInt32(Session["Test_xq_id"]. ToString()); //学期编号,0 第一学期,1
第二学期。
    string zgh = Session["userid"]. ToString();
    List < TeacherClass > tc = new List < TeacherClass > ();
    var theReturn = from aa in db. TB_TestTeacher
                        where aa. ZGH == zgh&&aa. TestDate < = max&&aa. TestDate > = min&&
aa. xn == xn&&aa. xq_id == xq_id
        select aa;
    foreach (var item in theReturn)
```

266

```
            }
        TeacherClass tcc = new TeacherClass();
        tcc. campusName = item. campusName;
        tcc. place = item. place;
        tcc. studentNum = int. Parse(item. studentNum. ToString());
        tcc. xn = xn;
        tcc. xq_id = xq_id;
        tcc. sportName = db. TB_sportSub. Find(item. sportId). sportName. ToString();
        tcc. jcz = item. jcz;
        tc. Add(tcc);
    }
    return Json(tc, JsonRequestBehavior. AllowGet);
}
```

教师单击学生成绩管理后,可查看测试学生的列表。与之对应的 View 页面为 checkstudent. cshtml 文件。具体代码如下:

```
<div style = "margin: 0 auto; margin-top: 5px; width:90%; text-align: center;">
<form id = "form" name = "form" method = "post" action = "savegrade" onsubmit = "return confirm
('确认保存吗?');">
<table class = " table table-hover" border = "1" style = "border-color: #C0C0C0">
<caption>
    <input type = "hidden" name = "campusName"  value = "@ TempData["campusName"]"
id = "campusName"/>
    <input type = "hidden" name = "jcz"  value = "@ TempData["jcz"]" id = "jcz"/>
    <input type = "hidden" name = "place"  value = "@ TempData["place"]" id =
"place" />
    <input type = "hidden" name = "date"  value = "@ TempData["date"]" id = "date"/>
    <input type = "hidden" name = "sportname"  value = "@ TempData["sportname"]"
id = "sportname"/>
    <div style = "text-align: left; border: 1px #c1c1c1 solid; border-bottom: 0px; padding-left:
10px; height: 40px; line-height: 35px; padding-top: 0px; margin-top:0px; font-size: 18px;">
    <span class = "no1fontstyle" style = "font-size:16px;">测试校区: </span> @ TempData["campusName"]    
    <span class = "no1fontstyle" style = "font-size:16px;">项目名称: </span> @ TempData["sportname"]    
    <span class = "no1fontstyle" style = "font-size:16px;">测试时间: </span> @ TempData["date"]--@ TempData["jcz"]    
    <span class = "no1fontstyle" style = "font-size:16px;">测试老师: </span> @ TempData["teachername"]
    </div>
    <div style = "text-align: right; margin-top: -35px; padding-bottom:5px; padding-right:
5px;">
        @ if (TempData["gradeUp"] == "hidden")
```

```
        }
            < input type = "hidden" value = '保存' class = 'bookButton btn btn-warning'/ >
        }
        else
        {
            < input type = "submit" value = '保存'   class = 'bookButton btn btn-warning'/ >
        }
        @ Html. ActionLink("返回", "Index", new { }, new { @ class = "bookButton btn btn-success" })
        </div >
    </caption >
    < thead >
      < tr >
        < th style = "text-align: center;width:5%" >序号 </th >
        < th style = "text-align: center;width:10%" >学号 </th >
        < th style = "text-align: center;width:10%" >姓名 </th >
        < th style = "text-align: center;width:10%" >性别 </th >
        < th style = "text-align: center;width:20%" >学院 </th >
        < th style = "text-align: center;width:20%" >操作 </th >
      </tr >
    </thead >
    < tbody >
    @ if (TempData["gradeUp"] ! = "hidden")
    {
      if (Model. Count() == 0)
      { }
      else
      {
        var i = 1;
        var b = 0;
        foreach (var item in Model)
        {
          < tr >
            < td class = "span2" style = "text-align: center;" >@ i </td >
            < td class = "span2" style = "text-align: center;" >
            @ Html. DisplayFor(modelItem => item. XH)
            < input type = "hidden" class = "classinfo" name = "list[@ b]. XH"   value = "@ Model. ToList()[b]. XH" id = "@ i-xh"/ >
            </td >
            < td class = "span6" style = "text-align: center;" >
            @ Html. DisplayFor(modelItem => item. XM)
            < input type = "hidden" class = "classinfo" name = "list[@ b]. XM" value = "@
```

268

```
Model.ToList()[b].XM" id = "@i-XM"/>
                </td>
                <td class = "span6" style = "text-align：center;">
                @Html.DisplayFor(modelItem => item.XB)
                <input type = "hidden" class = "classinfo" name = "list[@b].XB"    value = "@
Model.ToList()[b].XB" id = "@i-XB"/>
                </td>
                <td class = "span2" style = "text-align：center;">
                @Html.DisplayFor(modelItem => item.Dep_nam)
                <input type = "hidden" class = "classinfo" name = "list[@b].Dep_nam" value =
"@Model.ToList()[b].Dep_nam" id = "@i-Dep_nam"/>
                </td>
                <td style = "text-align：center">
                <select id = "@i + sportId" name = "list[@b].Grade">
                  <option id = "@i - 2"    value = "合格">合格</option>
                  <option id = "@i - 3"    value = "不合格">不合格</option>
                </select>
                </td>
              </tr>
              i + +; b + +;
            }
          }
        }
        else
        {
          if (Model.Count() == 0)
          {}
          else
          {
            var j = 1;
            foreach (var item in Model)
            {
              <tr>
                <td class = "span2" style = "text-align：center;">@j</td>
                <td class = "span2" style = "text-align：center;">
                @Html.DisplayFor(modelItem => item.XH)
                </td>
                <td class = "span6" style = "text-align：center;">
                @Html.DisplayFor(modelItem => item.XM)
                </td>
                <td class = "span6" style = "text-align：center;">
                @Html.DisplayFor(modelItem => item.XB)
```

```
            </td >
            < td class = "span2" style = "text-align：center;" >
            @ Html. DisplayFor( modelItem => item. Dep_nam)
            </td >
            < td style = "text-align：center" >
            @ Html. DisplayFor( modelItem => item. Grade)
            </td >
        </tr >
        j + + ;
        }
    }
}
            </tbody >
            </table >
            </form >
        </div >
```

接下来,在控制器中实现学生成绩录入、查询等功能。教师管理模块中所涉及的功能都直接在这个控制器的方法中完成。教师查看学生录入成绩的代码如下:

```
//单击查看学生录入成绩 Action
[userAuth("teacher")]
public ActionResult checkstudent(string campusName, string sportname, string jcz)
{
    DateTime today = DateTime. Now;
    today. Date. ToString();//如 2005-11-5  0:00:00
    var ida = today. Date. DayOfWeek. ToString();
    var minDate = "";
    var maxDate = "";
    int i = 23;
    if (ida == "Monday")
    {
        minDate = today. Date. AddDays(-1000). AddHours(i). ToString();
        maxDate = today. Date. AddDays(61000). AddHours(i). ToString();
    }
    if (ida == "Tuesday")
    {
        minDate = today. Date. AddDays(-21000). AddHours(i). ToString();
        maxDate = today. Date. AddDays(51000). AddHours(i). ToString();
    }
    if (ida == "Wednesday")
    {
        minDate = today. Date. AddDays(-31000). AddHours(i). ToString();
        maxDate = today. Date. AddDays(41000). AddHours(i). ToString();
```

```
            }
            if ( ida == "Thursday" )
            {
                minDate = today. Date. AddDays( -41000). AddHours( i). ToString( );
                maxDate = today. Date. AddDays(31000). AddHours( i). ToString( );
            }
            if ( ida == "Friday" )
            {
                minDate = today. Date. AddDays( -51000). AddHours( i). ToString( );
                maxDate = today. Date. AddDays(21000). AddHours( i). ToString( );
            }
            if ( ida == "Saturday" )
            {
                minDate = today. Date. AddDays( -61000). AddHours( i). ToString( );
                maxDate = today. Date. AddDays(11000). AddHours( i). ToString( );
            }
            if ( ida == "Sunday" )
            {
                minDate = today. Date. AddDays( -71000). AddHours( i). ToString( );
                maxDate = today. Date. AddDays(1000). AddHours( i). ToString( );
            }
            DateTime min = new DateTime( );
            DateTime max = new DateTime( );
            min = Convert. ToDateTime( minDate);
            max = Convert. ToDateTime( maxDate);
            string zgh = Session[ "userid" ]. ToString( );
            string xn = Session[ "Test_xn" ]. ToString( );   //学年;
            int xq_id = Convert. ToInt32( Session[ "Test_xq_id" ]. ToString( )); //学期编号,0 第一学期,1
第二学期。
            if ( campusName == null && jcz == null && sportname == null)
            {
                List < GradeModel > tcs = new List < GradeModel > ( );
                return View( tcs);
            }
            else
            {
                int sportid, testid;
                sportid = db. TB_sportSub. Where( a => a. sportName == sportname && a. campusName ==
campusName). First( ). Id;
                testid = db. TB_testTime. Where( a => a. jcz == jcz && a. campusName == campusName).
First( ). Id;
                List < GradeModel > tc = new List < GradeModel > ( );
```

```
        var theReturn = from aa in db. TB_arrangeText
                          where ( aa. campusName == campusName && aa. testTimeId == testid &&
aa. sportId == sportid && aa. ZGH == zgh&&aa. xn == xn&&aa. xq_id == xq_id && aa. testDate < =
max&&aa. testDate > = min) orderby aa. XH
                          select aa;
        foreach ( var item in theReturn)
        {
            GradeModel tcc = new GradeModel( );
            tcc. Dep_nam = db. TB_studentInfo. Find( item. XH). Dept_nam;
            tcc. XB = db. TB_studentInfo. Find( item. XH). XB;
            tcc. XH = db. TB_studentInfo. Find( item. XH). XH;
            tcc. XM = db. TB_studentInfo. Find( item. XH). XM;
            tcc. Grade = db. TB_arrangeText. Where( m => m. XH == item. XH && m. testDate < =
max && m. testDate > = min). First( ). score;
            tcc. xn = xn;
            tcc. xq_id = xq_id;
            tcc. ZGH = item. ZGH;
            tcc. sportId = item. sportId;
            tcc. place = item. place;
            tcc. jcz = jcz;
            tcc. campusName = item. campusName;
            tcc. date = Convert. ToDateTime( item. testDate);
            TempData[ "jcz" ] = jcz;
            TempData[ "date" ]
            Convert. ToDateTime( item. testDate). ToShortDateString( );
            TempData[ "place" ] = item. place;
            tc. Add( tcc);
        }
        if ( db. TB_TestTeacher. Where( m => m. ZGH == zgh && m. sportId == sportid && m. cam-
pusName == campusName && m. jcz == jcz && m. xn == xn && m. xq_id == xq_id && m. TestDate <
= max && m. TestDate > = min). First( ). gradeUp == "yes" )
        {
            TempData[ "gradeUp" ] = "hidden";
        }
        else
            TempData[ "gradeUp" ] = "look";
            TempData[ "campusName" ] = campusName;
            TempData[ "sportname" ] = sportname;
            TempData[ "teachername" ] = db. TB_teacherInfo. Where( a => a. ZGH == zgh). First
( ). XM;
        return View( tc);
        }
```

272

```
}
```
教师保存学生成绩的代码如下：
```
//保存成绩信息
[userAuth("teacher")]
[HttpPost]
public ActionResult savegrade(string campusName, string jcz, string place, string date, string sport-
name, List < GradeModel > list)
{
    string jczz, campname;
    string xn = Session["Test_xn"].ToString();
    int xq = int.Parse(Session["Test_xq_id"].ToString());
    jczz = jcz;
    int isswim;
    var swim = (from mm in db.TB_sportSub
                where mm.campusName! = "无"&&mm.isRequired == true
                select mm.Id).ToList();
    campname = campusName;
    int sportid = db.TB_sportSub.Where(m => m.campusName == campname && m.sportName
== sportname && m.campusName! = "无").First().Id;
    if (ModelState.IsValid)
    {
        foreach (var item in list)
        {
            int testid;
            string zgh = Session["userid"].ToString();
            DateTime datenew = Convert.ToDateTime(date);
            testid = db.TB_testTime.Where(a => a.jcz == jczz && a.campusName == campname).
First().Id;
            TB_arrangeText mm = new TB_arrangeText();
            int Id = db.TB_arrangeText.Where(m => m.XH == item.XH && m.ZGH == zgh &&
m.testDate == datenew && m.testTimeId == testid && m.sportId == sportid && m.place == place &&
m.campusName == campname && m.xq_id == xq&& m.xn == xn).First().Id;
            int com = db.TB_arrangeText.Where(m => m.XH == item.XH && m.testDate < datenew
&& m.sportId == sportid && m.score == "不合格" && m.xq_id == xq && m.xn == xn).Count();
            //判断是否另一项自选技能是否合格
            isswim = db.TB_arrangeText.Where(m => m.XH == item.XH && m.testDate < datenew
&& m.score == "合格" && ! swim.Contains(sportid) && m.xq_id == xq && m.xn == xn).Count
();
            if (com > 0)
            {
                TB_arrangeText mm1 = new TB_arrangeText();
                mm1 = db.TB_arrangeText.Find(db.TB_arrangeText.Where(m => m.XH == item.XH
```

```
&& m. testDate < datenew && m. sportId == sportid&&m. score == "不合格" && m. xq_id == xq &&
m. xn == xn). First( ). Id);
                mm1. score = "过期";
                db. TB_arrangeText. Attach( mm1);
                db. Entry( mm1). State = EntityState. Modified;
                //录入成绩
                mm = db. TB_arrangeText. Find( Id);
                mm. score = item. Grade;
                if ( isswim == 1)
                    mm. isSwim = "自选技能二";
                else
                    mm. isSwim = "自选技能一";
                db. TB_arrangeText. Attach( mm);
                db. Entry( mm). State = EntityState. Modified;
                //训练课成绩
                int sport = db. TB_sportSub. Where( m => m. sportName == sportname && m. campus-
Name ！ = "无" && m. campusName == campname). SingleOrDefault( ). Id;
                int count = db. TB_generateTrainingCourse. Where( aa => aa. selectUserId == item. XH
&& aa. sportId == sport && aa. xn == xn && aa. xq_id == xq). Count( );
                if ( count > = 1)
                {
                    TB_generateTrainingCourse mm12 = new TB_generateTrainingCourse( );
                    mm12 = db. TB_generateTrainingCourse. Where( aa => aa. selectUserId == item. XH &&
aa. sportId == sport && aa. xn == xn && aa. xq_id == xq). SingleOrDefault( );
                    mm12. score = 60;
                    db. TB_generateTrainingCourse. Attach( mm12);
                    db. Entry( mm12). State = EntityState. Modified;
                    TB_trainingCourseArr sa1 = new TB_trainingCourseArr( );
                    sa1 = db. TB_trainingCourseArr. Find( db. TB_generateTrainingCourse. Where ( aa =>
aa. selectUserId == item. XH && aa. sportId == sport && aa. xn == xn && aa. xq_id == xq). SingleOr-
Default( ). tcID);
                    sa1. countNum = sa1. countNum -1;
                    db. TB_trainingCourseArr. Attach( sa1);
                    db. Entry( sa1). State = EntityState. Modified;
                }
                if ( com > 1)
                {
                    //修改以前不合格的成绩
                    TB_arrangeText mm2 = new TB_arrangeText( );
                    mm2 = db. TB_arrangeText. Find( db. TB_arrangeText. Where( m => m. XH == item.
XH && m. testDate < datenew && m. sportId == sportid && m. score == "不合格" && m. xq_id == xq
&& m. xn == xn). Last( ). Id);
```

```
                mm2. score  =  "过期";
                db. TB_arrangeText. Attach( mm2) ;
                db. Entry( mm2) . State  =  EntityState. Modified;
            }
        }
        else
        {
            //训练课成绩
            int sport  =  db. TB_sportSub. Where( m  =>  m. sportName  ==  sportname && m. campus-
Name ！ =  "无"&&m. campusName == campname) . SingleOrDefault( ) . Id;
            int count  =  db. TB_generateTrainingCourse. Where( aa  =>  aa. selectUserId
                        ==  item. XH && aa. sportId  ==  sport && aa. xn  ==  xn && aa. xq_id  ==
xq) . Count( ) ;
            if ( count > = 1)
            {
                TB_generateTrainingCourse mm12  =  new TB_generateTrainingCourse( ) ;
                mm12  =  db. TB_generateTrainingCourse. Where( aa  =>  aa. selectUserId  ==
                        item. XH && aa. sportId  ==  sport && aa. xn  ==  xn && aa. xq_id  ==  xq) .
SingleOrDefault( ) ;
                mm12. score  =  60;
                db. TB_generateTrainingCourse. Attach( mm12) ;
                db. Entry( mm12) . State  =  EntityState. Modified;
                TB_trainingCourseArr sa1  =  new TB_trainingCourseArr( ) ;
                sa1  =
                        db. TB_trainingCourseArr. Find( db. TB_generateTrainingCourse. Where ( aa  =>  aa.
selectUserId  ==  item. XH && aa. sportId  ==  sport && aa. xn  ==  xn && aa. xq_id  ==  xq) . SingleOrDe-
fault( ) . tcID) ;
                sa1. countNum  =  sa1. countNum  −  1;
                db. TB_trainingCourseArr. Attach( sa1) ;
                db. Entry( sa1) . State  =  EntityState. Modified;
            }
            //录入成绩
            TB_arrangeText mttm  =  new TB_arrangeText( ) ;
            mttm  =  db. TB_arrangeText. Find( Id) ;
            if ( isswim  ==  1)
                mttm. isSwim  =  "自选技能二";
            else
                mm. isSwim  =  "自选技能一";
                mttm. score  =  item. Grade;
                db. TB_arrangeText. Attach( mttm) ;
                db. Entry( mttm) . State  =  EntityState. Modified;
        }
```

```
        try
        {
            db. SaveChanges();
        }
        catch (Exception)
        {
            throw;
        }
    }
}

string campusName1, jcz1, sportname1;
campusName1 = campusName;
jcz1 = jcz;
sportname1 = sportname;
DateTime datenewq = Convert. ToDateTime(date);
string newzgh = Session["userid"]. ToString();
TB_TestTeacher ss = db. TB_TestTeacher. Where(m => m. campusName == campusName1 &&
m. jcz == jcz1 && m. sportId == sportid && m. TestDate == datenewq && m. place == place && m.
ZGH == newzgh && m. xq_id == xq && m. xn == xn). First();
TB_TestTeacher temptest = new TB_TestTeacher();
temptest = db. TB_TestTeacher. Find(ss. id);
temptest. gradeUp = "yes";
try
{
    db. TB_TestTeacher. Attach(temptest);
    db. Entry(temptest). State = EntityState. Modified;
    db. SaveChanges();
    TempData["issuccess"] = "success";
}
catch (Exception){
    throw;
}
return RedirectToAction("checkstudent", new { campusName = campusName1, sportname =
sportname1, jcz = jcz1 });
}
```

教师查询学生成绩信息的代码具体如下:

```
//老师查询训练课学生成绩信息
[userAuth("teacher")]
public ActionResult TeaTragrade(string xh, string xuenian, string xueqi, string xiangmu, string
chengji, int id = 1)
{
    return TeaajaxSearchGetResult(xh, xuenian, xueqi, xiangmu, chengji, id);
```

```
        }
    private ActionResult TeaajaxSearchGetResult (string xh, string xuenian, string xueqi, string xiangmu,
string chengji, int id = 1)
        {
        int xqid, scorecj;
        Nullable < int > [ ] sa = { 0, 0 };
        if (xuenian == "" || xuenian == null || xuenian == " ")
        {

            xuenian = "";
        }
        if (xh == "" || xh == null || xh == " ")
        {

            xh = "";
        }
        if (xueqi == "" || xueqi == null || xueqi == " ")
        {

            xueqi = "";
        }
        if (xiangmu == "" || xiangmu == null || xiangmu == " ")
        {

            xiangmu = "";
        }
        if (chengji == "" || chengji == null || chengji == " ")
        {

            chengji = "";
        }
        xuenian = xuenian. Trim ( );
        xueqi = xueqi. Trim ( );
        xiangmu = xiangmu. Trim ( );
        chengji = chengji. Trim ( );
        xh = xh. Trim ( );
        if (xueqi ! = "")
        {

            xqid = int. Parse (xueqi);
        }
        else
        {

            xqid = 0;
        }
        if (chengji ! = "")
        {

            scorecj = int. Parse (chengji);
        }
        else
```

```
    {
        scorecj = 0;
    }
    var Return = from qq in db. TB_sportSub
                    where qq. sportName == xiangmu&&qq. campusName! = "无"
                    select qq;
    int i = 0;
    foreach (var item in Return)
    {
        sa[i] = item. Id;
        i + +;
    }
    var theReturn = (from grade in db. TB_generateTrainingCourse
                    join stu in db. TB_studentInfo on grade. selectUserId equals stu. XH
                    join stuspo in db. TB_sportSub on grade. sportId equals stuspo. Id
                    where grade. xn == ""
                    orderby grade. selectUserId, grade. ZGH, grade. jcz, grade. score
                    select new
                    {
                        nianji = stu. Dqnj,
                        xuehao = stu. XH,
                        xingming = stu. XM,
                        xingbie = stu. XB,
                        xueyuan = stu. Dept_nam,
                        xiangmu = stuspo. sportName,
                        chengji = grade. score,
                        xuenian = grade. xn,
                        xueqi = grade. xq_id,
                        sportid = grade. sportId
                    }). OrderBy( a => a. xuehao). ToPagedList( id, 10);
    var theReturnmodel = (from grade in db. TB_generateTrainingCourse
                    where grade. xn == ""
                        select grade). OrderBy( a => a. selectUserId). ToPagedList ( id,
10);
    //以上为初始化
    if (scorecj == 0)
    {
        theReturn = (from grade in db. TB_generateTrainingCourse
                    join stu in db. TB_studentInfo on grade. selectUserId equals stu. XH
                    join stuspo in db. TB_sportSub on grade. sportId equals stuspo. Id
                    where grade. xn. Contains( xuenian) && grade. selectUserId. Contains ( xh)
                    orderby grade. selectUserId, grade. ZGH, grade. jcz, grade. score
                    select new
                    {
```

```
                        nianji = stu. Dqnj,
                        xuehao = stu. XH,
                        xingming = stu. XM,
                        xingbie = stu. XB,
                        xueyuan = stu. Dept_nam,
                        xiangmu = stuspo. sportName ,
                        chengji = grade. score,
                        xuenian = grade. xn,
                        xueqi = grade. xq_id,
                        sportid = grade. sportId
                }). OrderBy( a => a. xuehao). ToPagedList( id, 10);
        }
    else
    {
        if (xueqi == "")
        {
            theReturn = (from grade in db. TB_generateTrainingCourse
                        join stu in db. TB_studentInfo on grade. selectUserId equals stu. XH
                        join stuspo in db. TB_sportSub on grade. sportId equals stuspo. Id
                        where grade. xn. Contains( xuenian) &&
                        sa. Contains( grade. sportId) && grade. score == scorecj &&
                        grade. selectUserId. Contains( xh)
                        orderby grade. selectUserId, grade. ZGH, grade. jcz, grade. score
                        select new
                            {
                                nianji = stu. Dqnj,
                                xuehao = stu. XH,
                                xingming = stu. XM,
                                xingbie = stu. XB,
                                xueyuan = stu. Dept_nam,
                                xiangmu = stuspo. sportName,
                                chengji = grade. score,
                                xuenian = grade. xn,
                                xueqi = grade. xq_id,
                                sportid = grade. sportId
                        }). OrderBy( a => a. xuehao). ToPagedList( id, 10);
        }
    else
    {
        theReturn = (from grade in db. TB_generateTrainingCourse
                    join stu in db. TB_studentInfo on grade. selectUserId equals stu. XH
                    join stuspo in db. TB_sportSub on grade. sportId equals stuspo. Id
                    where grade. xn. Contains( xuenian) &&
```

```
                    sa. Contains( grade. sportId) && grade. score == scorecj &&
                    grade. selectUserId. Contains( xh) && grade. xq_id == xqid
                    orderby grade. selectUserId, grade. ZGH, grade. jcz, grade. score
                     select new
                        {
                            nianji = stu. Dqnj,
                            xuehao = stu. XH,
                            xingming = stu. XM,
                            xingbie = stu. XB,
                            xueyuan = stu. Dept_nam,
                            xiangmu = stuspo. sportName,
                            chengji = grade. score,
                            xuenian = grade. xn,
                            xueqi = grade. xq_id,
                            sportid = grade. sportId
                        }). OrderBy( a => a. xuehao). ToPagedList( id, 10);
                 }
            }

        var model1 = theReturn;
        var model111 = theReturnmodel;
        List < GradeModel > listgrade = new List < GradeModel > ();
        foreach ( var item in model1)
        {
            GradeModel model = new GradeModel();
            model. XH = item. xuehao;
            model. XM = item. xingming;
            model. XB = item. xingbie;
            model. Dep_nam = item. xueyuan;
            int cj = db. TB_arrangeText. Where( a => a. score == "合格" && a. XH == item. xuehao &&
a. sportId == item. sportid). Count();
            if ( item. chengji < 60)
            {
                if( cj >0)
                    model. Grade = "已合格";
                else
                    model. Grade = "未合格";
            }
            else
            {
                model. Grade = "已合格";
            }
            model. xn = item. xuenian;//时间
            model. sportname = item. xiangmu;
```

```
    model. teachername = item. nianji;//年级
    model. place = (item. xueqi + 1). ToString();//老师
    listgrade. Add(model);
  }
  ViewData["ceshiTea"] = listgrade;
  if (Request. IsAjaxRequest())
  return PartialView("ListTeaTrain", model111);
  return View(model111);
}
```

到这里,系统中教师管理模块的录入学生成绩子模块就基本完成了。在接下来的章节中,将针对系统配置进行详细的介绍。

9.6　系统配置模块

9.6.1　概述

本节将介绍公共体育课管理系统系统配置模块中的 3 个子模块,分别为"时间节点配置""目标/项目管理"和"场地管理"。系统配置模块的使用者为管理员。其主要功能是配置系统的各种参数信息。它是网站正常运作的前提与基础。

9.6.2　代码编写说明

代码编写说明见表 9.6。

表 9.6　系统配置模块代码编写说明

文件名称	类型	实现功能
timeNodeController	Controller	设置系统的关键时间节点,如"学生选课时间""预约测试时间""退选课时间"等
SportSubController	Controller	设置系统的体育项目,如"长跑""游泳""篮球""足球"等,并为各个项目设置相应的属性
groundController	Controller	设置各个体育项目的场地信息,即上课地点
timeNode	View	时间节点配置模块对应的界面显示
SportSub	View	体育项目配置模块对应的界面显示
ground	View	场地信息管理模块对应的界面显示

9.6.3　实现过程

时间节点配置模块的初始化代码如下:

```
using System;
using System. Collections. Generic;
using System. Linq;
using System. Web;
```

```
using System. Web. Mvc;
using System. Data;
using sportDomain;
using cquSport. Models;

namespace cquSport. Controllers
{
    [userAuth("admin")]
    public class timeNodeController : Controller
    {
        // 功能:时间节点管理
        private sportsEntities db = new sportsEntities();
        public ActionResult Index()
        {
            var timeNodes = from temp in db. TB_TimeNode
                            select temp;
            return View(timeNodes. ToList());
        }
    }
}
```

首先从表 TB_TimeNode 中获取数据,并传送至前台页面 Index,Index 中将显示所有需要配置的时间节点信息。其代码如下:

```
@ model List < sportDomain. TB_TimeNode >
@ {
    Layout = null;
}
<! DOCTYPE html >
< html >
< head >
    < title > Index </title >
    < link href = "../../Content/bootstrap/css/bootstrap. min. css" rel = "stylesheet" / >
    < script src = "@ Url. Content(" ~/Scripts/JQuery-1. 7. 1. min. js")" type = "text/ javascript" >
</script >
    < script src = "../../Content/bootstrap/js/bootstrap. min. js" > </script >
    < script type = "text/javascript" >
        $(function () {
            //表格通用样式。
            $(". table tr:even td"). css("backgroundColor", "#f 9f 9f 9");//改变偶数行背景色。
            $(". table th"). css("backgroundColor", "#e 4e 4e 4");//改变表格表头颜色。
        });
    </script >
</head >
< body >
```

```
< div style = " padding:0 40px;text-align:center" >
  < table class = " table table-hover" border = "1" style = "border-color:#C0C0C0; " >
  < caption > < h4 style = "color:#CC6633" > 系统关键时间节点列表 </h4 > </caption >
    < thead >
    < tr >
      < th style = "padding-left:50px;width:40%" > 时间节点类型 </th >
      < th style = "text-align:center;" > 开始时间 </th >
      < th style = "text-align:center;" > 结束时间 </th >
      < th style = "text-align:center;" > 操作 </th >
    </tr >
    </thead >
  < tbody >
    @ if ( Model. Count( ) ！ = 0)
    ｛
      foreach ( var item in Model)
      ｛
        < tr >
          < td class = "span6" style = "padding-left:20px;" >
          @ Html. DisplayFor( m => item. timetypename)
          </td >
          < td class = "span2" style = "text-align:center;" >
          @ Html. DisplayFor( m => item. startdate)
          </td >
          < td class = "span2" style = "text-align:center;" >
          @ Html. DisplayFor( m => item. enddate)
          </td >
          < td class = "span2" style = "text-align:center;" >
          @ Html. ActionLink ( " 编辑", " Edit", new ｛ id = item. timetype ｝, new ｛ id =
"item. timetype", @ class = "btn btn-small btn-info" ｝)
          </td >
        </tr >
      ｝
    ｝
  </tbody >
  </table >
</div >
</body >
</html >
```

时间节点配置的前台显示界面如图 9.8 所示。

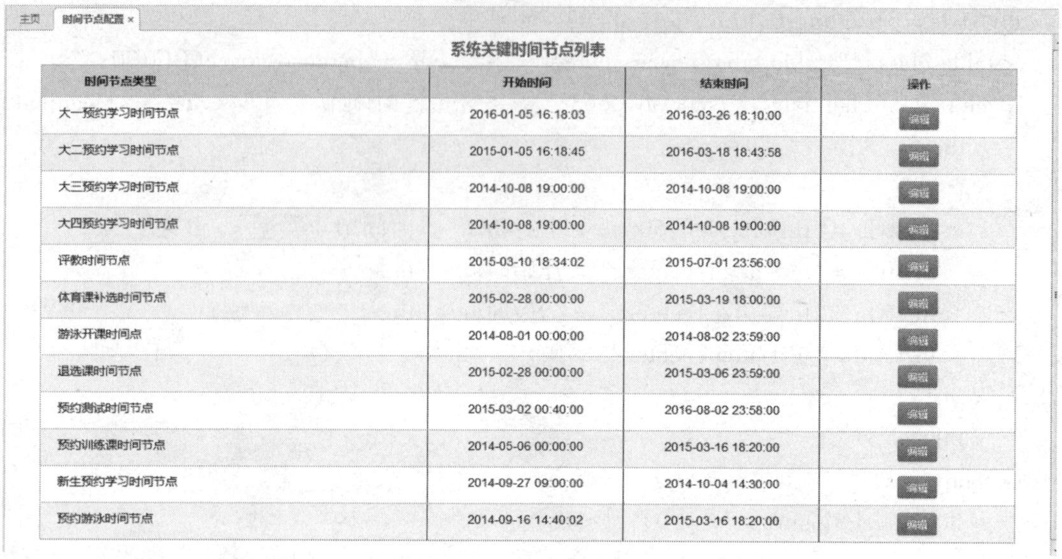

时间节点类型	开始时间	结束时间	操作
大一预约学习时间节点	2016-01-05 16:18:03	2016-03-26 18:10:00	编辑
大二预约学习时间节点	2015-01-05 16:18:45	2016-03-18 18:43:58	编辑
大三预约学习时间节点	2014-10-08 19:00:00	2014-10-08 19:00:00	编辑
大四预约学习时间节点	2014-10-08 19:00:00	2014-10-08 19:00:00	编辑
评教时间节点	2015-03-10 18:34:02	2015-07-01 23:56:00	编辑
体育课补选时间节点	2015-02-28 00:00:00	2015-03-19 18:00:00	编辑
游泳开课时间点	2014-08-01 00:00:00	2014-08-02 23:59:00	编辑
退选课时间节点	2015-02-28 00:00:00	2015-03-06 23:59:00	编辑
预约测试时间节点	2015-03-02 00:40:00	2016-08-02 23:58:00	编辑
预约训练课时间节点	2014-05-06 00:00:00	2015-03-16 18:20:00	编辑
新生预约学习时间节点	2014-09-27 09:00:00	2014-10-04 14:30:00	编辑
预约游泳时间节点	2014-09-16 14:40:02	2015-03-16 18:20:00	编辑

图 9.8　时间节点配置界面

当单击“编辑”操作时,将对具体的时间节点进行设置。其在 timeNodeController. cs 中的代码如下:

```
public ActionResult Edit(string id)
{
    TB_TimeNode returnNode = db.TB_TimeNode.Find(id);
    return View(returnNode);
}
[HttpPost]
public ActionResult Edit(TB_TimeNode theTimeNode)
{
    if (ModelState.IsValid)
    {
        try
        {
            db.TB_TimeNode.Attach(theTimeNode);
            db.Entry(theTimeNode).State = EntityState.Modified;
            db.SaveChanges();
            return RedirectToAction("Index");
        }
        catch (Exception)
        {
            throw;
        }
}
else
    {
        return View(theTimeNode);
```

```
        }
    }
```

Edit 方法对应的 View 代码如下：

```
@ model sportDomain. TB_TimeNode
@ {
    Layout = null;
}
<! DOCTYPE html >
< html >
< head >
    < title > 节点信息编辑 </ title >
    < link href = "../../Content/bootstrap/css/bootstrap. min. css" rel = "stylesheet" / >
    < script src = "../../Content/bootstrap/js/JQuery-1. 7. 1. min. js" > </ script >
    < script src = "../../Content/bootstrap/js/bootstrap. min. js" > </ script >
    < script src = "../../Content/datepicker/WdatePicker. js" > </ script >
    < script type = "text/javascript" >
        $( function ( ) {
            $( "#startdate" ). addClass( "Wdate" ). click( function ( ) {
            WdatePicker( { minDate: '2008-03-08   11:30:00', maxDate: '2900-03-10   20:59:30',
dateFmt:'yyyy-MM-dd HH:mm:ss' } );
            } );
            $( "#enddate" ). addClass( "Wdate" ). click( function ( ) {
            WdatePicker( { minDate: '2008-03-08   11:30:00', maxDate: '2900-03-10   20:59:30',
dateFmt: 'yyyy-MM-dd HH:mm:ss' } );
            } );
            $( "#timetypename" ). attr( 'readonly', 'readonly');
            $( "#timetype" ). hide( );
        } );
        </ script >
        < style type = "text/css" >
        #timetypename {
        width:300px;
        }
    </ style >
</ head >
< body >
    < div >
    @ using ( Html. BeginForm( ) )
    {
        @ Html. EditorFor( m => m. timetype)
        < table class = "table-striped" style = "margin-top:30px;" >
            < tr style = "background-color:#F9F9F9" >
```

```
            <td style = "width:200px; padding-left:20px; height:40px; font-weight: bold;" >时间节
点类型: </td >
            <td style = "width:500px;" >@ Html. EditorFor(m => m. timetypename) </td >
        </tr >
        <tr >
            <td style = "width:200px; padding-left:20px; font-weight:bold;" >开始时间: </td >
            <td >@ Html. EditorFor(m => m. startdate) </td >
        </tr >
        <tr style = "background-color:#F9F9F9" >
            <td style = "width:200px; padding-left:20px; font-weight:bold;" >结束时间: </td >
            <td >@ Html. EditorFor(m => m. enddate) </td >
        </tr >
        <tr >
            <td colspan = "2"  style = "text-align:center" >
            <p style = "margin-top:20px;" >
            <input type = "submit"  value = "单击保存"  class = "btn btn-info"  / >
            </p >
            </td >
        </tr >
    </table >
}
</div >
</body >
</html >
```

对应的前台显示界面如图 9.9 所示。

图 9.9　时间节点配置界面

目标/项目管理模块的功能是设置网站的体育项目信息,其控制器名为 SportSubController。主要代码如下:

```
using System;
using System. Collections. Generic;
using System. Linq;
using System. Web;
using System. Web. Mvc;
```

```
using sportDomain;
using cquSport. Models;

namespace cquSport. Controllers
{
    //目标/项目管理模块
    [userAuth("admin")]
    public class SportSubController : Controller
    {
        // GET: /SportSub/
        private sportsEntities db = new sportsEntities();
        public ActionResult Index()
        {
            List < TB_sportSub > ss = db. TB_sportSub. ToList();
            return View(ss);
        }
        public ActionResult Create()
        {
            return View();
        }
        [HttpPost]
        public ActionResult Create(TB_sportSub ss, bool bookOK, bool isRequired)
        {
            if (ModelState. IsValid)
            {
                db. TB_sportSub. Add(ss);
                db. SaveChanges();
                return RedirectToAction("Index");
            }
            return View(ss);
        }
        public ActionResult Edit(int id = 0)
        {
            TB_sportSub ss = db. TB_sportSub. Find(id);
            if (ss == null)
            {
                return HttpNotFound();
            }
            return View(ss);
        }
        [HttpPost]
        public ActionResult Edit(TB_sportSub ss)
```

```
    {
        if ( ModelState. IsValid)
        {
            db. Entry( ss). State = System. Data. EntityState. Modified;
            db. SaveChanges( );
            return RedirectToAction( "Index" );
        }
        return View( ss);
    }
    public ActionResult Delete( int id)
    {
        TB_sportSub ss = db. TB_sportSub. Find( id);
        if ( ss == null)
        {
            return HttpNotFound( );
        }
        db. TB_sportSub. Remove( ss);
        db. SaveChanges( );
        return RedirectToAction( "Index" );
    }
}
}
```

由控制器中的代码可知,其主要功能即对项目信息的增、删、改操作。显示界面的视图代码如下:

```
@ model List < sportDomain. TB_sportSub >
@ {
    Layout = null;
}
< ! DOCTYPE html >
< html >
< head >
    < meta name = "viewport" content = "width = device-width" / >
    < title > Index < /title >
    < link href = " ~/Content/css/tooltipster. css" rel = "stylesheet" / >
    < link href = "../../Content/bootstrap/css/bootstrap. min. css" rel = "stylesheet" / >
    < script src = " ~/Scripts/JQuery - 1. 10. 2. min. js" > < /script >
    < script src = "../../Content/bootstrap/js/bootstrap. min. js" > < /script >
    < script src = " ~/Scripts/JQuery. tooltipster. min. js" > < /script >
    < ! - - [ if lte IE 6 ] >
    < script src = "../../Content/bootstrap/js/bootstrap-ie. js" > < /script >
    < ! [ endif] -->
    < script src = "../../Scripts/juery. topbar. js" > < /script >
```

```
< script type = "text/javascript" >
$( function ( ) {
　//表格通用样式
　$(".table tr:even td").css("backgroundColor", "#f9f9f9");//改变偶数行背景色。
　$(".table th").css("backgroundColor", "#e4e4e4");//改变表格表头颜色。
});
//确认删除弹出框
function checkThetrue( ) {
　var r = confirm("您确认删除此信息吗?");
　if (r == false) {
　　return false;
　}
　else {
　　return true;
　}
}
</script>
</head>
<body>
　<div style = "margin: 0 auto; margin-top: 5px; width:800px; text-align: center;" >
　　<table class = " table table-hover" border = "1" style = "border-color: #C0C0C0;" >
　　<caption>
　　<h4 style = "color: #CC6633" >目标/项目管理页面</h4>
　　<div style = "text-align: right; border: 1px #c1c1c1 solid; border-bottom: 0px; padding-right: 20px; height: 45px; line-height: 35px; padding-top: 10px; margin-top: 10px; font-size: 13px;" >
　　　@Html.ActionLink("添加信息", "Create", new { }, new { @class = "btn btn-small btn-info" })
　　</div>
　　</caption>
　　<thead>
　　　<tr>
　　　　<th style = "text-align: center;width:100px;" >名称</th>
　　　　<th style = "text-align: center;width:100px;" >所在校区</th>
　　　　<th style = "text-align: center;width:75px;" >是否开放预约学习</th>
　　　　<th style = "text-align: center;width:75px;" >是否必选</th>
　　　　<th style = "text-align: center;width:100px;" >男生最大人数</th>
　　　　<th style = "text-align: center;width:100px;" >女生最大人数</th>
　　　　<th style = "text-align: center;width:100px;" >最大总人数</th>
　　　　<th style = "text-align: center;width:150px;" >操作</th>
　　　</tr>
　　</thead>
　　<tbody>
```

```
@ if ( Model. Count( ) ！ = 0 )
{
    foreach ( var item in Model )
    {
        < tr >
          < td class = "span2" style = "text-align：center;width:100px;" >
          @ Html. DisplayFor( modelItem => item. sportName )
          </ td >
          < td class = "span2" style = "text-align：center;width:100px;" >
          @ Html. DisplayFor( modelItem => item. campusName )
          </ td >
          < td class = "span6" style = "text-align：center;width:75px;" >
          @ Html. DisplayFor( modelItem => item. bookOK )
          </ td >
          < td class = "span2" style = "text-align：center;width:75px;" >
          @ Html. DisplayFor( modelItem => item. isRequired )
          </ td >
          < td class = "span2" style = "text-align：center;width:100px;" >
          @ Html. DisplayFor( modelItem => item. boyMax )
          </ td >
          < td class = "span6" style = "text-align：center;width:100px;" >
          @ Html. DisplayFor( modelItem => item. girlMax )
          </ td >
          < td class = "span2" style = "text-align：center;width:100px;" >
          @ Html. DisplayFor( modelItem => item. totalMax )
          </ td >
          < td class = "span2" style = "text-align：center;width:150px;" >
          @ Html. ActionLink( "修改", "Edit", new {id = item. Id}, new {@ class = "btn btn-small btn-info"} )
          @ Html. ActionLink( "删除", "Delete", new {id = item. Id}, new {onClick = "return checkThetrue( );",@ class = "btn btn-small btn-danger"} )
          </ td >
        </ tr >
    }
}
        </ tbody >
      </ table >
    </ div >
  </ body >
</ html >
```

目标/项目管理界面如图 9.10 所示。

添加项目信息的视图代码如下：

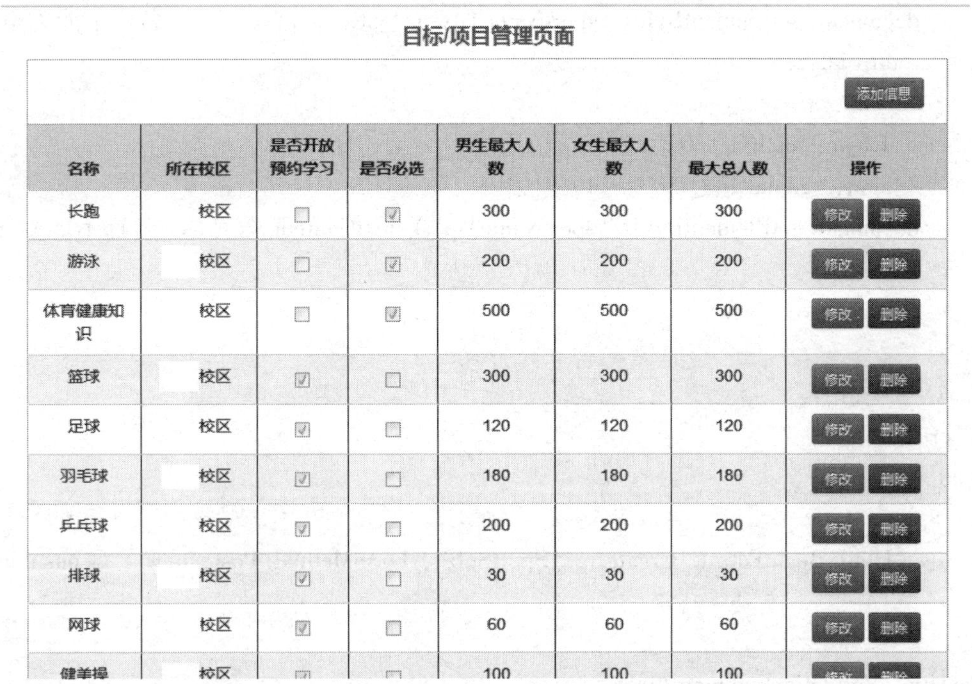
目标/项目管理页面

添加信息

名称	所在校区	是否开放预约学习	是否必选	男生最大人数	女生最大人数	最大总人数	操作
长跑	校区	☐	☑	300	300	300	修改 删除
游泳	校区	☐	☑	200	200	200	修改 删除
体育健康知识	校区	☐	☑	500	500	500	修改 删除
篮球	校区	☑	☐	300	300	300	修改 删除
足球	校区	☑	☐	120	120	120	修改 删除
羽毛球	校区	☑	☐	180	180	180	修改 删除
乒乓球	校区	☑	☐	200	200	200	修改 删除
排球	校区	☑	☐	30	30	30	修改 删除
网球	校区	☑	☐	60	60	60	修改 删除
健美操	校区	☑	☐	100	100	100	修改 删除

图 9.10　目标/项目管理界面

```
@ model sportDomain. TB_sportSub
@ {
  Layout  =  null;
}

<! DOCTYPE html >
< html >
< head >
  < meta name = " viewport"  content = " width = device-width"  / >
  < title > 添加目标/项目信息 < /title >
  < link href = "  ~/Content/css/tooltipster. css"  rel = " stylesheet"  / >
  < link href = " . . / . . /Content/bootstrap/css/bootstrap. min. css"  rel = " stylesheet"  / >
  < script src = "  ~/Scripts/JQuery - 1. 10. 2. min. js"  > < /script >
  < script src = " . . / . . /Content/bootstrap/js/bootstrap. min. js"  > < /script >
  < script src = "  ~/Scripts/JQuery. tooltipster. min. js"  > < /script >
  < !  -- [ if lte IE 6 ] >
  < script src = " . . / . . /Content/bootstrap/js/bootstrap-ie. js"  > < /script >
  < !  [ endif ] -->
  < script src = " . . / . . /Scripts/juery. topbar. js"  > < /script >
  < script type = " text/javascript"  >
    function check( )  {
      var sn  =  document. getElementById( " sportName" ) . value;
      if ( sn. length  ==  0 )  {
        //alert( '空值' ) ;
```

```
                document. getElementById("sportNameTip"). textContent = " * 名称不能为空";
                return false;
            }
        else if (sn. length > 20) {
            //alert("gound 超过 30 字");
                document. getElementById("sportNameTip"). textContent = " * 名称不能多于 20 个字
符";
                return false;
            }
        }
    </script>
</head>
<body>
    @ using (Html. BeginForm("Create", "SportSub", FormMethod. Post, new { @ onsubmit = "re-
turn check()" }))
    {
        @ Html. ValidationSummary(true)
        <fieldset style = "width: 700px; margin: 0 auto;" >
        <legend >添加目标/项目信息 </legend >
        <div >
            <strong >目标/项目名称: </strong >
        </div >
        <div >
            @ Html. EditorFor(model => model. sportName, new { @ id = "sportName" })
            @ Html. ValidationMessageFor(model => model. sportName)
        <label id = "sportNameTip" style = "color: red; font-size: small" > </label >
        </div >
        <div >
            <strong >校区名称: </strong >
        </div >
        <div >
            <select id = "campusName" name = "campusName" >
            <option value = "D 校区" >D 校区 </option >
            <option value = "A/B 校区" >A/B 校区 </option >
            </select >
        </div >
        <div >
            <strong >最大男生人数: </strong >
        </div >
        <div >
            @ Html. EditorFor(model => model. boyMax)
            @ Html. ValidationMessageFor(model => model. boyMax)
```

```
</div >
< div >
  < strong >最大女生人数:</strong >
</div >
< div >
  @ Html. EditorFor( model => model. girlMax)
  @ Html. ValidationMessageFor( model => model. girlMax)
</div >
< div >
  < strong >最大总人数:</strong >
</div >
< div >
  @ Html. EditorFor( model => model. totalMax)
  @ Html. ValidationMessageFor( model => model. totalMax)
</div >
< div >
  < strong >是否开放预约学习:</strong >
</div >
< div >
  < input type = " radio" name = " bookOK" value = " true" style = " margin-left: 15px; margin-bottom: 15px" / >是
  < input type = " radio" name = " bookOK" checked value = " false" style = " margin-left: 15px; margin-bottom: 15px" / >否
</div >
< div >
  < strong >是否必选:</strong >
</div >
< div >
  < input type = " radio" name = " isRequired" value = " true" style = " margin-left: 15px; margin-bottom: 15px" / >是
  < input type = " radio" name = " isRequired" checked value = " false" style = " margin-left: 15px; margin-bottom: 15px" / >否
</div >
< div style = " text-align: center" >
  < input type = " submit" value = " 保存" style = " margin-right: 20px;" class = 'bookButton btn btn-success btn-small' / >
  @ Html. ActionLink( "取消", "Index", new { @ class = "btn btn-success " })
</div >
</fieldset >
}
</body >
</html >
```

293

添加目标/项目的界面如图 9.11 所示。

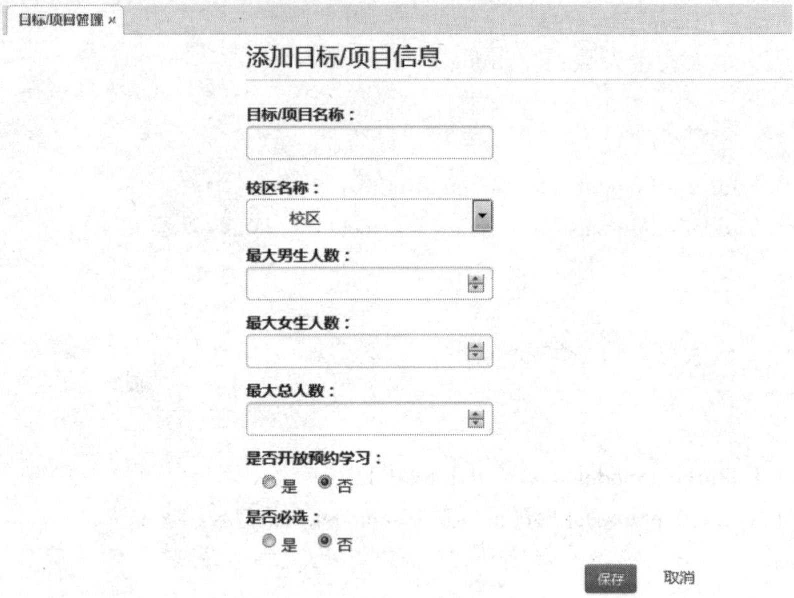

图 9.11　添加目标/项目界面

编辑项目信息的视图代码如下：

```
@ model sportDomain. TB_sportSub
@ {
  Layout = null;
}


< ! DOCTYPE html >
< html >
< head >
  < meta name = "viewport" content = "width = device-width" / >
  < title >修改目标/项目信息 </title >
  < link href = " ~/Content/css/tooltipster. css" rel = "stylesheet" / >
  < link href = "../../Content/bootstrap/css/bootstrap. min. css" rel = "stylesheet" / >
  < script src = " ~/Scripts/JQuery - 1. 10. 2. min. js" > </script >
  < script src = "../../Content/bootstrap/js/bootstrap. min. js" > </script >
  < script src = " ~/Scripts/JQuery. tooltipster. min. js" > </script >
  < ! - -[ if lte IE 6 ] >
  < script src = "../../Content/bootstrap/js/bootstrap-ie. js" > </script >
  < ! [ endif] -->
  < script src = "../../Scripts/juery. topbar. js" > </script >
  < script type = "text/javascript" >
function check( ) {
    var sn = document. getElementById( "sportName" ). value;
    if ( sn. length == 0) {
```

```
        //alert('空值');
        document. getElementById("sportNameTip"). textContent = " * 名称不能为空";
        return false;
    }
    else if (sn. length > 20) {
        //alert("gound 超过 30 字");
        document. getElementById("sportNameTip"). textContent = " * 名称不能多于 20 个字
符";
        return false;
    }
}
    </script>
</head>
<body>
    @ using (Html. BeginForm("Edit", "SportSub", FormMethod. Post, new { @ onsubmit = "return
check()" }))
    {
        @ Html. ValidationSummary(true)
        <fieldset style = "width: 700px; margin: 0 auto;">
        <legend>修改目标/项目信息</legend>
        <table style = "width: 700px;">
            <tr>
                <td>
                    <strong>目标/项目名称:</strong>
                </td>
                <td>
                    <strong>校区名称:</strong>
                </td>
            </tr>
            <tr>
                <td>
                @ Html. EditorFor(model => model. sportName, new { @ id = "sportName" })
                @ Html. ValidationMessageFor(model => model. sportName)
                    <label id = "sportNameTip" style = "color: red; font-size: small"></label>
                </td>
                <td>
                    <select id = "campusName" name = "campusName">
                    @ if (Model. campusName == "A/B 校区")
                    {
                        <option value = "D 校区">D 校区</option>
                        <option value = "A/B 校区" selected = "selected">A/B 校区</option>
```

```
            }
            else
            {
              < option value = " D 校区" selected = " selected" > D 校区 </ option >
              < option value = " A/B 校区" > A/B 校区 </ option >
            }
          </ select >
        </ td >
      </ tr >
      < tr >
        < td >
          < strong >最大男生人数: </ strong >
        </ td >
        < td >
          < strong >最大女生人数: </ strong >
        </ td >
      </ tr >
      < tr >
        < td >
          @ Html. EditorFor( model => model. boyMax )
          @ Html. ValidationMessageFor( model => model. boyMax )
        </ td >
        < td >
          @ Html. EditorFor( model => model. girlMax )
          @ Html. ValidationMessageFor( model => model. girlMax )
        </ td >
      </ tr >
      < tr >
        < td >
          < strong >最大总人数: </ strong >
        </ td >
      </ tr >
      < tr >
        < td >
          @ Html. EditorFor( model => model. totalMax )
          @ Html. ValidationMessageFor( model => model. totalMax )
        </ td >
      </ tr >
      < tr >
        < td >
          < strong >是否开放预约学习: </ strong >
```

```
              </td>
          </tr>
          <tr>
            <td>
             @if(Model.bookOK == true)
             {
                <div>
                   <input type="radio" name="bookOK" value="true" checked style="margin-
left:15px; margin-bottom:15px" />是
                   <input type="radio" name="bookOK" value="false" style="margin-left:
15px; margin-bottom:15px" />否
                </div>
             }
             else
             {
                <div>
                   <input type="radio" name="bookOK" value="true" style="margin-left:15px;
margin-bottom:15px" />是
                   <input type="radio" name="bookOK" value="false" checked style="margin-
left:15px; margin-bottom:15px" />否
                </div>
             }
            </td>
          </tr>
          <tr>
            <td>
             <strong>是否必选:</strong>
            </td>
          </tr>
          <tr>
            <td>
             @if(Model.isRequired == true)
             {
                <div>
                   <input type="radio" name="isRequired" value="true" checked style="margin-
left:15px; margin-bottom:15px" />是
                   <input type="radio" name="isRequired" value="false" style="margin-left:
15px; margin-bottom:15px" />否
                </div>
             }
             else
```

```
                {
                    < div >
                        < input type = "radio" name = "isRequired" value = "true" style = "margin-left：15px；
margin-bottom：15px" / >是
                        < input type = "radio" name = "isRequired" value = "false" checked style = "margin-
left：15px；margin-bottom：15px" / >否
                    </div >
                }
                </td >
            </tr >
            </table >
        < div style = "text-align：center" >
            < input type = "submit" value = "保存" style = "margin-right：20px；" class = 'bookButton
btn btn-success btn-small' / >
            @ Html. ActionLink("取消", "Index", new { @ class = "btn btn-success " })
        </div >
        </fieldset >
    }
    </body >
    </html >
```

修改目标/项目的界面如图 9.12 所示。

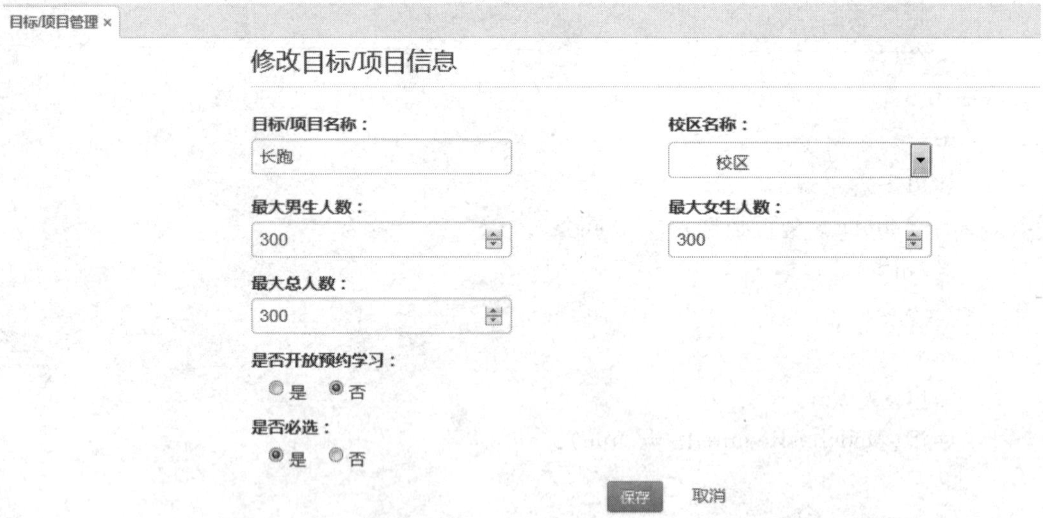

图 9.12　修改目标/项目界面

场地管理模块的主要作用是维护体育项目信息所对应的场地信息，即可简单理解为上课地点信息。场地管理模块的控制器为 groundController。其代码如下：

```
using System；
using System. Collections. Generic；
using System. Linq；
using System. Web；
```

```
using System. Web. Mvc;
using sportDomain;
using cquSport. Models;
using Webdiyer. WebControls. Mvc;


namespace cquSport. Controllers
{
    //场地管理模块
    [ userAuth( "admin" ) ]
    public class groundController : Controller
    {
        //
        // GET: /ground/
        private sportsEntities db = new sportsEntities( );
        public ActionResult Index( string campusName, string sportName, int id = 1 )
        {
            List < TB_groundInfo > gi = db. TB_groundInfo. ToList( );
            List < SelectListItem > sportNameList = new List < SelectListItem > ( );
            sportNameList. Add( new SelectListItem { Text = "全部", Value = "" } );
            var sportList = gi. Select( a => a. sportName ). Distinct( );
            foreach ( var item in sportList )
            {
                sportNameList. Add( new SelectListItem { Text = item, Value = item } );
            }
            ViewData[ "sportNameList" ] = sportNameList;
            ViewData[ "campusName" ] = campusName;
            ViewData[ "sportName" ] = sportName;
            var qry = gi. AsQueryable( );
            if ( ( campusName == null || campusName == "" ) && ( sportName == null || sportName
== "" ) )
            { }
            else
            {
                if ( ! string. IsNullOrWhiteSpace( campusName ) )
                    qry = qry. Where( a => a. campusName. Contains( campusName ) );
                if ( ! string. IsNullOrWhiteSpace( sportName ) )
                    qry = qry. Where( a => a. sportName. Contains( sportName ) );
            }
                var model = qry. OrderBy( a => a. campusName ). ToPagedList( id, 10 );
                return View( model );
        }

        public ActionResult Create( )
```

```
    {
        return View();
    }
    [HttpPost]
    public ActionResult Create(TB_groundInfo gi)
    {
        if (ModelState.IsValid)
        {
            db.TB_groundInfo.Add(gi);
            db.SaveChanges();
            return RedirectToAction("Index");
        }
        return View(gi);
    }
    public ActionResult Edit(int id = 0)
    {
        TB_groundInfo gi = db.TB_groundInfo.Find(id);
        if (gi == null)
        {
            return HttpNotFound();
        }
        return View(gi);
    }
    [HttpPost]
    public ActionResult Edit(TB_groundInfo gi)
    {
        if (ModelState.IsValid)
        {
            db.Entry(gi).State = System.Data.EntityState.Modified;
            db.SaveChanges();
            return RedirectToAction("Index");
        }
        return View(gi);
    }
    //删除场地信息
    public ActionResult Delete(int id)
    {
        TB_groundInfo gi = db.TB_groundInfo.Find(id);
        if (gi == null)
        {
            return HttpNotFound();
        }
```

```
      db. TB_groundInfo. Remove( gi ) ;
      db. SaveChanges( ) ;
      return RedirectToAction( "Index" ) ;
    }
  }
}
```

由代码可知,场地管理模块的主要功能即对场地信息的增、删、改操作。其中,Index 对应的 View
代码如下:

```
@ using Webdiyer. WebControls. Mvc ;
@ model PagedList < sportDomain. TB_groundInfo >


<! DOCTYPE html >
< html >
< head >
  < meta name = "viewport" content = "width = device-width" / >
  < title > Index </title >
  < link href = " ~/Content/css/tooltipster. css" rel = "stylesheet" / >
  < link href = "../../Content/bootstrap/css/bootstrap. min. css" rel = "stylesheet" / >
  < script src = " ~/Scripts/JQuery – 1. 10. 2. min. js" > </script >
  < script src = "../../Content/bootstrap/js/bootstrap. min. js" > </script >
  < script src = " ~/Scripts/JQuery. tooltipster. min. js" > </script >
  < script src = "../../Scripts/juery. topbar. js" > </script >
  < script type = "text/javascript" >
    $( function ( ) {
      //表格通用样式
      $( ". table tr:even td" ). css( "backgroundColor", "#f9f9f9" );//改变偶数行背景色。
      $( ". table th" ). css( "backgroundColor", "#e4e4e4" );//改变表格表头颜色。
    });
    function loadContents( theindex, pageDom) {
      // pageDom. current_page = 5;
    }
    //确认删除弹出框
    function checkThetrue( ) {
    var r = confirm( "您确认删除此信息吗?" );
      if ( r == false ) {
        return false;
      }
      else {
        return true;
      }
    }
  </script >
```

```
</head >
<body >
    < div id = "groundManage" style = "margin：0 auto；margin-top：5px；width：700px；text-align：
center；" >
        < table class = "table table-condensed" border = "1" style = "border-color：#C0C0C0；" >
        < caption >
        < h4 style = "color：#CC6633" >场地管理页面 </h4 >
         < div style = "text-align：right；border：1px #c1c1c1 solid；border-bottom：0px；height：
110px；font-size：13px；" >
                < fieldset style = "text-align：center；" >
                < legend > </legend >
                @ using ( Html. BeginForm("Index"，"ground"，new { id = "" }，FormMethod. Get，new
{ id = "searchForm"，style = "height：20px" } ))
                    {
                    < span >校区：</span >
                    < select id = "campusName" name = "campusName" >
                      < option value = "" >全部校区 </option >
                      < option value = "D 校区" >D 校区 </option >
                      < option value = "A/B 校区" >A/B 校区 </option >
                    </select >
                    < span style = "margin-left：20px；" >所属项目：</span >
                      @ Html. DropDownList("sportName"，ViewData["sportNameList"] as IEnumerable
< SelectListItem > )
                        < input type = "submit" class = "btn btn-small btn-info" value = "查询" / >
                        @ Html. ActionLink("还原"，"Index"，new { id = "" }，new { @ class = "btn
btn-small btn-success" })
                    }
                </fieldset >
                < div style = "text-align：left；border：1px #c1c1c1 solid；border-bottom：0px；padding-
left：20px；height：40px；padding-top：10px；font-size：14px；" >当前查询条件：
                    < div style = "display：inline-block" >校区 − − < span style = "color：#CC6633" > @
ViewData["campusName"] </span > </div >
                    < div style = "display：inline-block；margin-left：20px" >项目 − − < span style = "color：
#CC6633" > @ ViewData["sportName"] </span > </div >
                    < div style = "display：inline-block；float：right；margin-right：10px" > @ Html. ActionLink
("添加场地信息"，"Create"，new { }，new { @ class = "btn btn-small btn-info" }) </div >
                </div >
            </div >
        </caption >
        < thead >
        < tr >
            < th style = "text-align：center；" >校区 </th >
```

```
            <th style = "text-align：center;" >场地代码 </th >
            <th style = "text-align：center;" >相关信息 </th >
            <th style = "text-align：center;" >所属项目 </th >
            <th style = "text-align：center;" >操作 </th >
        </tr >
    </thead >
    <tbody >
        @ if（Model. Count（） ！ = 0）
        {
            foreach（var item in Model）
            {
                <tr >
                    <td class = "span2" style = "text-align：center; width：10%" >
                    @ Html. DisplayFor( modelItem => item. campusName )
                    </td >
                    <td class = "span2" style = "text-align：center; width：15%" >
                    @ Html. DisplayFor( modelItem => item. groundNo )
                    </td >
                    <td class = "span6" style = "text-align：center; width：45%" >
                    @ Html. DisplayFor( modelItem => item. reark )
                    </td >
                    <td class = "span6" style = "text-align：center; width：10%" >
                    @ Html. DisplayFor( modelItem => item. sportName )
                    </td >
                    <td class = "span2" style = "text-align：center; width：25%" >
                    @ Html. ActionLink（"修改"，"Edit"，new { id = item. Id }，new { @ class = "btn
btn-small btn-info" }）
                    @ Html. ActionLink（"删除"，"Delete"，new { id = item. Id }，new { onClick =
"return checkThetrue（）;"，@ class = "btn btn-small btn-danger" }）
                    </td >
                </tr >
            }
        }
    </tbody >
    </table >
        @ Ajax. Pager（Model，new PagerOptions { PageIndexParameterName = "id"，ShowPageIndex-
Box = false，PageIndexBoxType = PageIndexBoxType. DropDownList，ShowGoButton = false }，new
MvcAjaxOptions { UpdateTargetId = "groundManage"，DataFormId = "searchForm" }，new { style =
"float：right" }）
    </div >
    </body >
    </html >
```

场地管理的界面显示如图 9.13 所示。

图 9.13 场地管理界面

Create 方法对应的 View 代码如下：

```
@ model sportDomain. TB_groundInfo
@ {
  Layout = null;
}


<! DOCTYPE html >
< html >
< head >
  < meta name = "viewport" content = "width = device-width" / >
  < title >添加场地信息 </ title >
  < link href = " ~/Content/css/tooltipster. css" rel = "stylesheet" / >
  < link href = ".. /.. /Content/bootstrap/css/bootstrap. min. css" rel = "stylesheet" / >
  < script src = " ~/Scripts/JQuery – 1. 10. 2. min. js" > </ script >
  < script src = ".. /.. /Content/bootstrap/js/bootstrap. min. js" > </ script >
  < script src = " ~/Scripts/JQuery. tooltipster. min. js" > </ script >
  < script src = ".. /.. /Scripts/juery. topbar. js" > </ script >
  < script type = "text/javascript" >
    function check( ) {
      var no = document. getElementById( "groundNo" ). value;
```

```
        var reark = document.getElementById("reark").value;
        var sport = document.getElementById("sportname").value;
        if (no.length == 0) {
            document.getElementById("rearkTip").textContent = "";
            document.getElementById("sportnameTip").textContent = "";
            document.getElementById("groundNoTip").textContent = " * 场地编号不能为空";
            return false;
        }
        else if (no.length > 30) {
            document.getElementById("rearkTip").textContent = "";
            document.getElementById("sportnameTip").textContent = "";
            document.getElementById("groundNoTip").textContent = " * 场地编号不能多于 30 个
字符";
            return false;
        }
        else if (reark.length > 200) {
            document.getElementById("groundNoTip").textContent = "";
            document.getElementById("sportnameTip").textContent = "";
            document.getElementById("rearkTip").textContent = " * 相关信息不能多于 200 个字
符";
            return false;
        }
        else if (sport.length > 60 || sport.length == 0) {
            document.getElementById("groundNoTip").textContent = "";
            document.getElementById("rearkTip").textContent = "";
            document.getElementById("sportnameTip").textContent = " * 所属项目名不能为空,且
不多于 60 个字符";
            return false;
        }
    }
    </script>
</head>
<body>
    @using (Html.BeginForm("Create", "ground", FormMethod.Post, new { @onsubmit = "return
check()" }))
    {
        @Html.ValidationSummary(true)
        <fieldset style="width：700px; margin：0 auto;">
            <legend>添加场地信息</legend>
            <div>
                <strong>校区名称</strong>
```

305

```
      </div>
      <div>
        <select id="campusName" name="campusName">
          <option value="D校区">D校区</option>
          <option value="A/B校区">A/B校区</option>
        </select>
      </div>
      <div>
        <strong>场地编号</strong>
      </div>
      <div>
        @Html.EditorFor(model => model.groundNo, new{@id="groundNo"})
        @Html.ValidationMessageFor(model => model.groundNo)
        <label id="groundNoTip" style="color:red;font-size:small"></label>
      </div>
      <div>
        <strong>相关信息</strong>
      </div>
      <div>
        @Html.TextAreaFor(model => model.reark, new{@class="span5", id="reark"})
        <label id="rearkTip" style="color:red;font-size:small"></label>
      </div>
      <div>
        <strong>所属项目</strong>
      </div>
      <div>
        @Html.TextBoxFor(model => model.sportName, new{@class="span5", id=
"sportname"})
        <label id="sportnameTip" style="color:red;font-size:small"></label>
      </div>
      <input type="submit" value="保存" id="createGroundInfo" style="margin-right:
20px;" class='bookButton btn btn-success btn-small'/>
        @Html.ActionLink("取消", "Index", new{},  new{@class="btn btn-small btn-dan-
ger"})
    </fieldset>
  }
</body>
</html>
```

添加场地信息对应的界面如图9.14所示。

图 9.14　添加场地信息界面

Edit 方法对应的 View 代码如下：

```
@ model sportDomain. TB_groundInfo
@ {
   Layout  =  null;
}


< ! DOCTYPE html >
< html >`
< head >
   < meta name = "viewport"  content = "width = device-width" / >
   < title >修改场地信息 </title >
   < link  href = " ~/Content/css/tooltipster. css"  rel = "stylesheet" / >
   < link  href = "../../Content/bootstrap/css/bootstrap. min. css"  rel = "stylesheet" / >
   < script  src = " ~/Scripts/JQuery - 1. 10. 2. min. js" > </script >
   < script  src = "../../Content/bootstrap/js/bootstrap. min. js" > </script >
   < script  src = " ~/Scripts/JQuery. tooltipster. min. js" > </script >
   < script  src = "../../Scripts/juery. topbar. js" > </script >
   < script  type = "text/javascript" >
   function check() {
      var no  = document. getElementById("groundNo"). value;
      var reark  = document. getElementById("reark"). value;
      var sport  = document. getElementById("sportname"). value;
      if (no. length  == 0) {
         document. getElementById("rearkTip"). textContent  = "";
         document. getElementById("sportnameTip"). textContent  = "";
         document. getElementById("groundNoTip"). textContent  = " * 场地编号不能为空";
         return false;
      }
```

```
        else if ( no. length > 30) {
          document. getElementById( "rearkTip" ). textContent = " ";
          document. getElementById( "sportnameTip" ). textContent = " ";
          document. getElementById( "groundNoTip" ). textContent = " * 场地编号不能多于 30 个
字符";
          return false;
        }
        else if ( reark. length > 200) {
          document. getElementById( "groundNoTip" ). textContent = " ";
          document. getElementById( "sportnameTip" ). textContent = " ";
          document. getElementById( "rearkTip" ). textContent = " * 相关信息不能多于 200 个字
符";
          return false;
        }
        else if ( sport. length > 60 || sport. length == 0) {
          document. getElementById( "groundNoTip" ). textContent = " ";
          document. getElementById( "rearkTip" ). textContent = " ";
          document. getElementById( "sportnameTip" ). textContent = " * 所属项目名不能为空,且
不多于 60 个字符";
          return false;
        }
      }
    </script>
  </head>
  <body>
    @ using ( Html. BeginForm( "Edit", "ground", FormMethod. Post, new { @ onsubmit = "return
check( )" } ) )
    {
      <fieldset style = "width: 700px; margin: 0 auto;" >
        <legend >修改场地信息 </legend >
        <div >
          <strong >校区名称 </strong >
        </div >
        <div >
          <select id = "campusName" name = "campusName" >
          @ if ( Model. campusName == "A/B 校区")
          {
            <option value = "D 校区" >D 校区 </option >
            <option value = "A/B 校区" selected = "selected" >A/B 校区 </option >
          }
          else
```

```
    {
        <option value="D校区" selected="selected">D校区</option>
        <option value="A/B校区">A/B校区</option>
    }
    </select>
</div>
<div>
    <strong>场地编号</strong>
</div>
<div>
    @Html.TextBoxFor(model => model.groundNo, new { @id = "groundNo" })
    <label id="groundNoTip" style="color：red；font-size：small"></label>
</div>
<div>
    <strong>相关信息</strong>
</div>
<div>
    @Html.TextAreaFor(model => model.reark, new { @class = "span5", id = "reark" })
    <label id="rearkTip" style="color：red；font-size：small"></label>
</div>
<div>
    <strong>所属项目</strong>
</div>
<div>
    @Html.TextBoxFor(model => model.sportName, new { @class = "span5", id = "sportname" })
    <label id="sportnameTip" style="color：red；font-size：small"></label>
</div>
<input type="submit" value="保存" style="margin-right：20px；" class='bookButton btn btn-success btn-small' />
    @Html.ActionLink("取消", "Index", new { }, new { @class = "btn btn-small btn-danger" })
    </fieldset>
    }
</body>
</html>
```

修改场地信息对应的界面如图 9.15 所示。

图 9.15　修改场地信息界面

9.7　系统信息管理模块

9.7.1　概述

本节内容中,将详细地描述通知公告模块的实现过程,并对相关的关键代码进行说明。进入系统后的通知公告界面如图 9.16 所示。

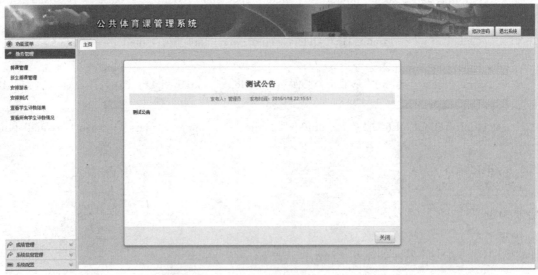

图 9.16　通知公告界面

该模块包含了添加通知公告和通知公告管理两个子模块。可使用 ggInfoController.cs 来实现添加、删除、修改通知公告等基本功能。同时,可使用 ggClassModel.cs 来完成通知公告板块公告类型定义的工作,再将数据传到前台,在 Create. cshtml,Detail. cshtml,Edit. cshtml,ListGG. html 等页面上进行显示。

9.7.2 代码编写说明

代码编写说明见表9.7。

表9.7 系统信息管理模块代码编写说明

ggInfoController	Controller	创建和管理通知公告板块
ggClassModel	Model	定义通知公告的几种类型
Create	View	添加新通知公告界面的显示
Details	View	通知公告详情界面的显示
Edit	View	通知公告内容编辑界面的显示
Index	View	关联 ListGG 页面的内容
ListGG	View	通知公告列表页面的显示

9.7.3 实现过程

在 Model 文件夹中,创建 ggClassModel. cs,添加对通知公告类型的定义。其代码如下:

```
using System;
using System. Collections. Generic;
using System. Linq;
using System. Web;
using System. Data. Entity;
using System. ComponentModel. DataAnnotations;
using sportDomain;
namespace cquSport. Models
{
    public class ggClassModel
    {
        public List < TB_ggInfo > ggywbd { get; set; }//有问必答(文件夹)
        public List < TB_ggInfo > ggyyxx { get; set; }//预约学习、考试必读(文件夹)
        public List < TB_ggInfo > ggksbz { get; set; }//考试评分办法及标准(文件夹)
        public List < TB_ggInfo > ggjsjj { get; set; }//教师简介(文件夹)
    }
}
```

接下来,在 Controller 文件夹中,创建 ggInfoController. cs 文件,用来实现通知公告的显示、添加、删除及编辑等功能。首先是公告信息列表的显示,后台代码如下:

```
using System;
using System. Collections. Generic;
using System. Linq;
using System. Web;
```

```
using System. Web. Mvc;
using sportDomain;
using cquSport. Models;
using System. Data;
using Webdiyer;
using Webdiyer. WebControls. Mvc;
namespace cquSport. Controllers
{
    //公告信息管理控制器
    [userAuth("admin")]
    public class ggInfoController : Controller
    {
        //初始化实体对象
        private sportsEntities db = new sportsEntities();

        //公告信息列表显示
        public ActionResult Index(int id = 1)
        {
            ViewBag. currentPage = id;
            return ajaxSearchGetResult(id);
        }
        [userAuth("admin")]
        private ActionResult ajaxSearchGetResult(int id = 1)
        {
            var theReturn = (from gg in db. TB_ggInfo
                            orderby gg. gg_datetime descending
                            select gg). OrderByDescending(a => a. gg_datetime). ToPagedList(id, 8);
            if (Request. IsAjaxRequest())
                return PartialView("ListGG", theReturn);
            return View(theReturn);
        }
    }
}
```

与之对应的 View 页面代码则有两个 cshtml 文件:Index. cshtml 和 ListGG. cshtml。具体代码如下:

(1)Index. cshtml

```
@ model PagedList < sportDomain. TB_ggInfo >
@ using Webdiyer. WebControls. Mvc;
< h4 style = "color:#CC6633; text-align:center" >通知公告信息列表 </h4 >
< div id = "articles" >
  @ Html. Partial("ListGG", Model)
</div >
```

@ section Scripts｛@｛Html. RegisterMvcPagerScriptResource()；｝｝

（2）ListGG. cshtml

@ model PagedList < sportDomain. TB_ggInfo >

@ using Webdiyer. WebControls. Mvc；

```
< div style = " margin：0 auto；margin-top：0px；width：95%；text-align：center；" >
    < table class = " table table-hover" border = "1" style = "border-color：#C0C0C0" >
        < tr >
            < th style = " padding-left：20px；" >公告名称 </th >
            < th style = " text-align：center；" >发布时期 </th >
            < th style = " text-align：center；" >分组名称 </th >
            < th style = " text-align：center；" >操作 </th >
        </tr >
        < tbody >
        @ if( Model. Count()  > 0)
        ｛
            foreach ( var item in Model)｛
                < tr >
                    < td class = " span5. 5" style = " padding-left：20px；" >
                        @ Html. DisplayFor( modelItem  =>  item. gg_title)
                    </td >
                    < td class = " span2. 5" style = " text-align：center；" >
                        @ Html. DisplayFor( modelItem  =>  item. gg_datetime)
                    </td >
                    < td class = " span2. 5" style = " text-align：center；" >
                        @ Html. DisplayFor( modelItem  =>  item. gg_class)
                    </td >
                    < td class = " span3" >
                        @ Html. ActionLink( "编辑"，" Edit"，new ｛   id = item. gg_id，idpage = @ View-
Bag. currentPage ｝，new ｛   id = " item. gg_id"，@ class = "btn btn-small btn-info"  ｝) |
                        @ Html. ActionLink( "查看详细"，" Details"，new ｛id = item. gg_id，currentPage =
@ ViewBag. currentPage ｝，new ｛   id = " item. gg_id"，@ class = "btn btn-small btn-success"  ｝) |
                        @ Html. ActionLink ( "删除"，" Delete"，new ｛ id = item. gg_id，currentPage =
@ ViewBag. currentPage ｝，new ｛ onClick = " return checkThetrue()；" ，@ class = "btn btn-small btn-dan-
ger"  ｝)
                    </td >
                </tr >
            ｝
        ｝
        </tbody >
    </table >
</div >
```

```
< div style = "margin: 0 auto; margin-top: -20px; width:95%;" >
    < div style = "float: left; width: 70%; margin-top: 10px;" > 共 @ Model. TotalPageCount 页
@ Model. TotalItemCount 条记录, 当前为第 @ Model. CurrentPageIndex 页 </div >
    @ Ajax. Pager( Model, new PagerOptions
    {
        PageIndexParameterName = "id",
        ShowPageIndexBox = true,
        PageIndexBoxType = PageIndexBoxType. DropDownList,
        ShowGoButton = false,
    }, new MvcAjaxOptions { UpdateTargetId = "articles", DataFormId = "searchForm" }, new
{ id = "diggpager" })
    </div >


< script src = " ~ /Scripts/JQuery - 1. 10. 2. min. js" > </script >
< script src = " ~ /Content/datepicker/WdatePicker. js" > </script >
< script src = " ~ /Scripts/JQuery. tooltipster. min. js" > </script >
< link href = " ~ /Content/css/bootstrap. min. css" rel = "stylesheet" / >
< link href = "../../Content/pagination/pagination. css" rel = "stylesheet" / >
< script src = "../../Content/pagination/JQuery. pagination. js" > </script >
< link href = " ~ /Content/css/pagerstyles. css" rel = "stylesheet" / >
< script type = "text/javascript" >
    $( function ( ) {
        $( ". table tr:even td" ). css( "backgroundColor", "#f9f9f9" ); //改变偶数行背景色
        $( ". table th" ). css( "backgroundColor", "#e4e4e4" ); //改变表格表头颜色
    });
</script >
< script type = "text/javascript" >
//删除公告弹出框
    function checkThetrue( ggid) {
        var r = confirm( "您确认删除此条公告信息吗?" );
        if ( r == false) {
            return false;
        }
        else {
            return true;
        }
    }
</script >
```

接下来, 在 ggInfoController. cs 中实现通知公告的添加功能。对应的 Create( )方法代码如下
//创建新公告
public ActionResult Create( )

```
{
    List < SelectListItem > lisztt = new List < SelectListItem >
    {
        new SelectListItem {Text = "不强制推送", Value = "不强制推送"},
        new SelectListItem {Text = "强制推送", Value = "强制推送"},
    };
    List < SelectListItem > list = new List < SelectListItem >
    {
        new SelectListItem {Text = "有问必答", Value = "有问必答"},
        new SelectListItem {Text = "预约学习、考试必读", Value = "预约学习、考试必读"},
        new SelectListItem {Text = "考试评分办法及标准", Value = "考试评分办法及标准"},
        new SelectListItem {Text = "教师简介", Value = "教师简介"},
    };
    ViewData["sel1zt"] = lisztt;
    ViewData["sel1"] = list;
    TB_ggInfo theGG = new TB_ggInfo();
    return View(theGG);
}
//创建新公告
[HttpPost]
[ValidateInput(false)]
public ActionResult Create(TB_ggInfo theUpdateGG)
{
    var year = DateTime. Now. Date. Year. ToString();
    var month = DateTime. Now. Date. Month. ToString();
    var day = DateTime. Now. Date. Day. ToString();
    var hour = DateTime. Now. Hour. ToString();
    var minute = DateTime. Now. Minute. ToString();
    //用于日志
    ViewBag. logText = "添加新公告";
    //用于日志
    theUpdateGG. gg_datetime = DateTime. Now;
    theUpdateGG. gg_kuozhan = year + month + day + hour + minute;
    if (ModelState. IsValid)
    {
        try
        {
            db. TB_ggInfo. Add(theUpdateGG);
            db. SaveChanges();
            return RedirectToAction("Index");
        }
```

```
        catch（Exception）
        {
            throw；
        }
    }
    else
    {
        return View（theUpdateGG）；
    }
}
```

完成添加通知公告的功能代码后，与其对应的前台页面 Create. cshtml 代码如下：

```
@ model sportDomain. TB_ggInfo
<！DOCTYPE html >
< html >
< head >
    < title > 新建公告信息 </title >
    < link href = "../../Content/bootstrap/css/bootstrap. min. css" rel = "stylesheet" / >
    < script src = "../../Content/ueditor/ueditor. config. js" > </script >
    < script src = "../../Content/ueditor/ueditor. all. min. js" > </script >
    < script src = "../../Scripts/JQuery − 1. 7. 1. min. js" > </script >
    < link href = "../../Content/Site. css" rel = "stylesheet" / >
    < style type = "text/css" >
      #gg_title ｛
        width：627px；
      ｝
    </style >
    < script src = "../../Scripts/JQuery. validate. min. js" > </script >
    < script src = "../../Scripts/JQuery. validate. unobtrusive. min. js" > </script >
</head >
< body >
    < div >
    @ using （Html. BeginForm（ ））
    ｛
        < table style = "margin-left：20px；margin-top：20px；" >
            < tr >
                < td style = "width：100px；background-color：#f5f5f5；color：#285179；  height：40px；
text-align：center；font-weight：bold；" >公告标题：< br / > @ Html. ValidationMessageFor（m => m. gg_ti-
tle）</td >
                < td style = "padding-top：5px；padding-left：10px；" >
                    @ Html. EditorFor（m => m. gg_title）
                </td >
```

316

```
            </tr>
            <tr>
                <td valign = "top" style = "padding-top:10px; color:#285179; background-color:
#f5f5f5; text-align:center; font-weight:bold;">公告内容:<br />@Html.ValidationMessageFor(m =>
m.gg_content)</td>
                <td style = "padding-left:10px; padding-top:10px;">
                    <textarea name = "gg_content" id = "gg_content" style = "height:300px; width:
640px;">@Model.gg_content</textarea>
                        <script type = "text/javascript">
                        var editor = new UE.ui.Editor();
                        editor.render("gg_content");
                        //1.2.4 以后可以使用一下代码实例化编辑器
                        //UE.getEditor('myEditor')
                        </script>
                </td>
            </tr>
            <tr>
                <td valign = "top" style = "padding-top:10px; color:#285179; background-color:
#f5f5f5; text-align:center; font-weight:bold;">公告分组名称:<br />@Html.ValidationMessageFor(m
=> m.gg_content)</td>
                <td style = "padding-left:10px; padding-top:10px;">
                    @Html.DropDownListFor(model => model.gg_class, ViewData["sel1"] as IEnumer-
able<SelectListItem>)
                </td>
            </tr>
            <tr>
                <td valign = "top" style = "padding-top:10px; color:#285179; background-color:
#f5f5f5; text-align:center; font-weight:bold;">公告分组名称:<br />@Html.ValidationMessageFor(m
=> m.gg_content)</td>
                <td style = "padding-left:10px; padding-top:10px;">
                    @Html.DropDownListFor(model => model.gg_zt, ViewData["sel1zt"] as IEnumera-
ble<SelectListItem>)
                </td>
            </tr>
            <tr>
                <td colspan = "2" style = "text-align:center; padding-top:10px;"><input type = "sub-
mit" value = "单击发布" class = "btn btn-info" /></td>
            </tr>
        </table>
    }
```

```
        </div >
    </body >
    </html >
```

完成通知公告的添加功能后,接下来可实现编辑和保存功能。其编辑方法 Edit( )的代码如下:

```
//公告信息编辑
public ActionResult Edit(int id, int idpage)
{
    List < SelectListItem > list = new List < SelectListItem >
    {
        new SelectListItem {Text = "有问必答", Value = "有问必答"},
        new SelectListItem {Text = "预约学习、考试必读", Value = "预约学习、考试必读"},
        new SelectListItem {Text = "考试评分办法及标准", Value = "考试评分办法及标准"},
        new SelectListItem {Text = "教师简介", Value = "教师简介"},
    };
    List < SelectListItem > lisztt = new List < SelectListItem >
    {
        new SelectListItem {Text = "不强制推送", Value = "不强制推送"},
        new SelectListItem {Text = "强制推送", Value = "强制推送"},
    };
    ViewData["ggclass"] = list;
    ViewData["sel1zt"] = lisztt;
    ViewBag. currentPage = idpage;
    TB_ggInfo tb_ggInfo = db. TB_ggInfo. Find(id);
    return View(tb_ggInfo);
}


//公告信息编辑提交
[HttpPost]
[ValidateInput(false)]
public ActionResult Edit(TB_ggInfo tb_ggInfo, int currentPage)
{
    //用于日志
    ViewBag. logText = "编辑公告信息";
    //用于日志
    tb_ggInfo. gg_datetime = DateTime. Now;
    var year = DateTime. Now. Date. Year. ToString();
    var month = DateTime. Now. Date. Month. ToString();
    var day = DateTime. Now. Date. Day. ToString();
    var hour = DateTime. Now. Hour. ToString();
    var minute = DateTime. Now. Minute. ToString();
    tb_ggInfo. gg_kuozhan = year + month + day + hour + minute;
```

```
if ( ModelState. IsValid)
{
    try
    {
        db. TB_ggInfo. Attach( tb_ggInfo);
        db. Entry( tb_ggInfo). State = EntityState. Modified;
        db. SaveChanges( );
        return RedirectToAction( "Index", new { id = currentPage });
    }
    catch ( Exception )
    {
        throw;
    }
}
else
{
    return View( tb_ggInfo);
}
}
```

通过 Edit()方法实现将数据传输到前台的 Edit. cshtml 页面,并将修改后的数据保存到数据库,即可完成一次通知公告内容的修改。前台 Edit. cshtml 页面的代码如下:

```
@ model sportDomain. TB_ggInfo
< ! DOCTYPE html >
< html >
< head >
    < title >公告编辑页面 </title >
    < link href = "../../Content/bootstrap/css/bootstrap. min. css" rel = "stylesheet" / >
    < link href = "../../Content/Site. css" rel = "stylesheet" / >
    < script src = "../../Content/ueditor/ueditor. config. js" > </script >
    < script src = "../../Content/ueditor/ueditor. all. min. js" > </script >
    < script src = "../../Scripts/JQuery - 1. 7. 1. min. js" > </script >
    < script src = "../../Content/datepicker/WdatePicker. js" > </script >
    < style type = "text/css" >
        #gg_title {
            width:627px;
        }
    </style >
    < script type = "text/javascript" >
        $( function ( ) {
            $( "#gg_id"). hide( );
        });
```

```
    </script>
    <script src = "../../Scripts/JQuery.validate.min.js" > </script>
    <script src = "../../Scripts/JQuery.validate.unobtrusive.min.js" > </script>
</head>
<body>
  <div>
    @using(Html.BeginForm("Edit", "ggInfo", new { currentPage = ViewBag.currentPage },
FormMethod.Post))
    {
      @Html.EditorFor(m => m.gg_id)
      <table style = "margin-left:30px;" >
        <caption>
          <h4 style = "color:#820000; font-weight:bold;" >修改公告信息 </h4>
        </caption>
        <tr>
          <td style = "width:100px; background-color:#f5f5f5; color:#285179; height:40px;
text-align:center; font-weight:bold;" >公告标题: <br /> @Html.ValidationMessageFor(m =>
m.gg_title) </td>
          <td style = "padding-top:5px; padding-left:10px;" >@Html.EditorFor(m => m.gg_title) </td>
        </tr>
        <tr>
          <td valign = "top" style = "padding-top:10px; color:#285179; background-color:
#f5f5f5; text-align:center; font-weight:bold;" >公告内容: <br /> @Html.ValidationMessageFor(m =>
m.gg_content) </td>
          <td style = "padding-left:10px; padding-top:10px;" >
            <textarea name = "gg_content" id = "gg_content" style = "height:300px; width:
640px;" >@Model.gg_content </textarea>
            <script type = "text/javascript" >
              var editor = new UE.ui.Editor();
              editor.render("gg_content");
              //1.2.4 以后可以使用一下代码实例化编辑器
              //UE.getEditor('myEditor')
            </script>
          </td>
        </tr>
        <tr>
          <td valign = "top" style = "padding-top:10px; color:#285179; background-color:
#f5f5f5; text-align:center; font-weight:bold;" >公告分组名称: <br /> @Html.ValidationMessageFor
(m => m.gg_content) </td>
          <td style = "padding-left:10px; padding-top:10px;" >
```

@ Html. DropDownListFor(model => model. gg_class, ViewData["ggclass"] as IEnumerable < SelectListItem >)

                        < /td >

                  < /tr >

                  < tr >

                        < td valign = " top" style = " padding-top:10px; color: #285179; background-color:#f5f5f5; text-align:center; font-weight:bold;" > 公告分组名称: < br / > @ Html. ValidationMessageFor (m => m. gg_content) < /td >

                        < td style = " padding-left:10px; padding-top:10px;" >

                        @ Html. DropDownListFor(model => model. gg_zt, ViewData["sel1zt"] as IEnumerable < SelectListItem >)

                        < /td >

                  < /tr >

                  < tr >

                        < td colspan = "2" style = " text-align:center; padding-top: - 20px;" > < input type = "submit" value = "单击保存" class = "btn btn-info" / > < /td >

                  < /tr >

            < /table >

        }

      < /div >

    < /body >

    < /html >

接下来,可进行通知公告删除功能的实现。这里,只需根据通知公告的 id,找到数据库中对应的那条数据,删除即可。具体的删除方法 Delete( )函数代码如下:

```
//公告信息删除
public ActionResult Delete( int id, int currentPage)
{
    //用于日志
    ViewBag. logText = "删除公告信息";
    //用于日志
    TB_ggInfo tb_ggInfo = db. TB_ggInfo. Find( id);
    db. TB_ggInfo. Remove( tb_ggInfo);
    db. SaveChanges( );
    return RedirectToAction( "Index", new { id = currentPage } );
}
```

此处不再需要像之前的新增、删除那样有前台页面的显示,只需在删除完成后 return 到 Index 列表页面即可。

最后,将实现显示公告详细信息的功能。具体的 Details( )方法代码如下:

```
//显示公告详细信息
public ViewResult Details( int id, int currentPage)
{
```

```
        TB_ggInfo tb_ggInfo = db. TB_ggInfo. Find( id) ;
        ViewBag. currentPage = currentPage;
        return View( tb_ggInfo) ;
}
```

与之对应的 Details. cshtml 页面代码如下：

```
@ model sportDomain. TB_ggInfo
<! DOCTYPE html >
< html >
< head >
    < title > Details </title >
    < link href = "../../Content/bootstrap/css/bootstrap. min. css" rel = "stylesheet" / >
</head >
< body >
    < div >
        < table style = "width:100% ;" >
            < tr >
                < td >
                    < div style = "text-align:center; font-size:20px; color:#631f1f; width:100% ; margin-
top:20px; font-weight:bold;" >@ Model. gg_title </div >
                </td >
            </tr >
            < tr >
                < td >
                    < div style = "text-align:center; font-size:12px; color:#808080;    margin-top:15px;
background-color:#f3f3f3; width:100% ; height:30px;line-height:30px;" >发布人:管理员  
        发布时间:@ Model. gg_datetime. ToString( ) </div >
                </td >
            </tr >
            < tr >
                < td style = "padding:15px 20px 0px 20px;" > @ Html. Raw( @ Model. gg_content)
</td >
            </tr >
            < tr >
                < td >
                    < div style = "text-align:center; font-size:12px; color:#808080; margin -top:15px;
background-color:#f3f3f3; width:100% ; height:30px; line-height: 30px; margin-bottom:20px;" >
                        @ Html. ActionLink( "编辑", "Edit", new {id = Model. gg_id, idpage = ViewBag.
currentPage}, new { @ class = "btn btn-small btn-info"   })  
                        @ Html. ActionLink( "返回列表", "Index", new { id = ViewBag. currentPage },
new {   @ class = "btn btn-small btn-info"   })
                    </div >
```

```
          </td>
        </tr>
      </table>
    </div>
  </body>
</html>
```

到这里,通知公告模块即全部完成。该模块在系统中较为独立,也较为简单,本质上就是对数据库中 TB_ggInfo 表进行一些简单的增删改查操作。相信读者经过前面几个小节的学习,已能轻松、熟练地完成本小节中通知公告模块的功能实现了。

本章总结

在本章节中,通过对一个简化后的公共体育课管理系统中的预约模块、教务管理模块、系统配置模块等模块的详细解析,通过最简单基础的代码讲解,让读者深入地了解整个系统的开发过程,对 MVC 框架的项目开发过程有一个比较清晰明了的理解。

第 10 章
公共体育课管理系统——系统测试

10.1 系统测试概述

在完成了系统基本功能的编码以后,我们需要对系统进行全面的测试,同时撰写出系统测试报告。撰写测试报告主要有以下 4 个目的:

①通过对测试结果的分析,得到对软件质量的评价。

②分析测试的过程、产品、资源、信息,为以后制订测试计划提供参考。

③评估测试执行和测试计划是否符合。

④分析系统存在的缺陷,为修复和预防 Bug 提供建议。

10.2 测试用例设计

从高层次看,测试用例设计的关键点在于始终从客户需求的角度出发,始终围绕测试的覆盖率和执行效率不断思考,最终通过有效的技术方法完成测试用例的设计。

对一整套的测试用例,其质量标准要求如下:

①测试用例的目标明确,并能满足软件各个方面的质量,包括功能测试、性能测试、安全性测试、故障转移测试、负载测试等。

②设计思路正确清晰。例如,通过序列图、状态图、工作流程图、数据流程图等来描述待测试的功能特性或非功能特性。

③在组织和分类上,测试用例层次清楚、结构合理。测试用例的层次与产品特性的结构/层次相一致,或者与测试的目标/子目标的分类/层次相一致,并具有合理的优先级或执行顺序。

④测试用例覆盖所有测试点、覆盖所有已知的用户使用场景(User scenario),即每个测试点都有相应数量的测试用例来覆盖,而且将各种用户使用场景通过矩阵或因果图等方式列出来,找到相对应的测试用例。

⑤测试手段的区别对待。在设计测试用例时,就要全面考量测试的手段,哪些方面可通过工具测试,哪些方面不得不用手工测试,对不同手段的测试用例区别对待。

⑥有充分的负面测试。作为测试用例,不仅要测试正确的输入和操作,还要测试各种各样的例外情况,如边界条件、不正确的操作、错误的数据输入等。

⑦没有重复、冗余的测试用例,满足相应的行业标准等。

针对本书中的公共体育课管理系统案例,涉及的测试功能点包括系统配置用例(时间节点管理、上课节次管理、场地管理、学年/学期配置、目标/项目管理)、成绩管理模块用例(查询单项学生成绩、尖子生录入成绩、统计(按学院)、训练课学生成绩)、教务管理模块用例(排课管理、安排测试、开放测试权限、查询已安排测试信息、查看所有学生评教结果、通知公告管理)、学生模块用例(预约操作模块、课表及测试查询模块、学生参与评教)、教师测试用例(教师课表信息、教师查看选课学生、教师查看测试安排表)等。测试主要针对各功能点的浏览器兼容性,以及用户体验反馈、操作的易用性等。

10.3　测试文档的撰写

这里以系统中的时间节点管理为例,展示如何撰写一个完整的测试用例。

(1)配置评教时间(见表 10.1)

表 10.1　配置评教时间用例

系统配置模块—时间节点管理—配置评教时间			
需求描述: 　　由于选课及上课等操作具有时效性,因此,系统应具有对关键时间点进行配置管理的功能。管理员将设置系统关键的时间节点信息,如"学生选课时间""学生评教时间"等。			
测试目的: 　　验证配置评教时间节点是否有效。			
测试过程:			
步骤	测试内容	输入	期望结果
进入时间节点管理页面	配置改变评教的开始与结束时间	单击"编辑"按钮和"保存"按钮	评教时间节点被修改
测试结果: 　　将当前时间设置为不可评教时间后,学生单击"参与评教"模块,将不能参与评教。 			
测试人员:×××　　　　　　　　　　　　日期 :××-××-××××			

（2）退选课时间节点配置（见表 10.2）

表 10.2　退选课时间节点配置用例

系统配置模块—时间节点管理—退选课时间节点配置			
需求描述： 　　由于选课及上课等操作具有时效性,因此,系统应具有对关键时间节点进行配置管理的功能。管理员将设置系统关键的时间节点信息,如"学生选课时间""学生评教时间"等。			
测试目的： 　　验证是否可修改退选课时间节点。			
测试过程：			
步骤	测试内容	输入	期望结果
进入时间节点管理页面	选择编辑退选课时间节点	单击"编辑"按钮和"保存"按钮	退选课的时间节点信息修改并保存
测试结果： 　　退选课时间节点信息修改成功。 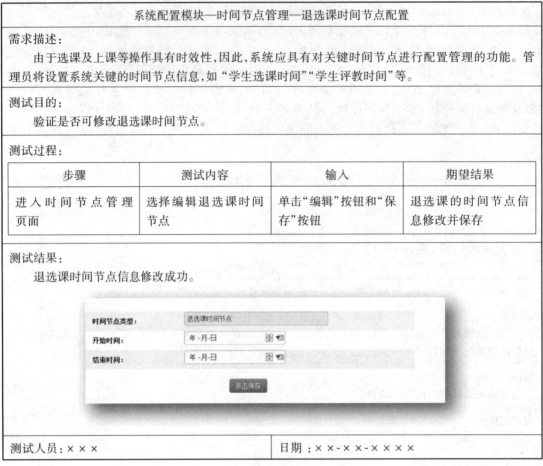			
测试人员：×××　　　　　　　　　　　　　　　　日期：××-××-××××			

10.4　测试方法及测试工具

从高层次看,测试用例设计的关键点在于始终从客户需求的角度出发,始终围绕测试的覆盖率和执行。

实际工作中,常用的测试方法有很多,现列举如下：

①黑盒测试：也称功能测试,完全基于软件的功能和需求的测试。

②白盒测试：也称结构测试,已知程序的内部逻辑,覆盖代码的测试。

③单元测试：最小函数或模块的测试。

④增量集成测试：增加新的功能后进行新的测试。

⑤集成测试：对由各部分组合起来的程序进行测试。

⑥功能测试：黑盒类测试,使软件适合应用程序的功能需求。

⑦系统测试：黑盒类测试,基于全部需求说明,覆盖系统所有组合部分。

⑧健全性测试：常作为初始测试,确定一个新的软件版本是否表现正常,以应付更强的测试。

⑨回归测试：修复或调整好的软件的环境之后重新测试,自动的测试工具适用于这种类型。

⑩认同测试：基于最终用户说明书或者基于最终用户/消费者,使用一段时间的最后测试。

⑪负载测试:测试应用程序在重负载之下的承受能力。

⑫压力测试:负载和性能测试。交替进行常用的测试术语,形容在重负载之下的功能测试结果。

⑬性能测试:负载和压力测试。交替进行常用的测试术语。

⑭可用性测试:测试该软件的用户界面是否友好。

⑮安装/卸载测试:测试软件的安装、卸载或升级过程。

⑯恢复能力测试:测试系统在崩溃、硬件失效或者遇到其他灾难性的问题时是否能很好地恢复。

⑰安全性测试:测试系统自身保护,并且防止非法的内部或外部的访问、故意的损害等的能力。

⑱兼容性测试:测试软件在特别的硬件/软件/操作系统/网络/等环境中是否能很好地执行。

⑲验收测试:获知消费者对该软件是否满意。

⑳比较测试:在同类产品中比较软件的优缺点。

㉑α 测试:在软件开发将结束时进行该测试。

㉒β 测试:当开发和测试工作实质上完成时进行该类测试。

由于软件测试工作在软件的生产过程中越来越重要,因此,很多软件测试工具应运而生。这里介绍目前最流行的一些软件测试工具。

①企业级自动化测试工具 WinRunner。

WinRunner 是一种企业级的功能测试工具,用于检测应用程序是否能够达到预期的功能,以及是否能正常运行。通过自动录制、检测和回放用户的应用操作,WinRunner 能有效地帮助测试人员对复杂的企业级应用的不同发布版进行测试,提高测试人员的工作效率和质量,确保跨平台的、复杂的企业级应用无故障发布及长期稳定运行。

②工业标准级负载测试工具 LoadRunner。

LoadRunner 由惠普公司开发,是一种预测系统行为和性能的负载测试工具。通过模拟上千万用户实施并发负载及实时性能监测的方式来确认和查找问题,LoadRunner 能对整个企业架构进行测试。通过使用 LoadRunner,企业能最大限度地缩短测试时间,优化性能和加速应用系统的发布周期。

③功能测试工具 Rational Robot。

IBMRational Robot 是业界最顶尖的功能测试工具。它可在测试人员学习高级脚本技术之前帮助其进行成功的测试。它集成在测试人员的桌面 IBM Rational TestManager 上,测试人员可以计划、组织、执行、管理和报告所有测试活动,包括手工测试报告。

④功能测试工具 SilkTest。

Borland SilkTest 属于软件功能测试工具,是 Borland 公司所提出软件质量管理解决方案的套件之一。它采用精灵设定与自动化执行测试,无论是程序设计新手还是资深的专家都能快速建立功能测试,并分析功能错误。

⑤功能和性能测试的工具 JMeter。

JMeter 是 Apache 组织的开放源代码项目,是功能和性能测试的工具。其软件所有功能均用 Java 实现。

⑥单元测试工具 xUnit 系列。

目前的最流行的单元测试工具是 xUnit 系列框架,常用的根据语言不同,可分为 JUnit(Java),CppUnit(C + +),DUnit(Delphi),NUnit(. Net),PhpUnit(Php)等。该测试框架的第一个和最杰出的应用就是由 Erich Gamma(《设计模式》的作者)和 Kent Beck[XP(Extreme Programming)的创始人]提供的开放源代码的 JUnit.

⑦全球测试管理系统 TestDirector。

TestDirector 是业界第一个基于 Web 的测试管理系统。它可在公司内部或外部进行全球范围内测试的管理。通过在一个整体的应用系统中集成了测试管理的各个部分,包括需求管理、测试计划、测试执行及错误跟踪等功能,TestDirector 极大地加速了测试过程。

⑧自动化白盒测试工具 Jtest。

Jtest 是 ParaSoft 公司推出的一款针对 Java 语言的自动化白盒测试工具。它通过自动实现 Java 的单元测试和代码标准校验,来提高代码的可靠性。ParaSoft 同时出品的还有 C＋＋ test,是一款 C/C＋＋白盒测试工具。

⑨性能测试工具 WAS。

Microsoft Web Application Stress Tool 是由微软的网站测试人员所开发,专门用来进行实际网站压力测试的一套工具。透过这套功能强大的压力测试工具,可以使用少量的 Client 端计算机仿真大量用户上线对网站服务所可能造成的影响。

⑩性能测试和分析工具 WebLoad。

WebLoad 是 RadView 公司推出的一个性能测试和分析工具。它让 Web 应用程序开发者自动执行压力测试。WebLoad 通过模拟真实用户的操作而生成压力负载,来测试 Web 的性能。

10.5　测试文档模板

完成了所有系统的测试后,我们需要撰写出系统测试报告。撰写合格的系统测试报告应包括系统的简介、测试实施过程(测试环境、网络拓扑、测试工具、测试用例描述、测试进度表)和系统测试用例分析等。

最后,分享一下笔者在编写系统测试报告时所使用的文档模板,供读者参考。

附录 F 提供了软件系统测试报告文档模板,可供读者参考。

本章总结

通过本章的学习,可初步了解如何对一个软件进行系统测试,以及如何撰写测试用例和测试文档。系统测试就是对已集成好的软件系统进行彻底的测试,以验证软件系统的正确性以及性能等是否满足各系统的需要。换言之,系统测试就是对系统所提供的业务流程进行测试,同时关注软件的强壮性和易用性等。系统测试应由若干个不同的测试组成,其目的是充分地运行系统,验证系统各部件是否都能正常工作,并完成所赋予的任务。

第 *11* 章
公共体育课管理系统——项目部署

11.1 应用程序配置过程分析

ASP. NET 具有一个非常重要的特性，即它为开发者提供了一个非常便利的配置系统。这个配置系统借助基于 XML 格式的文件(Machine. Config 和 Web. Config)来存储配置信息，使得开发者可轻松、快速地建立自己的 Web 应用环境。本章将详细介绍这些配置文件的结构及其使用方法。

11.1.1 ASP. NET 应用程序配置简介

ASP. NET 为用户提供了一个强大而又灵活的配置系统。该系统支持以下两类配置文件：

(1)服务器配置

服务器配置信息存储在一个名为 Machine. config 的文件中，一般在 systemroot \ Microsoft. NET \ Framework \ versionNumber \ CONFIG \ 目录下，一台服务器只有一个 Machine. config。这个文件描述了所有 ASP. NET Web 应用程序所用的默认配置。

(2)应用程序配置

在服务器配置文件 Machine. config 的同一目录下，有一个 Web. config 文件。该文件从 Machine. config 文件那里继承一些基本配置设置，并且它是服务器上所有 ASP. NET 应用程序配置的跟踪配置文件。由于每个 ASP. NET 应用程序都从这个根 Web. config 文件那里继承默认配置设置，因此，只需为重写默认配置的设置创建 Web. config 文件。

运行时，ASP. NET 使用 Web. config 文件按层次结构为传入的每个 URL 请求计算唯一的配置设置集合。这些设置只计算一次，随后将缓存在服务器上。ASP. NET 检测对配置文件进行的任何更改，然后自动将这些更改应用于受影响的应用程序，而且大多数情况下会重新启动应用程序。只需更改层次结构中的配置文件，就能自动计算并再次缓存分层配置设置。除非 processModel 节已更改，否则 IIS 服务器不必重新启动，所做的更改会立即生效。

由于对 Machine. config 文件的配置是通过对 Web. config 文件的配置来实现的，因此，下面的章节将着重介绍 Web. config 文件。

11.1.2 配置文件的格式

所有的 ASP. NET 配置信息都驻留在 Web. config 文件中的 configuration 元素中。该元素中的配置信息分为两个主区域:配置节处理程序声明区域和配置节设置区域。

(1)配置节处理程序声明

配置节处理程序声明区域驻留在 Web. config 文件中的 configSections 元素内。它包含在其中声明节处理程序的 ASP. NET 配置 section 元素。可将这些配置节处理程序声明嵌套在 sectionGroup 元素中,以帮助组织配置信息。sectionGroup 元素通常表示要应用配置设置的命名空间。例如,所有的 ASP. NET 配置节处理程序都在 system. web 节组中进行分组,其代码示例如下:

```
< sectionGroup name = "system. web" type = "System. Web. Configuration. SystemWebSectionGroup,
System. Web, Version = 2. 0. 0. 0, Culture = neutral, PublicKeyToken = b03f5f7f11d50a3a" >
    <! - - < section / > elements. -->
</sectionGroup >
```

配置节设置区域中的每个配置节都有一个节处理程序声明。节处理程序是用来实现 ConfigurationSection 接口的. NET Framework 类。节处理程序声明中包含配置设置节的名称(如 pages),以及用来处理该节中配置数据的节处理程序类的名称(如 System. Web. Configuration. PagesSection)。下面的代码示例中阐释了这一点。

```
< section name = "pages" type = "System. Web. Configuration. PagesSection, System. Web, Version =
2. 0. 0. 0, Culture = neutral, PublicKeyToken = b03f5f7f11d50a3a" >
    </section >
```

只需要声明配置节处理程序一次。默认 ASP. NET 配置节的节处理程序已在默认的 Machine. config 文件中进行声明。根 Web. config 文件和 ASP. NET 应用程序中的其他配置文件都自动继承在 Machine. config文件中声明的配置处理程序。只有当创建用来处理自定义设置节的自定义节处理程序类时,才需要声明新的节处理程序。

(2)配置节设置

配置节设置区域位于配置节处理程序声明区域之后,它包含实际的配置设置。

默认情况下,在内部或者在某个根配置文件中,对 configSections 区域中的每一个 section 和 sectionGroup 元素,都会有一个指定的配置节元素。可在 systemroot \ Microsoft. NET \ Framework \ versionNumber \ CONFIG \ Machine. config. comments 文件中查看这些默认设置。

配置节元素还可包含子元素,这些子元素与其父元素由同一个节处理程序处理。例如,下面的 pages 元素包含一个 namespaces 元素,该元素没有相应的节处理程序,因为它由 pages 节处理程序来处理。

```
< pages
  buffer = "true"
  enableSessionState = "true"
  asyncTimeout = "45"
<! - - Other attributes. -->
>
    < namespaces >
      < add namespace = "System" / >
      < add namespace = "System. Collections" / >
    </namespaces >
```

</pages>

下面的示例代码演示上面的代码示例可适合于 Web.config 文件的哪个位置。请注意,pages 元素的 namespaces 元素没有配置节处理程序声明,这是因 System.Web.Configuration.PagesSection 节处理程序处理 pages 设置节的所有子元素。

```
<? xml version = "1.0" encoding = "us-ascii"? >
< configuration >
< ! - - Configuration section-handler declaration area.  -->
   < configSections >
      < sectionGroup name = " system. web" type = " System. Web. Configuration. SystemWebSection-
Group, System. Web, Version = 2.0.0.0, Culture = neutral, PublicKeyToken = b03f5f7f11d50a3a" >
         < section name = " pages" type = " System. Web. Configuration. PagesSection, System. Web,
Version = 2.0.0.0, Culture = neutral, PublicKeyToken =  b03f5f7f11d50a3a" / >
         < ! - - Other  < section / > elements.  -->
      </sectionGroup >
      < ! - - Other  < sectionGroup / > and  < section / > elements.  -->
   </configSections >
< ! - - Configuration section settings area.  -->
< pages buffer = " true" enableSessionState = " true"  asyncTimeout = "45" >
   < namespaces >
      < add namespace = " System" / >
      < add namespace = " System. Collections" / >
   </ namespaces >
</ pages >
< ! - - Other section settings elements.  -->
</ configuration >
```

因为配置节中的元素必须是格式良好的 XML,所以元素和属性是区分大小写的。

11.1.3　ASP.NET 配置文件的层次结构和继承

为了在适当的目录级别实现应用程序所需级别的详细配置信息,而不影响较高目录级别中的配置设置,通常在相应的子目录下放置一个 Web.config 文件进行单独配置。这些子目录下的 Web.config 文件与其上级配置文件形成一种层次的结构。这样,每个 Web.config 文件都将继承上级配置文件,并设置自己特有的配置信息,应用于它所在的目录,以及它下面的所有子目录。

ASP.NET 应用程序配置文件都继承于该服务器上的一个根 Web.config 文件,也就是 systemroot\Microsoft.NET\Framework\versionNumber\CONFIG\Web.config 文件,该文件包括应用于所有运行某一具体版本的.NET Framework 的 ASP.NET 应用程序的设置。由于每个 ASP.NET 应用程序都从根 Web.config 文件那里继承默认配置设置,因此,只需为重写默认设置创建 Web.config 文件。

同时,所有的.NET Framework 应用程序(不仅仅是 ASP.NET 应用程序)都从一个名为 systemroot\Microsoft .NET\Framework\versionNumber\CONFIG\Machine.config 的文件继承基本配置设置和默认值。Machine.config 文件用于服务器级的配置设置。其中的某些设置不能在位于层次结构中较低级别的配置文件中被重写。

表 11.1 列出了每个文件在配置层次结构中的级别、每个文件的名称,以及对每个文件的重要继承特征的说明。

表 11.1　各层次配置说明

配置级别	文件名	文件说明
服务器	Machine. config	Machine. config 文件包含服务器上所有 Web 应用程序的 ASP. NET 架构。此文件位于配置合并层次结构的顶层
根 Web	Web. config	服务器的 Web. config 文件与 Machine. config 文件存储在同一个目录中,它包含大部分 system. web 配置节的默认值。运行时,此文件是从配置层次结构中的从上往下数第二层合并的
网站	Web. config	特定网站的 Web. config 文件包含应用于该网站的设置,并向下继承到该站点的所有 ASP. NET 应用程序和子目录
ASP. NET 应用程序根目录	Web. config	特定 ASP. NET 应用程序的 Web. config 文件位于该应用程序的根目录中,它包含应用于 Web 应用程序并向下继承到其分支中的所有子目录的设置
ASP. NET 应用程序子目录	Web. config	应用程序子目录的 Web. config 文件包含应用于此子目录并向下继承到其分支中的所有子目录的设置
客户端应用程序目录	ApplicationName. config	ApplicationName. config 文件包含 Windows 客户端应用程序(而非 Web 应用程序)的设置

11.1.4　配置元素

由上面的章节介绍可知,ASP. NET 应用程序配置文件 Web. config 中定义了很多配置元素处理程序声明和配置元素处理程序。本章节主要介绍这些配置元素。

(1)< configuration >

所有 Web. config 的根元素都是< configuration >标记,在它内部封装了其他所有配置元素。它的语法如下:

< configuration >

　< ! – configuration settings would go here. —>

< / configuration >

(2)< configSections >

该配置元素主要用于自定义的配置元素处理程序声明。所有的配置元素处理程序声明都在这部分。它由多个< section >构成。< section >主要有 name 和 type 两种属性。

①name:指定配置数据元素的名称。

②type:指定与 name 属性相关的配置处理程序类。

< configSections >节配置范例如下:

< configuration >

　< configSections >

```
        type = "System. Web. SessionState. SessionStateSectionHandlers,
        System. Web, Version = 1. 0. 3300. 0, Culture = neutral,
        PublicKeyToken = b03f5f7f11d50a3a" / >
    </configSections >
</configuration >
```

（3）< appSettings >

在 < appSettings > 元素中,可定义自己需要的应用程序设置项,这充分反映了 ASP. NET 应用程序配置具有可扩展性的特点。

< appSettings > 节语法如下:

```
< configuration >
    < appSettings >
        < add key = "［key］" Value = "［Value］" / >
    </appSettings >
</configuration >
```

它的 < add > 子标记主要有两种属性定义:Key 和 Value。

①Key:指定该设置项的关键字,便于在应用程序中引用。

②Value:指定该设置项的值。

下面给出一个范例:检索 < appSettings > 节中的设置。

①在 Web. config 文件中配置 < appSettings > 节。

```
< configuration >
    < appSettings >
        < add key = "appUser" Value = "localhost" / >
    </appSettings >
</configuration >
```

②在 Web 页面中检索 < appSettings > 节的设置。

```
< html >
< head >
</head >
< body >
    < b > User Name: </b >
    < % = ConfigurationSettings. appSettings( "appUser" ) % > < br >
</body >
</html >
```

在第②步中,用 ConfigurationSettings. appSettings 方法调用 Web. config 文件中的设置,输出结果为"localhost"。

该方法对访问 < appSettings > 元素中的应用程序设置非常方便,只需要提供检索的设置值对应的关键字即可,如上述代码。

（4）< compilation >

该配置节位于 < system. Web > 标记中,用于定义使用哪种语言编译器来编译 Web 页面,以及编译页面时是否包含调试信息。它主要对以下 4 种属性进行设置。

①defaultLanguage:设置在默认情况下 Web 页面的脚本块中使用的语言。支持的语言有 Visual Basic. Net,C#和 Jscript。可以选择其中一种,也可以选择多种,方法是使用一个由分号分隔的语言名

称列表,如 Visual Basic. Net,C#。

②debug:设置编译后的 Web 页面是否包含调试信息。其值为 true 时将启用 ASPX 调试,为 false 时不启用,但可提高应用程序运行时的性能。

③explicit:是否启用 Visual Basic 显示编译选项功能。其值为 true 时启用,false 时不启用。

④strict:是否启用 Visual Basic 限制编译选项功能。其值为 true 时启用,false 时不启用。

< compilation > 元素配置范例如下:

< configuration >

< system. web >

  < compilation

    defaultLanguage = " c#"

    debug = " true"

    explicit = " true"

    strict = " true"/ >

< /system. web >

< /configuration >

在 < compilation > 元素中,还可添加 < compiler > , < assemblies > , < namespaces > 等子标记,它们的使用可更好地完成编译方面的有关设置。这里就不再详述了。

(5) < customErrors >

该配置元素用于完成两项工作:一是启用或禁止自定义错误;二是在指定的错误发生时,将用户重定向到某个 URL。它主要包括以下两种属性:

①mode:具有 On,Off,RemoteOnly 三种状态。On 表示启用自定义错误;Off 表示显示详细的 ASP. NET 错误信息;RemoteOnly 表示给远程用户显示自定义错误。一般来说,出于安全方面的考虑,只需要给远程用户显示自定义错误,而不显示详细的调试错误信息,此时需要选择 RemoteOnly 状态。

②defaultRedirect:当发生错误时,用户被重定向到默认的 URL。

另外, < customErrors > 元素还包含一个子标记——< error > ,用于为特定的 HTTP 状态码指定自定义错误页面。它具有以下两种属性:

①statusCode:自定义错误处理程序页面要捕获的 HTTP 错误状态码。

②redirect:指定的错误发生时,要重定向到 URL。

< customErrors > 元素配置范例如下:

< configuration >

< system. web >

  < customErrors

  mode = " RemoteOnly"

  defaultRedirect = " defaultError. aspx"

   < error statusCode = "400"

    redirect = Errors400. aspx / >

   < error statusCode = "401"

    redirect = Errors401. aspx / >

 / >

< /system. web >

< /configuration >

（6）< globalization >

该配置元素主要完成应用程序的全局配置。它主要包括以下 3 种属性：

①fileEncoding：用于定义编码类型，供分析 ASPX，ASAX 和 ASMX 文件时使用。它可以是下述任何编码类型。

a. UTF-7：Unicode UTF-7 字节编码技术。

b. UTF-8：Unicode UTF-8 字节编码技术，这也是最常用的基于 Web 的 Unicode 格式。

c. UTF-16：Unicode UTF-16 字节编码技术。

d. ASCII：标准 ASCII 码。

②requestEncoding：指定 ASP. NET 处理的每个请求的编码类型，其可能的取值与 fileEncoding 特性相同。

③responseEncoding：指定 ASP. NET 处理的每个响应的编码类型，其可能的取值与 fileEncoding 特性相同。

< globalization > 节配置范例如下：

< configuration >

< system. web >

　< globalization

　　fileEncoding = " utf-8"

　　requestEncoding = " utf-8"

　　responseEncoding = " utf-8" / >

< / system. web >

< / configuration >

（7）< sessionState >

该配置用于完成 ASP. NET 应用程序的会话状态设置。它主要有以下 5 种属性：

①mode：指定会话状态的存储位置。共有 Off，Inproc，StateServer 和 SqlServer 4 种状态。Off 表示禁用会话状态；Inproc 表示在本地保存会话状态；StateServer 表示在远程状态服务器上保存会话状态；SqlServer 表示在 SQL Server 中保存会话状态。

②stateConnectionString：用来指定远程存储会话状态的服务器名和端口号。在将模式 mode 设置为 StateServer 时，需要用到该属性。默认为本机。

③sqlConnectionString：指定保存状态的 SQL Server 的连接字符串。在将模式 mode 设置为 SqlServer时，需要用到该属性。

④Cookieless：指定是否不使用客户端 cookie 保存会话状态。设置为 true 表示不使用；false 为使用。

⑤timeout：用来定义会话空闲多少时间后将被中止。默认时间一般为 20 min。

< sessionState > 节配置范例如下：

< configuration >

< system. web >

　< sessionState

　　mode = " SqlServer"

　　stateConnectionString = " tcpip = 127. 0. 0. 1：8080"

　　sqlConnectionString = " data source = 127. 0. 0. 1； user id = sa； password = "

　　Cookieless = " false"

　　Timeout = " 25" / >

```
</system. web >
</configuration >
```

（8）< trace >

该配置元素用来实现 ASP. NET 应用程序的跟踪服务,在程序测试过程中定位错误。其主要属性如下:

①enabled:指定是否启用应用程序跟踪功能。true 为启用;false 为禁用。

②requestLimit:指定保存在服务器上请求跟踪的个数。默认值为 10。

③pageOutput:指定是否在每个页面的最后显示应用程序的跟踪信息。true 为显示;false 为不显示。

④traceMode:设置跟踪信息输出的排列次序。默认为 SortByTime(时间排序),也可定义为 SortBy-Category(字母排序)。

⑤localOnly:指定是否仅在 Web 服务器上显示跟踪查看器。true 为仅在服务器控制台上显示跟踪查看器;false 为在任何客户端上都显示跟踪输出信息,而不仅是在 Web 服务器上。

< trace > 元素配置范例如下:

```
< configuration >
< system. web >
  < trace
    enabled = " true"
    requestLimit = "20"
    pageOutput = " true"
    traceMode = "SortByTime"
    localOnly = "false" / >
</system. web >
</configuration >
```

（9）< authentication >

该配置元素主要进行安全配置工作。它最常用的属性是 mode,用来控制 ASP. NET Web 应用程序的验证模式,可设置为以下任一种值:

①Windows:用于将 Windows 指定为验证模式。

②Forms:采用基于 ASP. NET 表单的验证。

③Passport:采用微软的 Passport 验证。

④None:不采用任何验证方式。

另外, < authentication > 元素还有一个子标记 < forms >,使用该标记可对 cookie 验证进行设置。它包含以下 5 种属性:

①name:用于验证的 cookie 名称。如果一台机器上有多个应用程序使用窗体验证,每个应用程序的 cookie 名称必须不同。

②loginUrl:未通过 cookie 验证时,将用户重定向到 URL。

③protection:指定 cookie 的数据保护方式。它有 All,None,Encryption 和 Validation 共 4 个值。其中,All(默认值)表示对 cookie 进行加密和数据验证;None 表示不保护 cookie,这种网站只将 cookie 用于个性化,安全要求较低;Encryption 表示对 cookie 进行加密,不进行数据保护;Validation 表示对 cookie验证数据,不进行加密。

④timeout:指定 cookie 失效的时间,超时后将需要重新进行登录验证获得新的 cookie。单位为分钟(min)。

⑤path：指定 Web 应用程序创建的 cookie 的有效的虚拟路径。

< authentication > 元素范例如下：

< configuration >

< system. web >

  < authentication mode = " Forms" >

    < forms name = ". FormsAuthCookie"

      loginUrl = " login. aspx"

      protection = " All"

      timeout = " 10"

      path = " pathForCookie" / >

  / >

</ system. web >

</ configuration >

在实际应用中，ASP. NET 应用程序的安全配置使用非常广泛，并且很有用。

11.2　应用程序的预编译和编译

ASP. NET 在将整个站点提供给用户之前，可预编译该站点。这为用户提供了更快的响应时间，提供了在向用户显示站点之前标识编译时 Bug 的方法，提供了避免部署源代码的方法，并提供了有效地将站点部署到成品服务器的方法。可在网站的当前位置预编译网站，也可预编译网站并将其部署到其他计算机。在网站正式部署之前，ASP. NET 还要将代码编译成一个或多个程序集。

本章节将着重阐述. NET 应用程序的预编译和编译的优点及相关操作方法。

11.2.1　应用程序的预编译

默认情况下，在用户首次请求资源（如网站的一个页面）时，将动态编译 ASP. NET 网页和代码文件。第一次编译页面和代码文件之后，会缓存编译后的资源，这样将大大提高以后对同一页面提出的请求的效率。

ASP. NET 还可预编译整个站点，然后再提供给用户使用。这样做有很多好处：

①可加快用户的响应时间，因为页面和代码文件在第一次被请求时无须编译。这对经常更新的大型站点尤其有用。

②可在用户看到站点之前识别编译时 Bug。

③可创建站点的已编译版本，并将该版本部署到服务器，而无须使用源代码。

ASP. NET 提供了两个预编译站点选项。

（1）预编译现有站点

如果希望提高现有站点的性能并对站点执行错误检查，那么，此选项十分有用。可通过预编译网站来稍稍提高网站的性能。对经常更改和补充 ASP. NET 网页及代码文件的站点则更是如此。在这种内容不固定的网站中，动态编译新增页面和更改页面所需的额外时间会影响用户对站点质量的感受。在执行就地预编译时，将编译所有的 ASP. NET 文件类型（HTML 文件、图形和其他非 ASP. NET 静态文件将保持原状）。

预编译过程的逻辑与 ASP. NET 进行动态编译时所用的逻辑相同，这说明了文件之间的依赖关系。在预编译过程中，编译器将为所有可执行输出创建程序集，并将程序集放在% SystemRoot% \ Microsoft. NET\Framework\version\Temporary ASP. NET Files 文件夹下的特殊文件夹中。随后，ASP.

NET 将通过此文件夹中的程序集来完成页面请求。如果再次预编译站点,那么,将只编译新文件或更改过的文件(或那些与新文件或更改过的文件具有依赖关系的文件)。编译器的这一优化,用户即使是在细微的更新之后,也可以编译站点。

（2）针对部署预编译站点

此选项将创建一个特殊的输出,可将该输出部署到成品服务器。预编译站点的另一个用处是生成可部署到成品服务器的站点的可执行版本。针对部署进行预编译将以布局形式创建输出,其中包含程序集、配置信息、有关站点文件夹的信息,以及静态文件(如 HTML 文件和图形)。

编译站点之后,可使用 Windows XCopy 命令、FTP、Windows 安装等工具将布局部署到成品服务器。布局在部署完之后将作为站点运行,并且 ASP．NET 将通过布局中的程序集来完成页面请求。

针对部署预编译,又可按照以下两种方式来针对部署进行预编译:仅针对部署进行预编译,或者针对部署和更新进行预编译。

1)仅针对部署进行预编译

当仅针对部署进行预编译时,编译器实质上将基于正常情况下在运行时编译的所有 ASP．NET 源文件来生成程序集。其中,包括页中的程序代码、．cs 和．vb 类文件,以及其他代码文件和资源文件。编译器将从输出中移除所有源代码和标记。在生成的布局中,为每个．aspx 文件生成编译后的文件(扩展名为．compiled),该文件包含指向该页相应程序集的指针。

要更改网站(包括页面的布局),必须更改原始文件,重新编译站点并重新部署布局。唯一的例外是站点配置,可更改成品服务器上的 Web．config 文件,而无须重新编译站点。此选项不仅为页提供了最大限度的保护,还提供了最佳启动性能。

2)针对部署和更新进行预编译

当针对部署和更新进行预编译时,编译器将基于所有源代码(单文件页中的页代码除外)及正常情况下用来生成程序集的其他文件(如资源文件)来生成程序集。编译器将．aspx 文件转换成使用编译后的代码隐藏模型的单个文件,并将它们复制到布局中。

使用此选项,可在编译站点中的 ASP．NET 网页之后对它们进行有限的更改。例如,可更改控件的排列、页的颜色、字体和其他外观元素,还可添加不需要事件处理程序或其他代码的控件。

预编译过程对 ASP．NET Web 应用程序中各种类型的文件执行操作。文件的处理方式各不相同,这取决于应用程序预编译只是用于部署还是用于部署和更新。表 11.2 描述了不同的文件类型,以及应用程序预编译只是用于部署时对这些文件类型所执行的操作。

表 11.2　部署时不同文件类型对应的预编译操作和输出位置

文件类型	预编译操作	输出位置
．aspx,ascx,．master	生成程序集和一个指向该程序集的．compiled 文件。原始文件保留在原位置,作为完成请求的占位符	程序集和．compiled 文件写入 Bin 文件夹中。页(去除内容的．aspx 文件)保留在其原始位置
．asmx,．ashx	生成程序集。原始文件保留在原位置,作为完成请求的占位符	Bin 文件夹
App_Code 文件夹中的文件	生成一个或多个程序集(取决于 Web．config 设置)	Bin 文件夹
未包含在 App_Code 文件夹中的．cs 或．vb 文件	与依赖于这些文件的页或资源一起编译	Bin 文件夹
Bin 文件夹中的现有．dll 文件	按原样复制文件	Bin 文件夹

文件类型	预编译操作	输出位置
资源(.resx)文件	对 App_LocalResources 或 App_GlobalResources 文件夹中找到的.resx 文件,生成一个或多个程序集以及一个区域性结构	Bin 文件夹
App_Themes 文件夹及子文件夹中的文件	在目标位置生成程序集并生成指向这些程序集的.compiled 文件	Bin 文件夹
静态文件(.htm、.html、图形文件等)	按原样复制文件	与源中结构相同
浏览器定义文件	按原样复制文件	App_Browsers
依赖项目	将依赖项目的输出生成到程序集中	Bin 文件夹
Web.config 文件	按原样复制文件	与源中结构相同
Global.asax 文件	编译到程序集中	Bin 文件夹

表11.3 描述了不同的文件类型,以及应用程序预编译用于部署和更新时对这些文件类型所执行的操作。

表 11.3　部署和更新时不同文件类型对应的预编译操作和输出位置

文件类型	预编译操作	输出位置
.aspx,.ascx,.master	对具有代码隐藏类文件的文件,生成程序集和一个指向该程序集的.compiled 文件。将这些文件的单文件版本原封不动地复制到目标位置	程序集和.compiled 文件写入 Bin 文件夹中
.asmx,.ashx	按原样复制文件,但不编译	与源中结构相同
App_Code 文件夹中的文件	生成一个或多个程序集(取决于 Web.config 设置)	Bin 文件夹
未包含在 App_Code 文件夹中的.cs 或.vb 文件	与依赖于这些文件的页或资源一起编译	Bin 文件夹
Bin 文件夹中的现有.dll 文件	按原样复制文件	Bin 文件夹
资源(.resx)文件	对 App_GlobalResources 文件夹中的.resx 文件,生成一个或多个程序集,以及一个区域性结构 对 App_LocalResources 文件夹中的.resx 文件,将它们按原样复制到输出位置的 App_LocalResources 文件夹中	程序集放置在 Bin 文件夹中
App_Themes 文件夹及子文件夹中的文件	按原样复制文件	与源中结构相同
静态文件(.htm、.html、图形文件等)	按原样复制文件	与源中结构相同

续表

文件类型	预编译操作	输出位置
浏览器定义文件	按原样复制文件	App_Browsers
依赖项目	将依赖项目的输出生成到程序集中	Bin 文件夹
Web. config 文件	文件被复制	与源中结构相同
Global. asax 文件	编译到程序集中	Bin 文件夹

在部署预编译的网站之后,可对站点中的文件进行一定更改。表 11.4 描述了不同类型的更改所造成的影响。

表 11.4　对文件进行更改后对网站的影响

文件类型	允许的更改(仅部署)	允许的更改(部署和更新)
静态文件(. htm、. html、图形文件等)	可更改、移除或添加静态文件。如果 ASP. NET 网页引用的页或页元素已被更改或移除,可能会发生错误	可更改、移除或添加静态文件。如果 ASP. NET 网页引用的页或页元素已被更改或移除,可能会发生错误
. aspx 文件	不允许更改现有的页。不允许添加新的. aspx 文件	可更改 . aspx 文件的布局和添加不需要代码的元素,如 HTML 元素和不带有事件处理程序的 ASP. NET 服务器控件,还可添加新的. aspx 文件,该文件通常在首次请求时进行编译
. skin 文件	忽略更改和新增的. skin 文件	允许更改和新增的. skin 文件
Web. config 文件	允许更改,这些更改将影响. aspx 文件的编译。忽略调试或批处理编译选项　不允许更改配置文件属性或提供程序元素	如果所做的更改不会影响站点或页的编译(包括编译器设置、信任级别和全球化),则允许进行更改。忽略影响编译或使已编译页中的行为发生变化的更改,否则在一些实例中可能会生成错误。允许其他更改
浏览器定义	允许更改和新增文件	允许更改和新增文件
从资源(. resx)文件编译的程序集	可为全局和局部资源添加新的资源程序集文件	可为全局和局部资源添加新的资源程序集文件

对 ASP. NET Web 应用程序中的可执行文件,编译器程序集,以及文件扩展名为. compiled 的文件。程序集名称由编译器生成。. compiled 文件不包含可执行代码,它只包含 ASP. NET 查找相应的程序集所需的信息。

在部署预编译的应用程序之后,ASP. NET 使用 Bin 文件夹中的程序集来处理请求。预编译输出包含. aspx 或. asmx 文件作为页占位符。占位符文件不包含任何代码。使用它们只是为了提供一种针对特定页请求调用 ASP. NET 的方式,以便可以设置文件权限来限制对页的访问。

11.2.2　应用程序的编译

为了使用应用程序代码为用户提出的请求提供服务,ASP. NET 必须首先将代码编译成一个或多个程序集。程序集是文件扩展名为. dll 的文件。可采用多种不同的语言来编写 ASP. NET 代码,如

Visual Basic、C#、J#和其他语言。当在编译代码时,会将代码翻译成一种名为 Microsoft 中间语言 (MSIL)的与语言和 CPU 无关的表示形式。运行时,MSIL 将运行在. NET Framework 的上下文中,. NET Framework 会将 MSIL 翻译成 CPU 特定的指令,以便计算机上的处理器运行应用程序。

编译应用程序代码具有许多好处,其中包括:

①性能。编译后的代码执行速度要比如 ECMAScript 或 VBScript 的脚本语言快得多,因为它是一种更接近于机器代码的表示形式,并且不需要进行其他分析。

②安全性。编译后的代码要比非编译的源代码更难进行反向工程处理,因为编译后的代码缺乏高级别语言所具有的可读性和抽象性。此外,模糊处理工具增强了编译后的代码对抗反向工程处理的能力。

③稳定性。在编译时检查代码是否有语法错误、类型安全问题,以及其他问题。通过在生成时捕获这些错误,可以消除代码中的许多错误。

④互操作性。由于 MSIL 代码支持任何. NET 语言,因此,可在代码中使用最初用其他语言编写的程序集。例如,如果正在用 C#编写 ASP. NET 网页,可添加对使用 Visual Basic 编写的. dll 文件的引用。

ASP. NET 编译结构包括许多功能,其中包括:

①多语言支持。在 ASP. NET 2.0 中,可在同一个应用程序中使用不同的语言(如 Visual Basic 和 C#),这是因为 ASP. NET 将为每一种语言分别创建一个程序集。对存储在 App_Code 文件夹中的代码,可为每种语言指定一个子文件夹。

②自动编译。当用户首次请求网站的资源时,ASP. NET 将自动编译应用程序代码和所有依赖资源。通常,ASP. NET 为每个应用程序目录(如 App_Code)创建一个程序集,并为主目录创建一个程序集(如果一个目录中的文件是用不同编程语言编写的,将为每种语言分别创建程序集),可在 Web. config 文件的 Compilation 节指定将哪些目录编译成单个程序集。

③部署灵活。因为 ASP. NET 在首次用户请求时编译网站,所以只需要将应用程序源代码复制到 Web 服务器上即可。不过,ASP. NET 还提供了预编译选项,通过这些选项,可在部署网站之前先进行编译,或者在部署网站之后、用户请求该网站之前进行编译。预编译有若干优点。由于 ASP. NET 编译网站时不存在延迟时间,因此,预编译可改进首次请求时网站的性能。预编译还能帮用户找到不然只有当用户请求页时才能找到的错误。最后,如果在部署网站之前预编译网站,则可以部署程序集,而不必部署源代码。

可使用 ASP. NET 编译器工具(ASPNET_Compiler. exe)预编译网站。该工具提供下列预编译选项:

a. 就地编译。此选项执行与动态编译期间发生的相同编译过程。可使用此选项编译已经部署到成品服务器的网站。

b. 不可更新完全预编译。可使用此选项来编译应用程序,然后将编译后的输出复制到成品服务器。所有应用程序代码、标记和用户界面代码都将编译为程序集。占位符文件(如. aspx 页)仍存在,因此,可执行某些文件特定的任务(如设置权限),但文件中不包含可更新的代码。为了更新任何页或任何代码,必须再次预编译并再次部署网站。

c. 可更新的预编译。该选项类似于"不可更新完全预编译",不同之处在于用户界面元素(如. aspx页和. ascx 控件)保留其所有标记、用户界面代码和内联代码(如果有的话)。可在部署之后,更新文件中的代码;ASP. NET 将检测对文件所做的这些更改并重新进行编译。请注意,预编译期间代码隐藏文件(. vb 或. cs 文件)中的代码都将内置到程序集中,因此,如果不重新执行预编译和部署步骤,将无法更改这些代码。

④可扩展生成系统。ASP.NET 使用 BuildProvider 类来生成项,如.aspx 页、.ascx 文件和全局资源。可通过创建从 BuildProvider 类继承的类来扩展和自定义 ASP.NET 生成系统,以编译自定义资源。例如,可添加新的文件类型,然后编写生成该特定类型的 BuildProvider。

11.3 网站发布与部署流程

完成了前面章节的所有工作后,即可进入最后的网站发布和部署阶段。在本小节中,将详细介绍网站的发布和部署操作步骤。

11.3.1 网站的发布

①打开 VS2012 项目解决方案,右键单击"项目"→"重新生成",右键单击"项目"→"发布",如图 11.1 所示。

图 11.1 项目发布界面

②第一次发布前,需要配置一下发布配置文件。单击"配置文件"→"选择或导入发布配置文件"→"新建",如图 11.2 所示。

③输入配置文件名,单击"确定"按钮,如图 11.3 所示。

④进入"连接"页面,选择"发布方法"中的"文件系统",如图 11.4 所示。

⑤选择要保存的位置,例如桌面。也可快捷创建文件夹(见图 11.5),手动输入的文件夹路径。

⑥若文件夹不存在,则会弹窗问是否创建,单击"是"按钮。这样,以后每次发布网站时,都可手动改动日期,非常方便,如图 11.6 所示。

⑦选择"设置"页面,勾选"发布前删除所有现在文件",如图 11.7 所示。

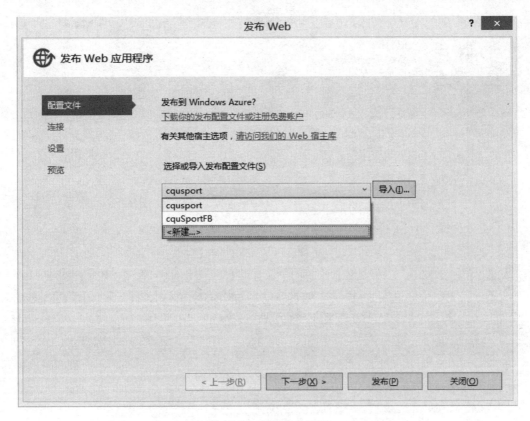

图 11.2　配置文件界面

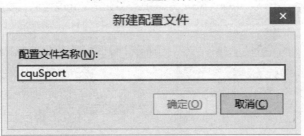

图 11.3　新建配置文件界面

图 11.4　发布 Web 应用程序界面

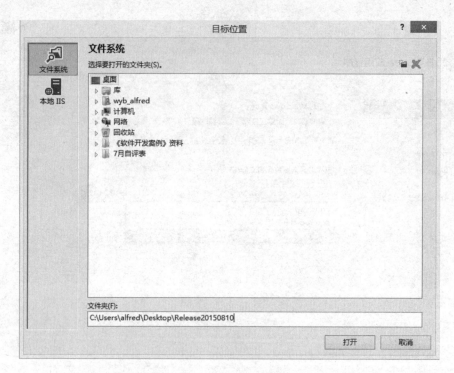

图 11.5　选择保存位置界面

图 11.6　确认是否创建界面

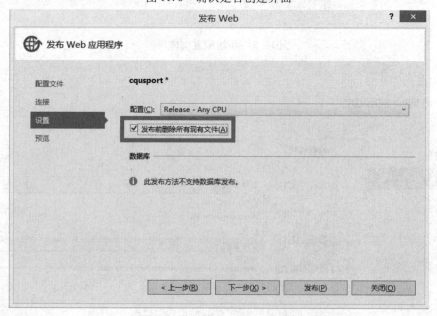

图 11.7　发布 Web 应用程序设置界面

⑧单击"发布"按钮,即可生成网站发布文件夹,如图11.8所示。

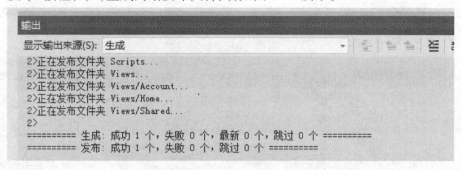

图11.8　发布详情界面

⑨发布完成,接下来就可在服务器的IIS管理器上部署网站了。

11.3.2　IIS 的安装与配置

在服务器IIS上部署网站前,需要对IIS进行初始化配置。其具体的步骤如下:

①打开"服务器管理器",界面如图11.9所示。

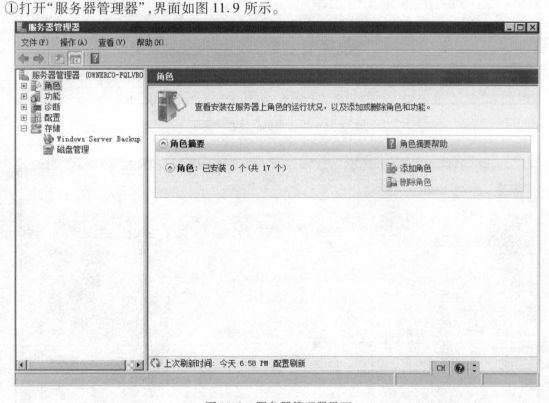

图11.9　服务器管理器界面

②出现安装开始之前介绍注意事项,直接单击"下一步"按钮,如图11.10所示。

③选择"服务角色",在此只需选中"Web 服务器(IIS)","应用程序服务器"可以不选,如图11.11所示。

④选择"角色服务",在此选择"ASP.NET",单击"下一步"按钮,如图11.12所示。

⑤安装确认阶段,单击"安装"按钮,如图11.13所示。

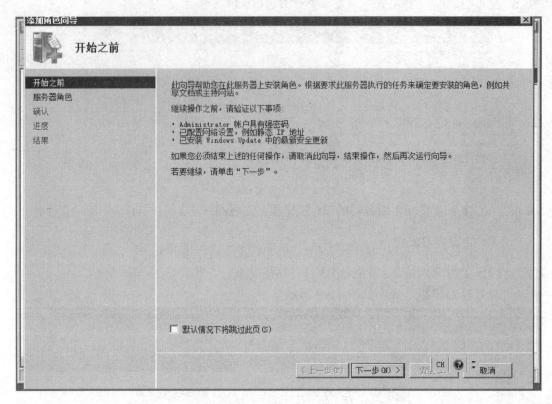

图 11.10　添加角色向导初始界面

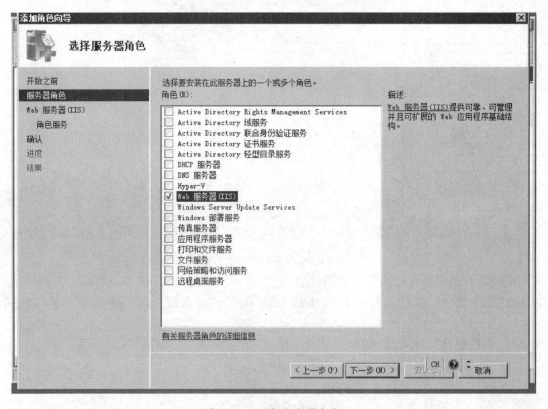

图 11.11　选择服务器角色

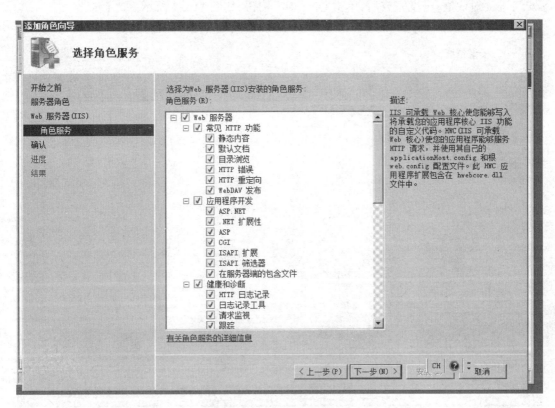

图 11.12 选择角色服务

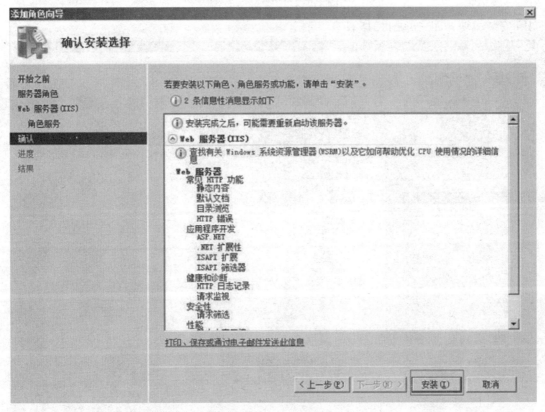

图 11.13 确认安装界面

⑥安装进度对话框,进度完成后,单击"下一步"按钮,如图 11.14 所示。

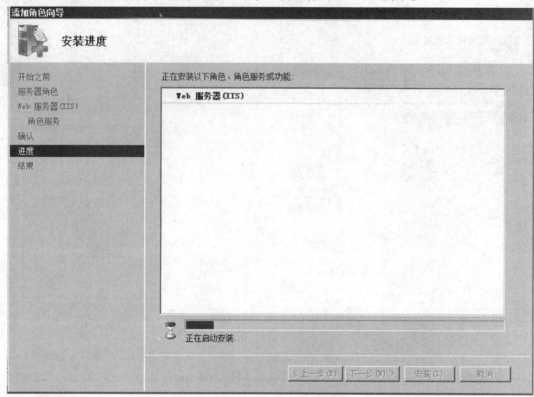

图 11.14　安装进度界面

⑦IIS 安装成功界面,如图 11.15 所示。

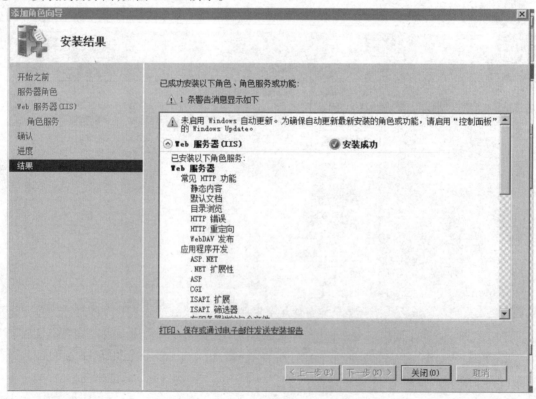

图 11.15　安装成功结果界面

11.3.3 网站的部署

①在 Windows Server 2003 服务器上打开 IIS 管理器，如图 11.16 所示。新建一个站点，选择"网站"选项。

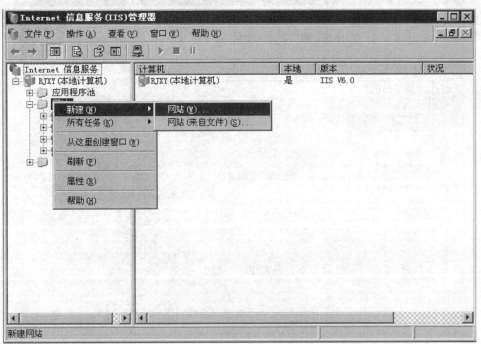

图 11.16 Internet 信息服务管理器界面

②单击"下一步"按钮，给网站设置一个易于辨别的站点描述，如图 11.17 所示。

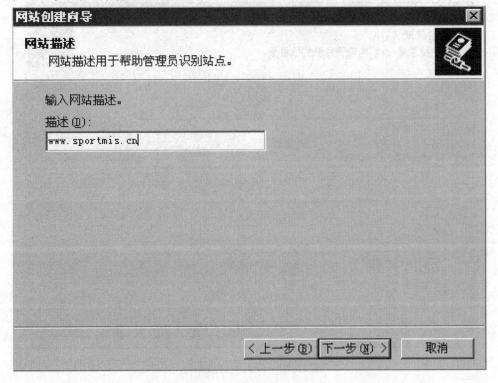

图 11.17 输入网址描述

③单击"下一步"按钮,出现配置域名的页面。第一项 IP 地址可选择"全部未分配",若主机有多个 IP,也可选择域名对应的 IP,如主机是 223.4.15.230,在下拉框中会显示,那么,可选择该选项;第二项端口通常无须更改,为默认的 80 端口;第三项为域名中的一个主机名,如图 11.18 所示。

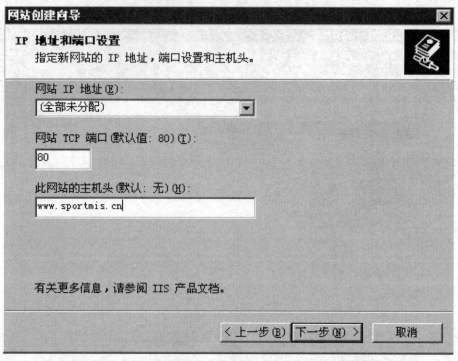

图 11.18　IP 地址和端口设置

④单击"下一步"按钮,选择网站代码所在的文件夹,并且是允许匿名访问,如图 11.19 所示。

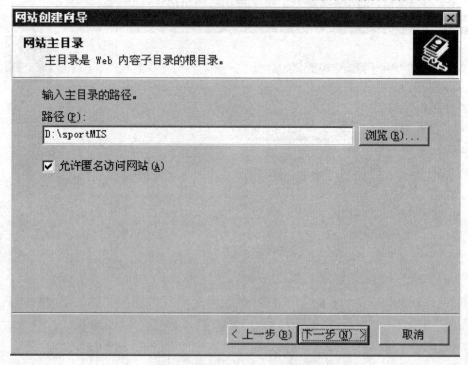

图 11.19　输入主目录路径

⑤进入权限选项卡,勾选相应权限,单击"下一步"按钮,完成网站创建向导,如图 11.20 所示。

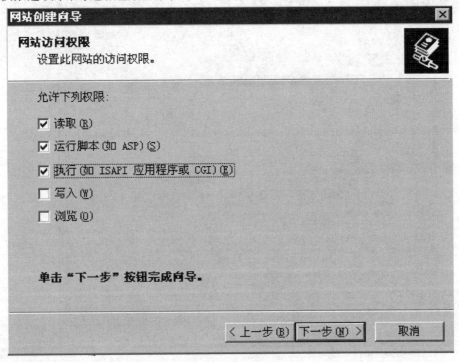

图 11.20　网址访问权限设置

⑥右键网站属性,然后选择"文档"选项,再单击"添加"按钮,出现如图 11.21 和图 11.22 所示的界面,根据首页的文件名来添加首页。

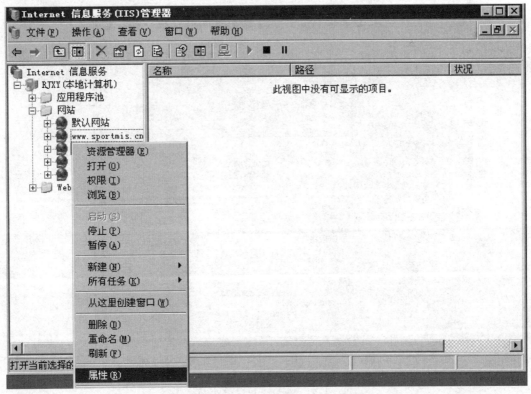

图 11.21　Internet 信息服务网址列表界面

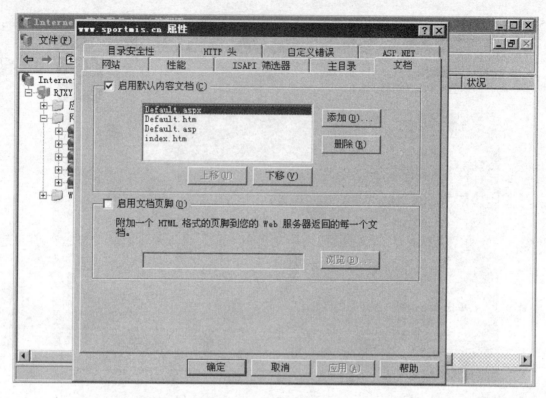

图 11.22　网站文档属性界面

⑦接下来设置是否允许目录浏览。当然,前面已在新建网站时权限控制的地方做了不允许浏览,如图 11.23 所示。

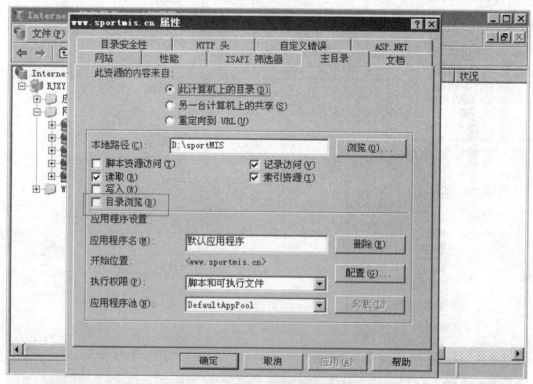

图 11.23　网站主目录属性界面

通过以上的一系列操作,已完成了对网站的发布与部署操作。此时,用户可在浏览器输入网站的域名对网站进行访问了。其访问页面如图 11.24 所示。

图 11.24　网站运行成功登录页界面

11.3.4　服务器的获取

当然,你需要有自己的服务器才能进行上述网站的部署过程。你可以选择各大云平台,如在阿里云、腾讯云平台等购买云服务器或者云主机。在所选择的平台查看帮助文档或使用说明,配置自己的服务器或主机,然后部署自己的网站。

本章总结

通过本章的学习,可初步了解公共体育课管理系统项目在完成开发后的部署过程。同时,对网站发布、IIS 安装配置、网站发布的全过程有了一个整体认识。完成本章的学习后,可将开发完成的网站项目部署到公网的服务器上,即可让所有的互联网用户浏览和使用。

第 **12** 章
公共体育课管理系统——
系统操作说明及项目交付

12.1 系统初始化

12.1.1 登录系统

（1）登录界面

用户在浏览器地址栏中输入正确的地址，即可访问公共体育课管理系统。如图 12.1 所示为系统登录界面，用户需输入正确的账号、密码、验证码，并选择相应用户类型，即可完成登录。页面左侧是系统"通知公告栏"，用户可点击查看相应的系统公告。

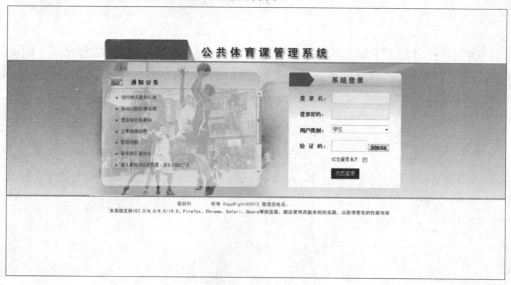

图 12.1　系统登录界面

（2）学生用户主界面

当学生类型的用户成功登录系统后，显示的主界面如图 12.2 所示。

354

图 12.2　学生主界面

(3) 教师用户主界面

当教师类型的用户成功登录系统后，显示的主界面如图 12.3 所示。

图 12.3　教师界面

(4) 管理员用户主界面

当管理员类型的用户成功登录系统后，显示的主界面如图 12.4 所示。

图 12.4　管理员界面

可知,学生、教师及管理员用户的主界面整体布局类似,但具体能够操作的功能有所区别。接下来,将简单地介绍不同用户所能操作的不同功能,读者可根据相应的用户类型进行查看。

12.1.2　时间节点配置

页面默认显示系统当前的关键时间点,管理员通过单击相应时间节点的"编辑"按钮,可对系统关键时间点进行修改,如图 12.5 所示。

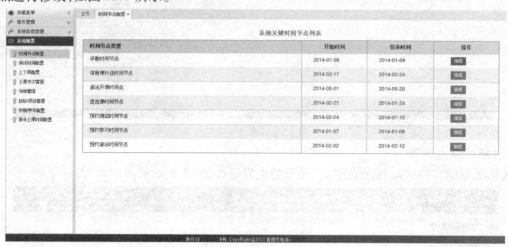

图 12.5　时间节点配置

12.1.3　测试时间配置

页面默认显示系统当前的测试时间,管理员通过选择"校区名称"来查看不同校区的测试时间,并可对已配置的测试时间进行"修改"或"删除"操作。如需添加新的测试时间节点,单击"添加测试时间节点"按钮即可,如图 12.6 所示。

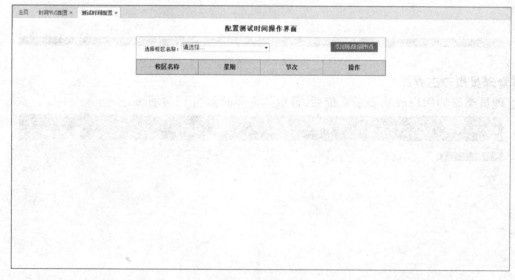

图 12.6　测试时间配置

12.1.4　上下限人数配置

管理员通过该页面,可对不同体育项目的预约或测试人数进行上下限配置(及最大人数与最小人数),如图 12.7 所示。

356

上下限人数配置界面

序号	校区名称	项目名称	最大人数	最小人数
1	校区	安排测试长跑	300	20
2	校区	预约游泳人数	200	50
3	校区	安排测试人数	100	20
4	A/B校区	安排测试长跑	300	20
5	A/B校区	预约游泳人数	200	50
6	A/B校区	安排测试人数	100	20

保存

图 12.7　上下限人数配置

12.1.5　上课节次管理

管理员通过该页面,可对不同校区的上课节次时间进行配置,如图 12.8 所示。

上课节次管理页面

选择校区：　校区　▼

	上课节次	开始时间	结束时间	学时数
上午	第一大节	09:00	10:00	1.5
	第二大节	10:30	11:30	1.5
下午	第三大节	14:30	15:30	1.5
	第四大节	16:00	17:00	1.5

保存

图 12.8　上课节次管理

12.1.6　场地管理

管理员通过该页面对不同校区的体育课活动场地进行管理,如图 12.9 所示。

场地管理页面

添加信息

校区	场地代码	相关信息	所属项目	操作
校区	D足	D区足球场	足球	修改 删除
校区	DX足1	D区小足球场1号场地	足球	修改 删除
校区	DX足2	D区小足球场2号场地	足球	修改 删除
校区	DX足3	D区小足球场3号场地	足球	修改 删除
校区	DX足4	D区小足球场4号场地	足球	修改 删除
校区	DM篮1	D区梅园篮球场1、2……10号场地	篮球	修改 删除
校区	DM篮2	D区梅园篮球场1、2……10号场地	篮球	修改 删除
校区	DM篮3	D区梅园篮球场1、2……10号场地	篮球	修改 删除
校区	DM篮4	D区梅园篮球场1、2……10号场地	篮球	修改 删除
校区	DM篮5	D区梅园篮球场1、2……10号场地	篮球	修改 删除
校区	DM篮6	D区梅园篮球场1、2……10号场地	篮球	修改 删除
校区	DM篮7	D区梅园篮球场1、2……10号场地	篮球	修改 删除
校区	DM篮8	D区梅园篮球场1、2……10号场地	篮球	修改 删除
校区	DM篮9	D区梅园篮球场1、2……10号场地	篮球	修改 删除

图 12.9　场地管理

12.1.7　目标/项目管理

目标/项目管理页面是对各个体育项目进行相应的信息配置管理,并可添加新的体育项目,如图 12.10 所示。

目标/项目管理页面

							添加信息
名称	所在校区	是否开放预约学习	是否必选	男生最大人数	女生最大人数	最大总人数	操作
长跑	校区	☐	☑				修改　删除
游泳	校区	☐	☑				修改　删除
体育健康知识	校区	☐	☑				修改　删除
篮球	校区	☑	☐	300	300	300	修改　删除
足球	校区	☑	☐	120	120	120	修改　删除
羽毛球	校区	☑	☐	240	240	240	修改　删除
乒乓球	校区	☑	☐	300	300	300	修改　删除
排球	校区	☑	☐	30	30	30	修改　删除
网球	交区	☑	☐	60	60	60	修改　删除
健美操	校区	☑	☐	100	100	100	修改　删除

图 12.10　目标/项目管理

12.1.8　学期学年配置

管理员通过学期学年配置页面来设置系统当前的学期学年,管理员需要为系统设置正确的当前学年及学期,如图 12.11 所示。

学期/学年管理页面	
开放预约学习的学年:	2013
开放预约学习的学期:	第二学期 ▼
开放预约测试的学年:	2013
开放预约测试的学期:	第二学期 ▼
	修改

图 12.11　学期学年配置

12.1.9　游泳上课时间配置

管理员可对游泳课的上课时间进行相应的配置管理,如图 12.12 所示。

单击“删除”按钮,即可删除指定的时间配置信息。单击“修改”按钮,即可对相应的信息进行修改。单击“添加信息”按钮,即可添加新的时间信息,如图 12.13 所示。

游泳上课时间配置					
	上课节次	开始时间	结束时间	学时数	
校区游泳	1	08:30	10:00	2	修改 删除
校区游泳	2	10:30	12:00	2	修改 删除
校区游泳	3	15:00	16:30	2	修改 删除
A/B校区游泳	1	08:30	10:00	2	修改 删除
A/B校区游泳	2	10:30	12:00	2	修改 删除
A/B校区游泳	3	15:00	16:30	2	修改 删除

添加信息

图 12.12　游泳上课时间配置

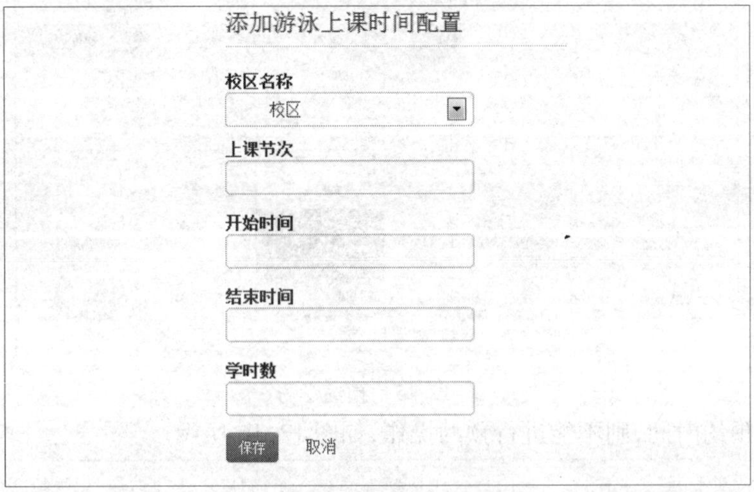

添加游泳上课时间配置

校区名称
[校区 ▼]

上课节次
[　　　　　　　]

开始时间
[　　　　　　　]

结束时间
[　　　　　　　]

学时数
[　　　　　　　]

保存　取消

图 12.13　添加游泳上课时间信息

12.1.10　选课开课单元配置

管理员可对开课的单元做配置,最小单位为上午、下午,如图 12.14 所示。

配置开课单元操作界面

添加开课单元

配置名称	星期	节次	操作
开课单元	周一	上午	修改 删除
开课单元	周二	上午	修改 删除
开课单元	周三	上午	修改 删除
开课单元	周三	下午	修改 删除
开课单元	周四	上午	修改 删除
开课单元	周五	上午	修改 删除

图 12.14　配置开课单元

359

12.2　系统操作说明——学生篇

12.2.1　预约操作

(1)预约学习

预约学习只能在规定的时间段内完成。如果处在正常的预约时间段,单击"预约学习"链接后,会显示如图 12.15 所示的界面。

预约学习操作界面

（预约学习开始时间为：2014年1月7日 0时　结束时间为：2014年4月9日 248时）

姓名：　　学号：　　选择上课校区：校区▼　　自选项目：请选择▼				
	星期一	**星期二**	**星期三**	**星期四**	**星期五**
第一大节 09：00 - 10：00	第1-18周： 高等数学（II-2）	第1-8周： 面向对象程序设计	第1-18周： 高等数学（II-2）	第1-8周： 面向对象程序设计	
第二大节 10：30 - 11：30	第1-18周： 大学英语（2）	第1-16周： 线性代数（II）	第1，3，5，7，9，11，13，15，17周： 大学英语（2）	第15-16周： 形势与政策（2） 第3-14周： 离散数学	第1-18周： 高等数学（II-2）
第三大节 14：30 - 15：30	第1-16周： 中国近现代史纲要 不开放预约	第1-16周： 英语口语（1） 不开放预约	预约项目：乒乓球 所在校区：校区 授课老师： 授课地点：DM乒1-5	不开放预约	第1-8周： 英语口语（1） 不开放预约
第四大节 16：00 - 17：00	第1-16周： 逻辑学 不开放预约	第3-14周： 离散数学 不开放预约	第1-9周： 国际问题与法律	不开放预约	第1-7周： 国际问题与法律 不开放预约

图 12.15　预约学习

若不是正常的预约时间,则不能进行预约操作,如图 12.16 所示。

> 对不起,操作时限已过,您的操作被拒绝! 具体问题可咨询管理员：

图 12.16　非预约时间

(2)预约测试

预约测试从 2014 年 3 月 4 日开始,除体育健康知识外,其他项目预约测试时间为每周星期四下午。预约需提前一周,即上周一至周日预约本周测试。每一个项目免费测试次数为两次。

主操作界面如图 12.17 所示。如有选错的情况,页面会有相应的提示。

图 12.17　预约测试界面

选择"查看已预约测试信息"进入界面,如图 12.18 所示。学生用户可看到自己的所有预约信息和预约安排状态。

已预约测试信息表									
学号	姓名	学年	学期	校区名称	测试项目	测试时间	测试节次	安排状态	操作

图 12.18　查看已预约测试信息界面

(3)预约游泳

学生单击"预约"操作,在可预约的时间内单击"预约游泳"按钮操作,弹出预约游泳操作界面,如图 12.19 所示。

图 12.19　预约游泳操作

通过选择校区、上课时间段等信息,并单击"预约"按钮,即可完成预约信息的保存,如图 12.20 所示。

图 12.20　预约游泳保存操作

如果需要对已经保存的信息进行修改,可单击"修改"按钮,进入修改页面,如图 12.21 所示。

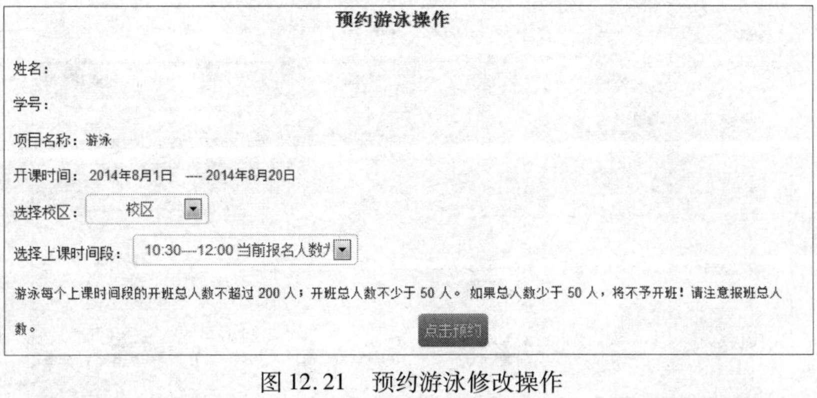

图 12.21　预约游泳修改操作

选择修改后的内容后,单击"预约"按钮,即可进入显示页面,如图 12.22 所示。

<table>
<tr><td colspan="2">预约游泳操作</td></tr>
</table>

姓名：

学号：

项目名称：游泳

开课时间：2014年8月1日 ---- 2014年8月20日

校区： 虎溪校区

上课时间段：10:30---12:00

点击修改

图 12.22　预约游泳显示操作

（4）补选课

学生单击预约操作，在规定补选课的时间内单击"补选课"按钮，弹出补选课操作界面。如果已经选过课，并且排课成功，则显示为课表界面，如图 12.23 所示。

查看课表信息

姓名：　　学号：　　上课校区：　，校区

	星期一	星期二	星期三	星期四	星期五
第一大节	第2-9周: 建筑材料	第1-16周: 线性代数（Ⅱ）	第2-9周: 建筑材料	第1-14周: 经济学	第1-18周: 高等数学（Ⅱ-2）
第二大节	第1-18周: 高等数学（Ⅱ-2）	第1,3,5,7,9,11,13,15,17周: 大学英语（4）	第1-18周: 高等数学（Ⅱ-2）	项目名称：羽毛球 所在校区： 授课老师： 授课地点：DM羽1;DM羽2;DM羽3;DM羽4;DM羽5;DM羽6;	第1-18周: 大学英语（4）
第三大节		第1-14周: 经济学	第1-14周: 工程测量		第1,9-14周: 工程测量 第3-8周: 工程测量
第四大节			第10-17周: 税收常识与纳税实务	第15-16周: 形势与政策（2）	第10-17周: 税收常识与纳税实务
游泳选课信息					

图 12.23　课表信息界面

若没有成功排课（因为人数过少，低于开设人数下限），则可重新选课，查看已经排好的班级信息，并选择感兴趣的班级进行插班上课，如图 12.24 所示。

补选课操作界面

（补选课开始时间为：2014年2月11日 0时　结束时间为：2014年3月23日 24时）

学号为：　　预约信息（校区为：　　校区　项目名称为：健美操　上课节次为：K21　）

未成功排课，请重新选择上课时间！

选择校区：请选择...　项目名称：请选择...

	星期一	星期二	星期三	星期四	星期五
第一大节	第1-16周: 综合英语（2）		第1-8周: 英语初级听力（2）	第1-16周: 初级英语阅读（2）	
第二大节	第1-16周: 英语初级口语（2）	第1-18周: 多媒体技术基础	第1-16周: 综合英语（2）	第1-16周: 综合英语（2）	
第三大节		第1-16周: 英语学习与学术前沿	第1-16周: 大学语文	第15-16周: 形势与政策（2）	第17-18周: 多媒体技术基础
第四大节	第15-16周: 形势与政策（2）	第1-16周: 中国文化概论	第1-9周: 文学视野下的中国近代史		第1-7周: 文学视野下的中国近代史

图 12.24　补选课操作

通过选择校区,选择项目名称,可根据已经排课的信息进行查看,如图 12.25 所示。

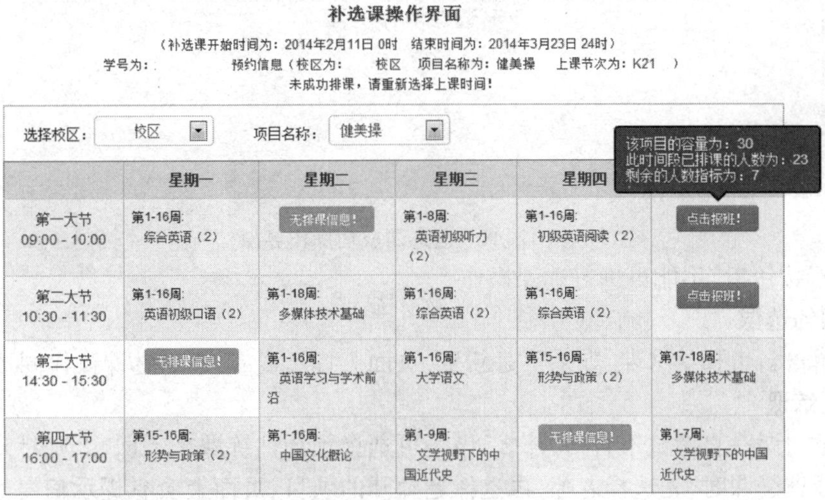

补选课操作界面

(补选课开始时间为:2014年2月11日0时　结束时间为:2014年3月23日24时)

学号为:　　　预约信息(校区为:　　　校区　项目名称为:健美操　上课节次为:K21　)

未成功排课,请重新选择上课时间!

选择校区:	校区 ▾		项目名称:	健美操 ▾	
	星期一	**星期二**	**星期三**	**星期四**	
第一大节 09:00 - 10:00	第1-16周: 综合英语(2)	无排课信息!	第1-8周: 英语初级听力(2)	第1-16周: 初级英语阅读(2)	点击报班!
第二大节 10:30 - 11:30	第1-16周: 英语初级口语(2)	第1-18周: 多媒体技术基础	第1-16周: 综合英语(2)	第1-16周: 综合英语(2)	点击报班!
第三大节 14:30 - 15:30	无排课信息!	第1-16周: 英语学习与学术前沿	第1-16周: 大学语文	第15-16周: 形势与政策(2)	第17-18周: 多媒体技术基础
第四大节 16:00 - 17:00	第15-16周: 形势与政策(2)	第1-16周: 中国文化概论	第1-9周: 文学视野下的中国近代史	无排课信息!	第1-7周: 文学视野下的中国近代史

该项目的容量为:30
此时间段已排课的人数为:23
剩余的人数指标为:7

图 12.25　补选课选择操作

查询出的课表信息,通过显示的"无课表信息"和"点击报班"按钮,可完成补选课操作,如图 12.25 所示。选择好时间段,单击"报班"按钮,如图 12.26 所示。

查看课表信息

姓名:		学号:		上课校区:	校区 ▾
	星期一	**星期二**	**星期三**	**星期四**	**星期五**
第一大节	第1-16周: 综合英语(2)		第1-8周: 英语初级听力(2)	第1-16周: 初级英语阅读(2)	项目名称:健美操 所在校区: 授课老师: 授课地点:DH815;
第二大节	第1-16周: 英语初级口语(2)	第1-18周: 多媒体技术基础	第1-16周: 综合英语(2)	第1-16周: 综合英语(2)	
第三大节		第1-16周: 英语学习与学术前沿	第1-16周: 大学语文	第15-16周: 形势与政策(2)	第17-18周: 多媒体技术基础
第四大节	第15-16周: 形势与政策(2)	第1-16周: 中国文化概论	第1-9周: 文学视野下的中国近代史		第1-7周: 文学视野下的中国近代史
游泳选课信息					

图 12.26　补选课成功操作界面

单击周五第一大节课的"报班"按钮,即可成功进行补选课操作,显示上课时间地点及授课老师名称,如图 12.26 所示。

(5)退选课

学生单击预约操作,可在规定退选课的时间内单击"退选课"按钮,弹出退选课操作界面。如果该生已选过课,并且排课成功,则显示该生的上课信息界面,如图 12.27 所示。

退选课操作界面

学号为:

上课信息(校区为:　　项目名称为:健美操　上课节次为:K51　上课老师为:　　　　)

点击退选

图 12.27　退选课操作界面

单击"退选"按钮,可成功进行了退选课操作,如图 12.28 所示。

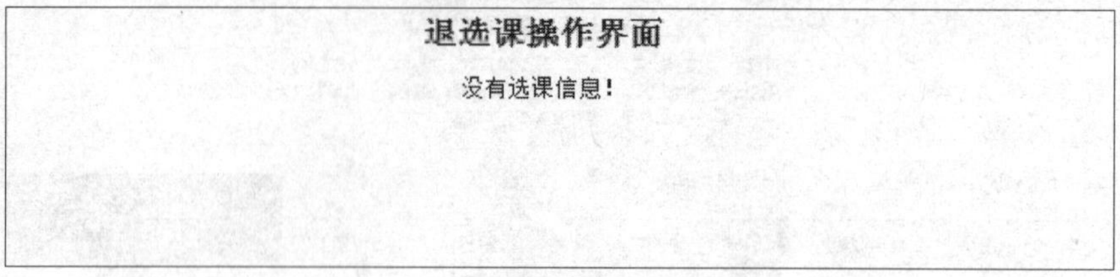

退选课操作界面

没有选课信息!

图 12.28 退选课成功操作界面

单击"退选"按钮后,不能再进行选课操作。

(6)新生预约选课

每届新生单击新生预约选课,如果不是新生,页面会提示没有权限,选课操作同预约学习一样。

(7)预约训练课

若学生对某门课一直考试不合格,那么,该生可选择预约训练课来上课,老师针对性地训练,直到考试合格。选择训练课时,先选择老师,再选择老师开的项目,页面上会有提示信息。选择成功后,选择查看报名信息可以看见自己报名成功的信息,并且系统会告知学生训练课属于收费课程,如图 12.29所示。

选择训练课操作界面

教师姓名:	--A		点击保存	查看已报名训练课	
	星期一	**星期二**	**星期三**	**星期四**	**星期五**
第一大节					
第二大节					
第三大节					
第四大节					

单击所选择训练课后,按钮由蓝色变为绿色之后,请单击"保存按钮"!(黄色区域表示选择成功)

图 12.29 预约训练课操作界面

(8)预约考试费申请

单击"预约考试费申请"链接,在相应的栏目中填入信息,单击"申请"按钮即可,如图 12.30 所示。

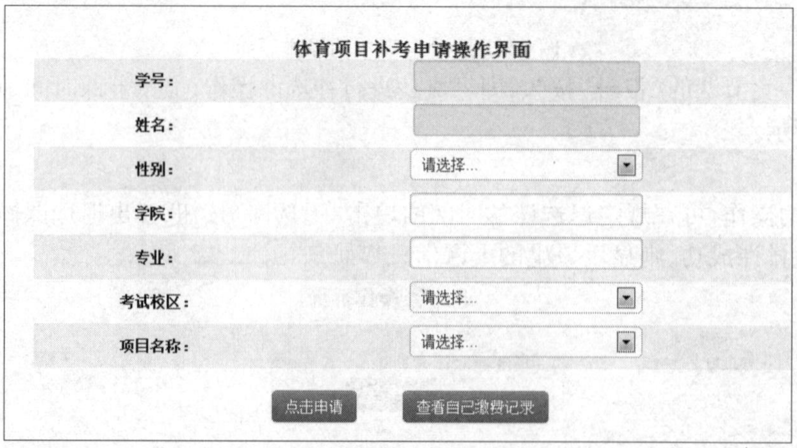

体育项目补考申请操作界面

学号:	
姓名:	
性别:	请选择...
学院:	
专业:	
考试校区:	请选择...
项目名称:	请选择...

点击申请   查看自己缴费记录

图 12.30 预约考试费申请界面

12.2.2 课表查询与测试

(1)查看课表

学生单击课表查询,可通过单击"查看课表"按钮,进行课表查看操作,如图 12.31 所示。

查看课表信息

	星期一	星期二	星期三	星期四	星期五
第一大节	第1-18周: 高等数学2(工学类)		第1-18周: 高等数学2(工学类)		第1-18周: 高等数学2(工学类)
第二大节	第1-16周: C程序设计	第1-18周: 大学物理Ⅱ-1	项目名称:瑜伽 所在校区:虎溪校区 授课老师:关丽静 上课时间:第1到17周 授课地点:DZ507; (场地说明: D区综合楼507教室)	第1,3,5,7,9,11,13,15,17-18周: 大学物理Ⅱ-1	第1-16周: 思想道德修养与法律基础
第三大节	第8-11周: 形势与政策(2)				
第四大节	第1-18周: 学业素养英语(4)	第1-16周: 工程制图(Ⅲ)	第1-8周: 英语口语交际技能(4) 第1-8周: 英语口语交际技能(4) 第9-16周: 英语口语交际技能(4) 第9-16周: 英语口语交际技能(4) 第1-9周: 中国古代思想与文化		第1-6,8周: 中国古代思想与文化

图 12.31　退课表查看界面

(2)查看测试安排课表

选择"查看测试安排课表"进入界面,如图 12.32 所示。学生用户可看到自己的安排测试信息。预约测试成功或失败,在该页面都会有相应的信息提示。

测试安排课表

(测试时间:上午　下午)

姓名:韦家威　　学号:20131787

	星期一	星期二	星期三	星期四	星期五	星期六	星期天
上午							
下午							

注:查看的信息是本周测试安排课表信息。

本周没有您要查询的预约测试数据和安排测试数据,如有疑问请联系体育学院教务办公电话:023-65678102 !

图 12.32　查看测试安排课表

(3)查看训练课表

选择"查看训练课表"进入界面,如图 12.33 所示。学生用户可看到自己的训练课上课信息。选了训练课且安排成功的,会在该页面显示上课的具体信息;反之,则为空。

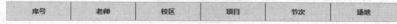

已选择的训练课信息列表
序号
老师
校区
项目
节次
场地

图 12.33　查看训练课表

12.2.3　学生评教

单击参与评教链接,即可参与评教。评教时间由系统管理员设定。如果不是评教时间,学生将看到如图 12.34 所示的提示界面。

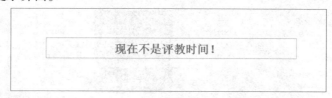

现在不是评教时间!

图 12.34　非评教时间界面

如果处于评教时间,学生将看到待评教的课程信息列表,如图 12.35 所示。

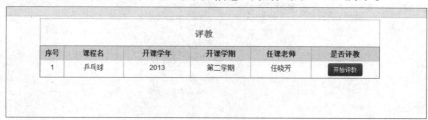

评教
序号
课程名
开课学年
开课学期
任课老师
是否评教
1
乒乓球
2013
第二学期
任晓芳
开始评教

图 12.35　待评教列表

单击“开始评教”按钮,便可对相应的课程进行评教,如图 12.36 所示。

教学评价
项目名称:
乒乓球
任课教师:
评价:
非常满意
满意
基本满意
不满意
意见与建议:
保存
取消

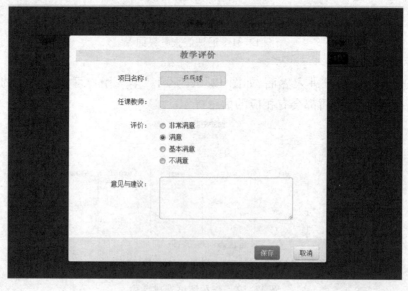

图 12.36　评教界面

单击“保存”按钮,便可完成评教,并且评教信息不可更改,页面回到评教列表,如图 12.37 所示。

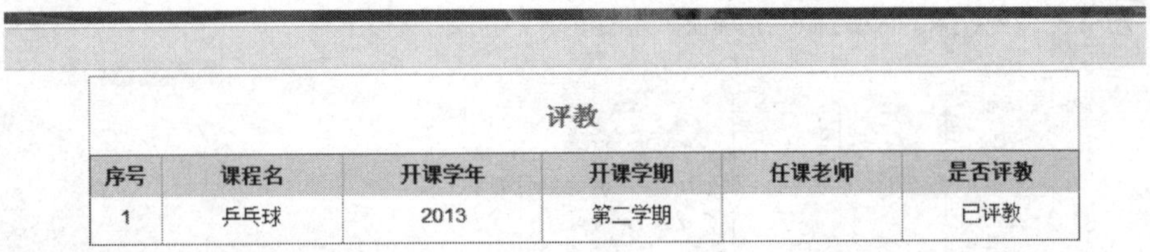

评教					
序号	课程名	开课学年	开课学期	任课老师	是否评教
1	乒乓球	2013	第二学期		已评教

图 12.37　完成评教界面

12.3　系统操作说明——教师篇

12.3.1　课表信息

进入教师界面,选择"课表信息"进入界面,如图 12.38 所示。教师可看到本人的所有课表信息和导出自己的课表信息到 Excel。

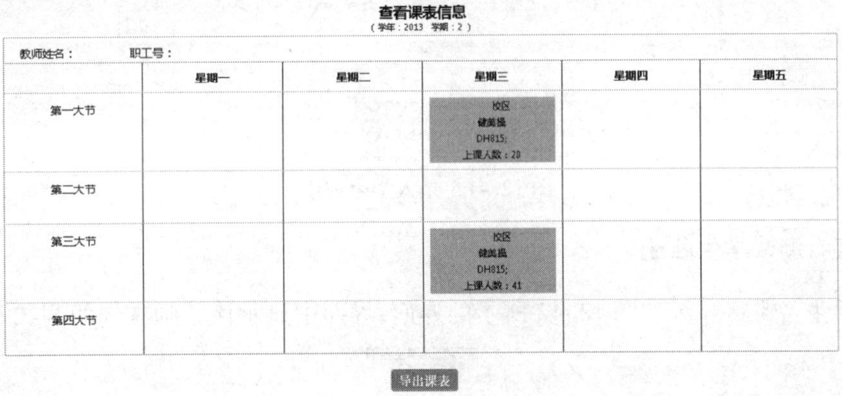

查看课表信息
（学年：2013　学期：2）

教师姓名：　　职工号：	星期一	星期二	星期三	星期四	星期五
第一大节			校区 健美操 DH815; 上课人数：20		
第二大节					
第三大节			校区 健美操 DH815; 上课人数：41		
第四大节					

导出课表

图 12.38　查看课表信息

12.3.2　查看选课学生

查看选课学生将显示如图 12.39 所示的课表界面,并且课表中会出现"查看学生名册"的按钮。

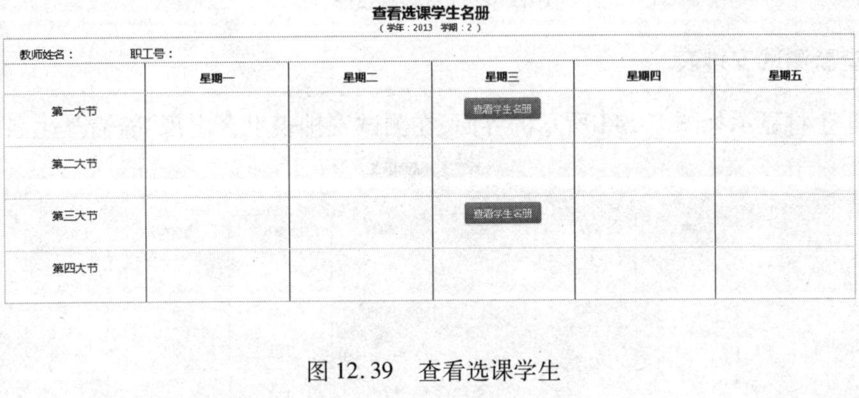

查看选课学生名册
（学年：2013　学期：2）

教师姓名：　　职工号：	星期一	星期二	星期三	星期四	星期五
第一大节			查看学生名册		
第二大节					
第三大节			查看学生名册		
第四大节					

图 12.39　查看选课学生

单击"查看学生名册"进入如图 12.40 所示的学生列表界面。该界面会显示当前节次的所有学生的信息和教师的上课信息,并支持将所有信息导出至 Excel。

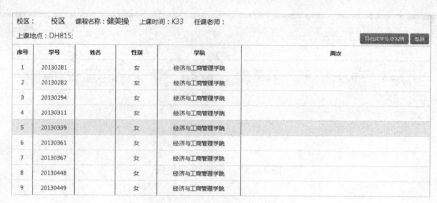

校区: 校区 课程名称:健美操 上课时间:K33 任课老师:						
上课地点:DH815;					导出试学生点名册	返回

序号	学号	姓名	性别	学院	周次
1	20130281		女	经济与工商管理学院	
2	20130282		女	经济与工商管理学院	
3	20130294		女	经济与工商管理学院	
4	20130311		女	经济与工商管理学院	
5	20130339		女	经济与工商管理学院	
6	20130361		女	经济与工商管理学院	
7	20130367		女	经济与工商管理学院	
8	20130448		女	经济与工商管理学院	
9	20130449		女	经济与工商管理学院	

图 12.40　查看学生名册

12.3.3　录入学生成绩

录入学生成绩将显示如图 12.41 所示的界面,界面中会显示当前教师的测试安排信息。如果没有测试信息,将不会出现"录入学生成绩"的按钮。

录入学生成绩操作界面
(学年：2013 学期：2)

测试教师姓名:	职工号:						
	星期一	星期二	星期三	星期四	星期五	星期六	星期天
上午							
下午				录入学生成绩			

注:录入成绩只有一次操作,因此教师请仔细填置!测试老师没有修改成绩的权限,因此不能修改成绩。

图 12.41　录入学生成绩

12.3.4　查看测试学生名册

查看测试学生名册将显示如图 12.42 所示的界面,界面中显示该教师本周的测试安排信息。

查看测试学生名册
(学年：2013 学期：2)

教师姓名:	职工号:						
	星期一	星期二	星期三	星期四	星期五	星期六	星期天
上午							
下午				查看学生名册			

图 12.42　测试测试学生

12.3.5　查看测试安排表

查看测试学生将显示如图 12.43 所示的界面,在测试安排表里会出现"查看学生名册"按钮。

查看安排测试信息表
(学年：2013 学期：2)

教师姓名:	职工号:						
	星期一	星期二	星期三	星期四	星期五	星期六	星期天
上午							
下午				校区 原件 DH篮1 测试人数:12			

导出安排测试表

图 12.43　查看安排表

单击查看学生名册进入界面,如图 12.44 所示。该界面会显示当前节次的所有测试学生的信息和教师的测试信息,并支持导出全部信息至 Excel。

校区:	校区	测试项目名称:篮球	测试时间:2014-3-13 K4下	测试老师:		
测试地点:DM篮1;					导出测试学生名册	返回
序号	学号	姓名	性别	学院	周次	
1	20130204		男	经济与工商管理学院		
2	20130211		男	经济与工商管理学院		
3	20130212		男	经济与工商管理学院		
4	20130213		男	经济与工商管理学院		
5	20130635		男	建设管理与房地产学院		
6	20130727		男	建设管理与房地产学院		
7	20130749		男	建设管理与房地产学院		

图 12.44　查看测试学生名册

12.3.6　教师绩效考核

单击"教师绩效考核"链接,便可显示本学期所教课程的绩效考核情况列表,如图 12.45 所示。

绩效考核 ×

			绩效测评				
#	课程名	校区	开课学年	开课学期	学生人数	总学时数	绩效考核得分
1	瑜伽	校区	2013	第二学期	45	51	0
2	羽毛球	校区	2013	第二学期	147	127.5	0
3	瑜伽	A/B校区	2013	第二学期	30	25.5	0
4	篮球	校区	2013	第二学期	23	25.5	0

图 12.45　教师绩效考核

12.3.7　查看训练课学生名册

单击"训练课学生名册"链接,即可看到本学期本人开设的训练课的学生人数。教师所看到的情况是管理员已经完成安排的。因此,教师只需按照学生名册信息上课即可。如果有学生选该教师的课,那么,界面会出现"查看学生名册"按钮。选择某个时间段"查看学生名册"按钮,便可查看学生详细信息和上课场地等信息,如图 12.46 所示。

查看训练课学生名册
(学年:2013 学期:2)

教师姓名:	职工号:						
	星期一	星期二	星期三	星期四	星期五	星期六	星期天
第一大节							
第二大节							
第三大节							
第四大节							

图 12.46　训练课学生名册

12.3.8　查看训练课学生成绩

单击"训练课学生成绩"链接,进入查询界面。查询的成绩是教师训练课学生的成绩,到学生测试合格后,那么,该学生所在班的名单就会自动删除该学生信息,保留其成绩信息,如图 12.47 所示。

共 0 页 0 条记录,当前为第 1 页

图 12.47　训练课学生成绩

12.4　系统操作说明——管理员篇

12.4.1　教务管理

(1)排课管理

管理员通过教务管理的"排课管理"按钮进行排课信息操作,如图 12.48 所示。

图 12.48　排课操作界面

管理员通过选择校区、项目名称,即可查看各个大节的报名人数等信息,如图 12.49 所示。

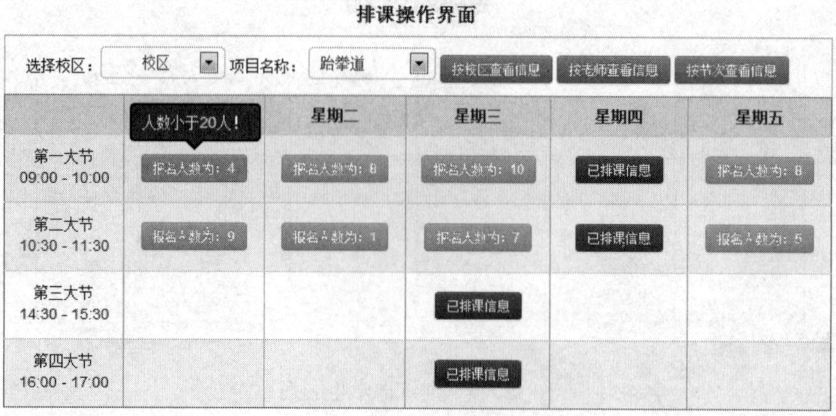

图 12.49　已预约人数界面

370

通过选择相应的项目名称,可查看相应项目下的报名人数与报名时间段的信息,如图 12.49 所示。对小于 20 人的报名信息,将标注黄色信息提示;对大于 20 人的信息将标注绿色信息提示;对已安排过课程的信息将标注蓝色信息提示。通过单击绿色按钮,可对此时间段的报名人数进行排课,如图 12.50 所示。

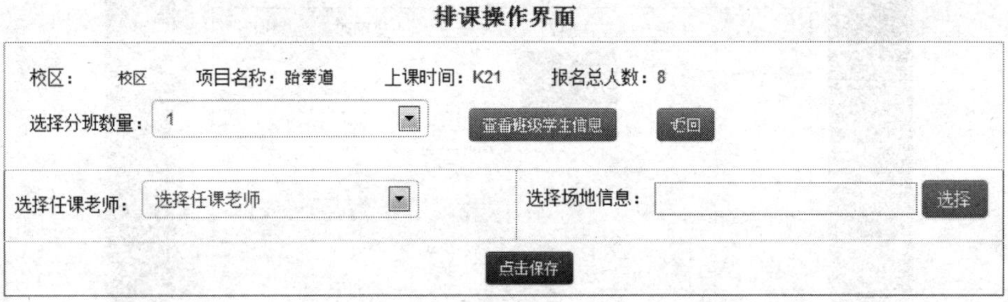

排课操作界面

校区:　校区	项目名称:跆拳道	上课时间:K21	报名总人数:8	
选择分班数量: 1		查看班级学生信息	返回	
选择任课老师: 选择任课老师		选择场地信息:	选择	
		点击保存		

图 12.50　排课操作界面

首先选择分班数量,如分两个班,通过单击"查看班级学生信息"按钮,可查看每班的学生信息,如图 12.51 所示。

查看预排课操作界面

校区:　校区	项目名称:跆拳道	上课时间:K21	报名总人数:8
共分班级数:2	返回		

1班　2班

序号	姓名	学号	专业	所属学院
1		20130288	工商管理	经济与工商管理学院
2		20130293	工商管理	经济与工商管理学院
3		20130432	物流管理	经济与工商管理学院
4		20130925	日语	外国语学院

图 12.51　预排课操作界面

单击"1 班""2 班"按钮,可查看每班的学生信息。

单击"返回"按钮,对每班选择任课教师及场地信息,如图 12.52 所示。

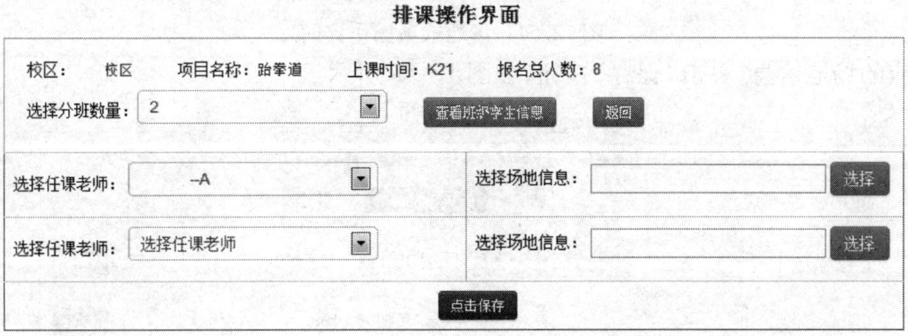

排课操作界面

校区:　校区	项目名称:跆拳道	上课时间:K21	报名总人数:8
选择分班数量: 2		查看班级学生信息	返回
选择任课老师: —A		选择场地信息:	选择
选择任课老师: 选择任课老师		选择场地信息:	选择
		点击保存	

图 12.52　排课操作界面

选择任课教师下拉框,选择相应的教师,可弹出该教师的已排课信息,方便管理员在排课时查看教师已经排课信息,从而避免节次冲突,如图 12.53 所示。

图 12.53　教师已排课信息界面

单击"关闭"按钮,返回到排课界面。这时,单击场地选择,弹出场地选择对话框,如图 12.54 所示。

图 12.54　场地选项操作界面

选择相应的场地信息,单击"保存"按钮,如图 12.55 所示。

图 12.55　排课操作界面

单击"保存"按钮,完成排课操作。页面将显示已排课信息界面,如图 12.56 所示。

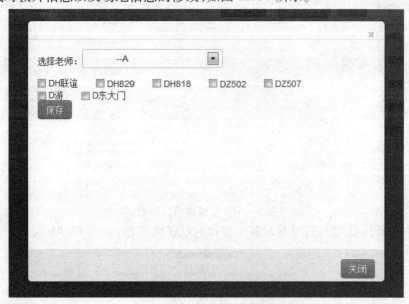

图 12.56　已排课操作界面

通过对任课教师及场地信息的选择,可查看各班教师的学生信息,如图 12.56 所示。单击"修改教师",即可完成对教师信息以及场地信息的修改,如图 12.57 所示。

图 12.57　修改教师及场地信息界面

单击"保存"按钮,即可完成修改。选择操作界面的"重新排课",将弹出提示信息,如图 12.58 所示。单击"确认"按钮,将删除已排课信息,重新对此阶段信息进行排课。

图 12.58　重新排课界面

单击"确定"按钮,即可完成删除操作,将重新排课。返回主界面,如图12.59所示。

排课操作界面

选择校区: 校区 ▼ 项目名称: 跆拳道 ▼ 按校区查看信息 按老师查看信息 按节^查看信息

图 12.59 主界面

单击"按校区查看信息"按钮,可显示通过不同校区进行排课的信息,如图12.60所示。

已排课信息列表

汇回

序号	校区	项目	时间	教师-人数-场地
1	A/B校区	篮球	K32	-- 30人 -- B篮1;
		羽毛球	K32	- 30人 -- AW羽1;AW羽2;AW羽3; -- 30人 -- AW羽4;AW羽5;AW羽6;
			K51	-- 28人 -- AW羽1;AW羽2;AW羽3;AW羽4;AW羽5;
		网球	K32	-- 19人 -- B网1;B网2;
		瑜伽	K32	-- 30人 -- A体育馆;
			K51	-- 30人 -- A体育馆;
		散打	K32	-- 30人 -- A体育馆;
2	校区	游泳	K1	- 3人 -- D东大门; - 3人 -- D东大门; _ :-- 2人 -- D游;
		篮球	K11	- 28人 -- DM篮1;DM篮2; -- 27人 -- DM篮4;DM篮5;
			K12	24人 -- DM篮1;DM篮2; 23人 -- DM篮3;DM篮4; - 23人 -- DM篮5;DM篮6; - 22人 -- DM篮7;DM篮8;
			K21	-- 21人 -- DM篮1;DM篮2;

图 12.60 已排课信息列表

单击"按教师查看信息"按钮,可显示各个教师的已排课信息,如图12.61所示。

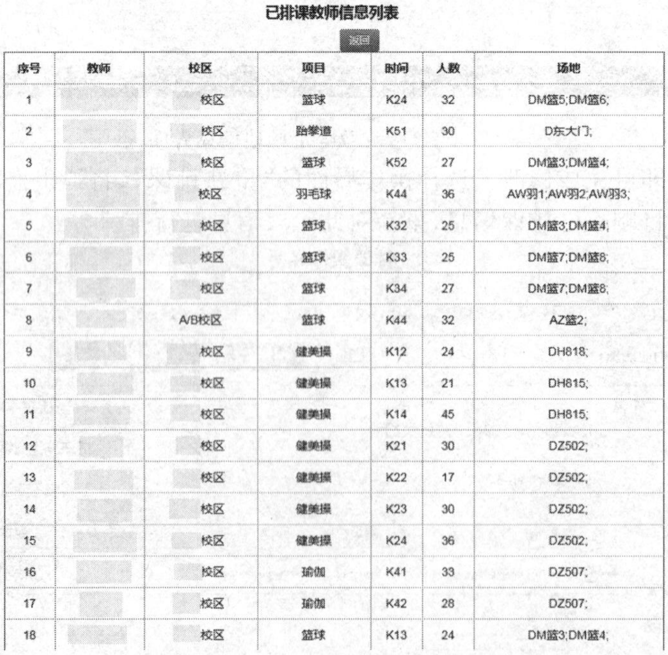

已排课教师信息列表

汇回

序号	教师	校区	项目	时间	人数	场地
1		校区	篮球	K24	32	DM篮5;DM篮6;
2		校区	跆拳道	K51	30	D东大门;
3		校区	篮球	K52	27	DM篮3;DM篮4;
4		校区	羽毛球	K44	36	AW羽1;AW羽2;AW羽3;
5		校区	篮球	K32	25	DM篮3;DM篮4;
6		校区	篮球	K33	25	DM篮7;DM篮8;
7		校区	篮球	K34	27	DM篮7;DM篮8;
8		A/B校区	篮球	K44	32	AZ篮2;
9		校区	健美操	K12	24	DH818;
10		校区	健美操	K13	21	DH815;
11		校区	健美操	K14	45	DH815;
12		校区	健美操	K21	30	DZ502;
13		校区	健美操	K22	17	DZ502;
14		校区	健美操	K23	30	DZ502;
15		校区	健美操	K24	36	DZ502;
16		校区	瑜伽	K41	33	DZ507;
17		校区	瑜伽	K42	28	DZ507;
18		校区	篮球	K13	24	DM篮3;DM篮4;

图 12.61 已排课教师信息列表界面

单击"按节次查看信息"按钮,可显示各个时间段所有的教师上课的信息,如图 12.62 所示。

已排课节次信息列表

导出成表格　返回

序号	时间	校区	项目	教师	人数	场地
1	K1	校区	游泳		3	D东大门;
2		校区	游泳		3	D东大门;
3		校区	游泳		2	D游;
4	K11	校区	篮球		28	DM篮1;DM篮2;
5		校区	篮球		27	DM篮4;DM篮5;
6		校区	足球		18	DX足1;DX足2;
7		校区	羽毛球		26	DM羽1;DM羽2;DM羽3;DM羽4;DM羽5;DM羽6;
8		校区	羽毛球		25	DS羽1;DS羽2;DS羽3;DS羽4;DS羽5;DS羽6;
9		校区	羽毛球		25	DM羽7;DM羽8;DM羽9;DM羽10;DM羽11;DM羽12;
10		校区	乒乓球		26	DM乒1-5;DM乒5-10;DM乒10-15;
11		校区	乒乓球		26	DM乒15-20;DM乒20-25;DM乒25-30;
12		校区	网球		19	DM网1;DM网2;

图 12.62　已排课节次信息列表界面

(2)新生排课管理

新生排课管理是管理员为每届新入学的学生选完课后进行安排的过程。安排操作说明同上文中提到的排课管理一样,这里不再赘述。

(3)安排游泳

管理员通过教务管理,可通过单击"安排游泳"按钮进行游泳排课信息操作,如图 12.63 所示。

游泳排课操作界面

选择校区:请选择... 项目名称:游泳		
K1--上午第一大节	K2--下午第一大节	K3--下午第二大节

图 12.63　游泳排课操作界面

通过选择校区,可查看各个节次的报名人数,如图 12.64 所示。

游泳排课操作界面

图 12.64　游泳排课操作界面

通过选择相应的校区名称,可查看各个节次之下的报名人数及报名时间段的信息,如图 12.64 所示。对少于 20 人的报名信息,将标注黄色信息提示;对多于 20 人的信息将标注绿色信息提示;对已经安排过课程的信息将标注蓝色信息提示。通过单击绿色按钮,可对此时间段的报名人数进行排课,如图 12.65 所示。

此操作与排课操作功能类似,通过分班数量的选择,填写相应的教师及场地信息。单击"保存"按钮,完成对游泳的排课信息操作,如图 12.66 所示。

图 12.65 排课操作界面

游泳排课操作界面

序号	姓名	学号	专业	所属学院
1		20130274	工商管理	经济与工商管理学院
2		20132389	机械设计制造及其自动化	机械工程学院
3		20134671	自动化	自动化学院

图 12.66 游泳排课操作界面

通过任课教师及场地信息的下拉框选择,可查看相应的学生信息。单击"修改教师"按钮,可完成对教师及场地的信息修改。单击"重新排课"按钮,将删除已排课信息,并重新排课。该功能类似与排课操作。单击"返回"按钮,将返回到主界面。

（4）**安排测试**

管理员通过该页面,对本周预约测试的学生进行安排测试,如图 12.67 所示。

图 12.67 安排测试

单击"安排测试"按钮进入界面,如图 12.68 所示。如果人数多,可选择分班数量,界面会动态增加班。在测试教师文本框下选择测试教师,在测试场地下选择测试场地,单击"保存"按钮,安排测试就成功了。

图 12.68 安排测试操作界面

单击"保存"按钮进入界面,如图 12.69 所示。如果管理员要重新排课,则单击"重新安排"按钮,

376

跳转到上个界面,重新选择教师和场地。如果需要修改,则单击"修改"按钮进行修改操作。

安排测试操作界面

校区：　校区　　项目名称：羽毛球　　测试时间：2014/3/13 --K4下

报名总人数：8　　共分班级数：1

任课老师及场地信息：许定国---DM羽1;　　　[重新安排]　[修改教师]　[返回]

序号	姓名	学号	专业	所属学院
1		20131169	艺术设计	艺术学院
2		20132341	机械设计制造及其自动化	机械工程学院
3		20132630	车辆工程	机械工程学院
4		20132680	机械电子工程	机械工程学院
5		20132707	机械电子工程	机械工程学院
6		20134262	弘深电子信息	弘深学院
7		20134448	弘深电子信息	弘深学院
8		20136927	弘深电子信息	弘深学院

图 12.69　保存安排测试

(5)查询已安排测试信息

管理员通过该页面,可对本学期的安排测试信息进行查询,如图 12.70 所示。

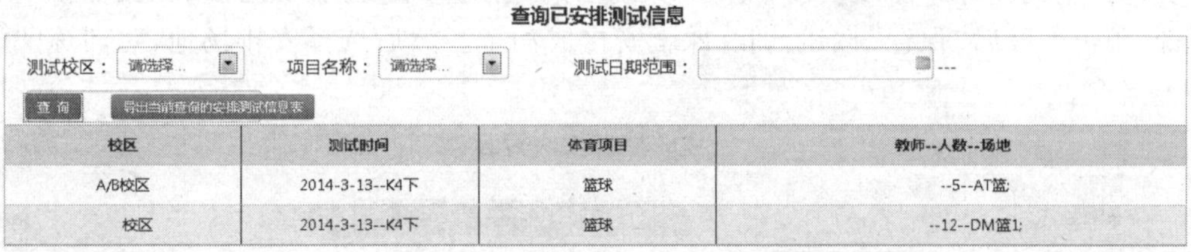

查询已安排测试信息

测试校区：请选择　　项目名称：请选择　　测试日期范围：　　...

[查询]　[导出当前查询的安排测试信息表]

校区	测试时间	体育项目	教师--人数--场地
A/B校区	2014-3-13--K4下	篮球	--5--AT篮;
校区	2014-3-13--K4下	篮球	--12--DM篮1;

图 12.70　查询已安排测试信息

(6)开放测试权限

管理员通过该页面,对超过免费预约次数的学生再次开放一次预约测试,如图 12.71 所示。

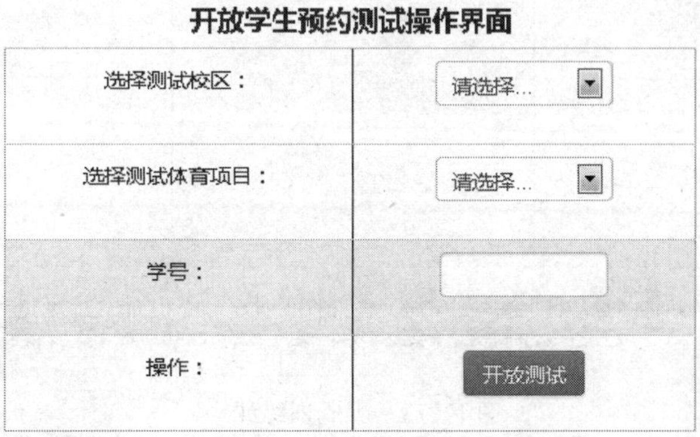

开放学生预约测试操作界面

选择测试校区：	请选择...
选择测试体育项目：	请选择...
学号：	
操作：	开放测试

图 12.71　开放测试权限

(7)安排训练课程

管理员选择安排训练课程,进入如图 12.72 所示的操作界面。选择教师、校区、项目名称、容量后,选择要开课的时间节次,单击"保存"按钮即可。管理员还可单击"查看所有训练课信息"按钮,查看已安排的训练课开课信息。

图 12.72　安排训练课

(8)生成训练课程

管理员选择生成训练课程,进入如图 12.73 所示的操作界面。选择教师后,界面显示该教师已安排的训练课,单击生成后"保存"按钮,训练课就安排成功了。然后选择安排场地,对训练课的场地进行安排。

图 12.73　生成训练课

(9)查看学生评教结果

管理员可按学年学期查看所有教师的评教结果及工作量,如图 12.74 所示。

(10)查看所有学生评教情况

管理员可按学年学期查看所有学生的评教情况及评教意见,并可对结果进行导出操作,如图 12.75所示。

图 12.74　查看教师的评教结果及工作量

图 12.75　所有学生评教情况界面

（11）考试资格锁定

管理员可根据学生出勤的情况来控制预约考试权限。例如，多次不来上课，就锁定当前学期不能预约考试。其操作界面如图 12.76 所示。

图 12.76　考试资格锁定界面

（12）开放测试权限

管理员负责开放某个项目的测试权限，如图 12.77 所示。

图 12.77　开放测试权限界面

12.4.2 系统消息管理

（1）添加通知公告

添加通知公告操作界面，如图 12.78 所示。

图 12.78 添加通知公告

（2）通知公告管理

通知公告管理操作界面如图 12.79 所示，可对已发布的公告进行编辑、查看和删除。

图 12.79 通知公告管理

（3）密码管理

密码管理操作界面如图 12.80 所示，可查询学生和教师的密码。

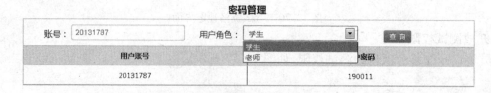

图 12.80 通知公告管理

（4）导入数据

每学期选课时，需要把学生选课数据录入系统数据库中。如果是新生，则需要把学生数据录入系统数据中。同时，需要注意每届留级的学生处理。Excel 数据格式可通过单击页面中所示的"查看学生数据格式"按钮进行查看。该功能只支持 Excel 2007 以上的版本,如图 12.81 所示。

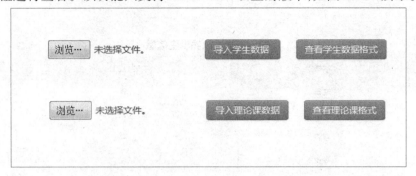

图 12.81　导入数据

12.4.3　成绩管理

（1）修改成绩管理

修改成绩管理是属于双认证的操作方式。学生发现成绩有误或者教师发现成绩录入错误,则告知普通管理员,普通管理员核实,在操作一栏操作,向超级管理员发出申请,超级管理员审核。普通管理员操作界面如图 12.82 所示。

图 12.82　申请修改成绩

超级管理员操作界面如图 12.83 所示,可选择待处理、成功处理和驳回申请。

图 12.83　超级管理员修改成绩审核界面

（2）录入非游泳学生

录入非游泳学生是为少数民族设计的。如存在部分学生不能游泳的情况,学生提供书面材料后,由管理员核实录入不能选修游泳课的学生信息,录入后该学生登录系统后,主页不再显示游泳的信息,如图 12.84 所示。

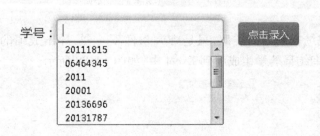

图 12.84　录入不能选修游泳的学生

单击录入后,会进入如图 12.85 所示的操作界面。界面会显示学生信息,管理员必须谨慎核实后,才能录入。

录入不能游泳的学生信息

学号:	20111815
姓名:	
年级:	2011
学院:	法学院
专业:	法学

确认录入　　返回

图 12.85　录入不能选修游泳的学生

(3)录入成绩

单击链接"录入成绩",进入如图 12.86 所示的界面。填写学号、校区等信息后,单击"点击录入"按钮,即可录入数据。也可单击"查看已录入成绩信息"按钮,查看已录入的成绩信息,并且可导出录入的数据。

图 12.86　查询学生成绩

(4)训练课学生成绩

单击链接"训练课学生成绩",进入如图 12.87 所示的界面。用户可输入学号、教师、学年、学期及项目等信息,根据查询条件,查询训练课学生成绩情况。

图 12.87　训练课学生成绩

(5)导出成绩

导出成绩与学生成绩查询界面类似,只是查询条件不一样,导出成绩的查询条件只有学年和学期,同时可导出当前查询结果的学生成绩到 Excel 中,如图 12.88 所示。

图 12.88　导出成绩

（6）统计（按年级）

单击链接"统计（按年级）"，进入如图12.89所示的界面。页面初始化时，将会查询出所有年级的合格率，用户可输入年级和项目。根据查询条件，查询出学生成绩合格率统计结果，并可打印查询结果。

学年：2014　学期：第一学期

年级：2013　查询

当前查询条件：学年–所有 学期–所有 年级–所有　导出全部数据　导出当前查询条件数据

学院	年级	总人数	体育健康知识		体能（长跑）		游泳		自选技能		学年	学期
			合格人数	合格率	合格人数	合格率	合格人数	合格率	合格人数	合格率		
联合学院	2013	67	0	0%	0	0%	8	11.94%	6	8.96%	2013	第二学期
联合学院	2014	77	0	0%	0	0%	0	0%	0	0%	2014	第一学期
学院	2013	27	0	0%	26	96.3%	0	0%	0	0%	2013	第二学期
学院	2014	26	0	0%	0	0%	0	0%	0	0%	2014	第一学期
材料科学与工程学院	2013	529	0	0%	491	92.82%	21	3.97%	45	8.51%	2013	第二学期
材料科学与工程学院	2013	529	0	0%	492	93.01%	21	3.97%	66	12.48%	2014	第一学期
材料科学与工程学院	2014	472	0	0%	17	3.6%	0	0%	8	1.69%	2014	第一学期

图12.89　统计（按年级）

（7）统计（按学院）

单击链接"统计（按学院）"，即可进入如图12.90所示的界面。页面初始化时，会查询出所有学院的合格率，用户可输入年级、学院和项目。根据查询条件，查询出学生成绩合格率统计结果，并可打印查询结果。

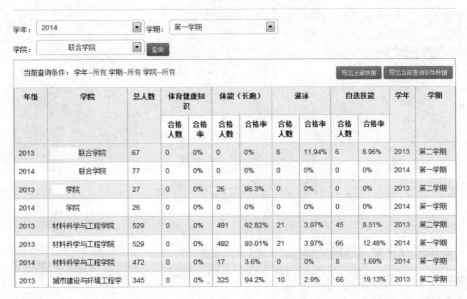

学年：2014　学期：第一学期

学院：联合学院　查询

当前查询条件：学年–所有 学期–所有 学院–所有　导出全部数据　导出当前查询条件数据

年级	学院	总人数	体育健康知识		体能（长跑）		游泳		自选技能		学年	学期
			合格人数	合格率	合格人数	合格率	合格人数	合格率	合格人数	合格率		
2013	联合学院	67	0	0%	0	0%	8	11.94%	6	8.96%	2013	第二学期
2014	联合学院	77	0	0%	0	0%	0	0%	0	0%	2014	第一学期
2013	学院	27	0	0%	26	96.3%	0	0%	0	0%	2013	第二学期
2014	学院	26	0	0%	0	0%	0	0%	0	0%	2014	第一学期
2013	材料科学与工程学院	529	0	0%	491	92.82%	21	3.97%	45	8.51%	2013	第二学期
2013	材料科学与工程学院	529	0	0%	492	93.01%	21	3.97%	66	12.48%	2014	第一学期
2014	材料科学与工程学院	472	0	0%	17	3.6%	0	0%	8	1.69%	2014	第一学期
2013	城市建设与环境工程学	345	0	0%	325	94.2%	10	2.9%	66	19.13%	2013	第二学期

图12.90　统计（按学院）

（8）查询单项学生成绩

单击链接"查询单项学生成绩"，即可进入如图12.91所示的查询界面。通过输入学号、学院的关键字信息，可快速查询出所需要的成绩信息。

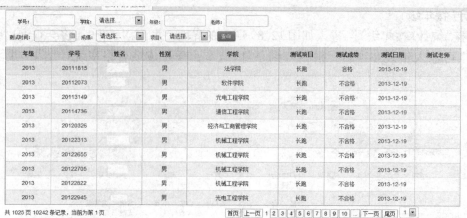

图 12.91　查询单项学生成绩界面

(9)查询四项学生成绩

单击链接"查询四项学生成绩",即可进入如图 12.92 所示的查询界面。通过输入学号、学院的关键字信息,可快速查询出所需要的成绩信息。

年级	学号	姓名	性别	学院	长跑	游泳	体育健康知识	自选技能
2013	20111815		男	法学院	合格			
2013	20112073		男	软件学院				
2013	20113149		男	光电工程学院				
2013	20114736		男	通信工程学院				
2013	20120326		男	经济与工商管理学院				
2013	20122313		男	机械工程学院				
2013	20122655		男	机械工程学院				
2013	20122705		男	机械工程学院				
2013	20122822		男	机械工程学院				
2013	20122945		男	光电工程学院				

共 753 页 7522 条记录,当前为第 1 页　　　　首页　上一页　1 2 3 4 5 6 7 8 9 10 … 下一页　尾页　1

图 12.92　查询四项学生成绩界面

12.5　系统运行报告

12.5.1　系统运行平台及网络环境

(1)硬件平台

1)应用服务器

CPU:Intel(R) Xeon(R) CPU E7-4830 @ 2.13GHz。

内存:4 G。

硬盘:30 G。

2)数据库服务器

产品:SQL 2008 R2 企业版。

系统：Windows NT X64。

内存：4 G。

（2）软件平台

服务器操作系统：Windows Server 2003 sp2。

应用服务器环境：Asp. net，IIS 6.0。

数据库环境：SQL Server 2008 R2。

12.5.2　系统运行工作安排

（1）集中培训阶段

本系统在开发完后，培训阶段由项目组演示给用户使用，用户登录账户试用，并提出宝贵的修改意见。修改后，通知用户上网登录系统使用。通过这种用户网上试用方式，让用户能快速地掌握和熟悉软件系统的使用方法。

（2）基础数据录入准备阶段

为了完成体育系统的正常选课，体育系统数据库需要从教务处拷贝学生信息和学生课表信息，导入体育系统数据库中，同时初始化学生登录密码，默认身份证后 6 位，学生登录后，在有课表显示的情况下进行选课。

（3）运行阶段

基础数据录入后，系统便可正常使用。学生选课能顺利进行，但是在高峰时间段内，服务器压力比较大。经过 Web 服务器升级后，性能有所提高。管理员安排课表、安排测试运行良好，学生预约测试运行稳定，教师录入成绩和查看教务相关信息正常。

（4）系统运行总结

在系统试运行期间，开发人员通过测试发现系统反应速度有待提高，利用优化 IIS，压缩 JS，CSS，html，缓存等技术提高了系统的性能。通过用户反馈收集了系统未知 Bug 和改进意见，并针对整个运行阶段工作进行了总结，系统开发组针对反馈意见修改和完善系统功能。

12.5.3　系统试运行用户及数据规模

系统试运行管理员共安排了 3 次学生选课，安排了上百次学生预约测试，每个教师录入预约考试成绩 15 次以上，学生选课 3 次，补选 3 次。预约体育项目 20 门，成绩导给教务处 2 次，尖子生录入成绩 1 次，发布系统公告 13 次，学生评教 2 次。涉及 13 级和 14 级 13 918 名学生，管理员排课数据14 335 条，教师录入成绩数据 10 242 条，学生预约测试数据 5 290 条，录入学生课表数据 622 452 条。系统保证了体育课管理的正常运行，数据符合要求，所有功能均正常使用。

12.5.4　系统试运行对提高工作效率的作用分析

通过对目前系统的运行结果来看，此系统较好地解决了"先选后排"模式下体育课的排课问题。系统设计的显示学生上课空闲时间、教师上课空闲时间、运动场地空闲时间等功能，方便体育学院进行体育课排课。与以往体育学院手工排课相比，效率得到了很大的提升。此外，部分因人数较少没有安排到的学生，他们可通过补选功能来完成选课。系统还规范了体育课表的结构。学生网上自主预约测试，管理员网上安排测试，教师网上查看安排结果进行监考和网上录入考试成绩等工作都通过网上鼠标单击方式来完成，很好地实现了"基于目标管理的体育主动学习模式"，进一步提高了体育课信息化管理程度。

12.5.5　结论

目前，从系统运行的情况来看，系统较好地支撑了体育课排课工作。相关功能符合合同中项目计划的技术要求,系统的学院角色用户需求未给出,故该模块未开发。同时,考虑到系统在合同之外新开发了多个支撑功能,依据合同相关条款,建议进行最终验收。

12.6　系统交付流程

12.6.1　系统交付清单

在完成软件测试,并证明软件达到要求后,由软件开发者向项目甲方提交开发的目标安装程序,以及数据库的《数据字典》《用户安装手册》《用户使用手册》《软件需求分析报告》《软件概要设计报告》《软件详细设计报告》《软件数据库设计报告》《软件系统测试报告》等双方合同约定的项目成果。

其中,《用户安装手册》应详细介绍安装软件对运行环境的要求,安装软件的定义和内容,在客户端、服务器端及中间件的具体安装步骤,以及安装完成后的系统配置。《用户使用手册》应包括软件各项功能的使用流程、操作步骤、相应业务介绍、特殊提示及注意事项等方面的内容,在需要时可举例或图示说明。

12.6.2　软件系统验收

（1）软件的鉴定验收

在软件开发完成后,为了确保软件是按照需求分析的要求进行开发的,保证软件产品的质量,需要对软件产品进行鉴定验收。在开发者如期交付软件后,由项目甲方负责确定具体的鉴定验收日期。

（2）验收人员

由项目甲方聘请具有一定的分析、设计、编程及软件测试经验的专业人员组成验收小组。验收组设组长一名（可设有副组长）,负责整个验收的计划、组织工作。

（3）验收具体内容

验收内容应包括合法性检查、文档检查、软件一致性检查、软件系统测试与测试结果评审等工作。其中,合法性检查主要包括检查软件开发工具是否合法,以及使用的函数库、控件、组件是否有合法的发布许可。文档检查主要包括检查开发者提交的文档必须齐全,质量是否过关。文档的质量可从完备性、正确性、简明性、可追踪性、自说明性及规范性等方面进行综合评定。验收需要对软件代码进行检查,以确保其符合规范,并保证其一致性。

完成系统验收工作后,即可对软件进行交付。部分比较复杂的软件还需要对系统的相关人员进行单独培训。这种情况下,软件的开发方还需要详细列出培训计划（包括系统培训内容、培训教材、时间地点、培训人员等）,并在完成培训工作后,再进行软件系统的交付工作。

本章总结

本章节通过对系统运行的初始化操作,从系统各角色的用户操作角度出发,详细地给出了系统操作全过程的解决方案,并说明了在项目交付过程中,项目团队所需要进行的书面工作及培训工作。同时,也对系统的实际运行情况进行了总结和阐述。最后,对软件系统交付过程中的工作流程及所需的交付文档进行了解释说明。

附录

附录 A　软件开发方案书

(1)项目描述

• 项目名称

软件项目需求方。

软件项目设计方。

软件项目名称。

软件开发代号。

软件当前版本。

• 项目简介

项目总体介绍,包括项目开发背景、需求分析等。

• 项目调研内容

项目建设可行性分析。

(2)项目设计目标及原则

• 项目设计目标

• 项目设计原则

①合法性原则

项目是否符合法律法规。

②安全性原则

项目的稳定性和系统安全性等。

③可扩展性原则

项目的可配置、可二次开发性等,对业务变化的适应能力。

④易用性原则

项目的界面友好,操作简单易学,有较好的引导流程。

（3）项目系统框架设计

- 项目整体框架
- 系统开发模式
- 系统总体流程

（4）业务处理方案设计

- 业务处理结构
- 业务处理流程

（5）系统的功能设计

描述系统的功能设计。

（6）项目实施计划与进度

- 进度安排

期数	预计完成时间	完成内容	软件报价/元
首期		调研内容与客户需求	

- 软件开发进度安排

开发周期/天	工作任务	责任人	起止时间

附录 B 软件需求分析报告文档模板

附录 C　软件概要设计报告文档模板

附录 D   软件详细设计报告文档模板

附录 E 软件数据库设计报告文档模板

附录 F　软件系统测试报告文档模板

参考文献

［1］王成良. Web 开发技术及其应用［M］. 北京：清华大学出版社，2007.

［2］李争. 微软互联网信息服务（IIS）最佳实践［M］. 北京：清华大学出版社，2016.

［3］Mike Volodarsky，Olga Londer，Brett Hill，et al. Internet Information Services（IIS）7.0 Resource Kit ［J］. Iraq，2016，66：243-256.

［4］Jones D. Microsoft IIS 6 Delta Guide［J］. Pearson Schweiz Ag，2003.

［5］Microsoft Visual Studio 2012. https：//docs. microsoft. com/en-us/previous-versions/visualstudio/ visual-studio-2012/dd831853（v = vs. 110）.

［6］李文峰，李李，吴观福. SQL Server 2008 数据库设计高级案例教程［M］. 北京：航空工业出版社，2012.

［7］刘亮，霍剑青，郭玉刚，等. 基于 MVC 的通用型模式的设计与实现［J］. 中国科学技术大学学报，2010，40（6）：635-639.

［8］李彦，高博，唐继强，等. ASP. NET 4.0 MVC 敏捷开发给力起飞［M］. 北京：电子工业出版社，2011.

［9］赖英旭，刘增辉，李毛毛. MVC 模式在 B/S 系统开发中的应用研究［J］. 微计算机信息，2006，22（30）：62-64，113.

［10］李园，陈世平. MVC 设计模式在 ASP. NET 平台中的应用［J］. 计算机工程与设计，2009，30（13）：3180-3184.

［11］李慧云，何震苇，李丽，等. HTML5 技术与应用模式研究［J］. 电信科学，2012，28（5）：24-29.

［12］Jay Blanchard. jQuery 实战开发：Applied jQuery［M］. 杨光伟，魏丹，译. 北京：人民邮电出版社，2012.

［13］徐涛. 深入理解 Bootstrap［M］. 北京：机械工业出版社，2014.

［14］黄培泉. 基于. NET 与 EasyUI 的工资查询系统的设计与实现［J］. 福建电脑，2013，29（4）：104-106.

［15］Erl T Soa. Principles of Service Design［M］. Prentice Hall Press，2007.

［16］JuvalLowy. Programming WCF servces：= WCFservice 编程［M］. Southeast Universty Press，2007.

［17］Chadwick J，Snyder T，Panda H. Programming ASP. NET MVC 4：Developing Real-World Web Applications with ASP. NET MVC［M］. O'Reilly Media，Inc. 2012.

［18］Robin Dewson. SQL Server 2008 基础教程［M］. 北京：人民邮电出版社，2009.

［19］Alex Mackey. Introducing. NET 4. 0［M］. Apress，2010.

［20］王书爱. 面向对象程序设计的应用［J］. 电脑知识与技术，2011，7（29）：7289-7290.

［21］宗晔，方安宁. 面向对象程序设计和设计技术的分析［J］. 浙江大学学报：工学版，1999（2）：163-168.

［22］李超，谢坤武. 软件需求分析方法研究进展［J］. 湖北民族学院学报：自科版，2013，31（2）：204-211.

［23］罗铁祥. 一个数据库设计工具的功能和结构［J］. 中南民族学院学报：自然科学版，2001，20（1）：37-39.

［24］陈文宇. 面向对象的关系数据库设计［J］. 电子科技大学学报，2002，31（1）：53-56.

［25］陈能技，黄志国. 软件测试技术大全［M］. 北京：人民邮电出版社，2015.

［26］Johnson B. Professional Visual Studio 2012［M］. Wrox Press Ltd. 2012.